教育硕士考研系列图书

333教育综合
应试解析

外国教育史分册　　主编　徐影

编委会　凯程教研室

北京理工大学出版社
BEIJING INSTITUTE OF TECHNOLOGY PRESS

版权专有　侵权必究

图书在版编目（CIP）数据

333教育综合应试解析. 外国教育史分册 / 徐影主编. — 北京：北京理工大学出版社，2022.1（2023.4重印）

ISBN 978 – 7 – 5763 – 0894 – 5

Ⅰ.①3… Ⅱ.①徐… Ⅲ.①教育学–研究生–入学考试–自学参考资料②教育史–国外–研究生–入学考试–自学参考资料 Ⅳ.①G40②G519

中国版本图书馆CIP数据核字（2022）第015448号

出版发行 / 北京理工大学出版社有限责任公司
社　　址 / 北京市海淀区中关村南大街5号
邮　　编 / 100081
电　　话 /（010）68914775（总编室）
　　　　　（010）82562903（教材售后服务热线）
　　　　　（010）68944723（其他图书服务热线）
网　　址 / http://www.bitpress.com.cn
经　　销 / 全国各地新华书店
印　　刷 / 河北鹏润印刷有限公司
开　　本 / 889毫米 × 1194毫米　1/16
印　　张 / 11.25
字　　数 / 300千字
版　　次 / 2022年1月第1版　2023年4月第3次印刷
定　　价 / 278.90元（共4册）

责任编辑 / 多海鹏
文案编辑 / 多海鹏
责任校对 / 周瑞红
责任印制 / 李志强

图书出现印装质量问题，请拨打售后服务热线，本社负责调换

目录

第一编　西方古代教育

第一章　古希腊的教育 004
第一节　教育制度 005
第二节　教育思想 008

第二章　古罗马的教育 022
第一节　教育制度 022
第二节　教育思想 024

第三章　西欧中世纪的教育 027
第一节　教育制度之基督教教育 028
第二节　教育制度之世俗教育 029

第四章　拜占廷与阿拉伯的教育 034
第一节　拜占廷的教育制度 035
第二节　阿拉伯的教育制度 036

第二编　外国近现代教育

第五章　文艺复兴时期的教育 038
第一节　人文主义教育 039

第六章　宗教改革时期的教育 044
第一节　新教教育 044
第二节　天主教教育 046

第七章　近现代各国的教育制度 048
第一节　英国的近现代教育制度 051
第二节　法国的近现代教育制度 056
第三节　德国的近现代教育制度 060
第四节　俄国（苏联）的近现代教育制度 065
第五节　美国的近现代教育制度 068
第六节　日本的近现代教育制度 076

第八章　近现代主要的教育家 081
第一节　英国的近现代教育家 082
第二节　法国的近现代教育家 086
第三节　美国的近现代教育家 087
第四节　俄国（苏联）的近现代教育家 088

第九章　近现代超级重量级教育家 098
第一节　夸美纽斯的教育思想 102
第二节　卢梭的教育思想 110
第三节　裴斯泰洛齐的教育思想 115
第四节　赫尔巴特的教育思想 121
第五节　福禄培尔的教育思想 129
第六节　马克思和恩格斯的教育思想 132
第七节　蒙台梭利的教育思想 136
第八节　杜威的教育思想 139

第十章　近现代教育思潮 151
第一节　19世纪的近代教育思潮 152
第二节　19世纪末至20世纪前期的新教育运动 156
第三节　19世纪末至20世纪前期的进步教育 160
第四节　20世纪中后期的现代欧美教育思潮 165

参考文献 173

---

① 本书按照知识的逻辑调整了大纲的章节名称和大纲知识点的顺序，但是不缺少大纲的任何一个知识点。依照本书的知识编排顺序学习，更符合知识的逻辑和学习的基本心理逻辑，也与凯程课程的授课方式保持一致。

外国教育史

学科框架

外国教育史
- 教育制度
  - 西方文明古国
    - 第一章 古希腊的教育
    - 第二章 古罗马的教育
  - 西罗马灭亡 —— 第三章 西欧中世纪的教育
  - 东罗马灭亡 —— 第四章 拜占廷与阿拉伯的教育
  - 第五章 文艺复兴时期的教育
  - 第六章 宗教改革时期的教育
  - 第七章 近现代各国的教育制度
    - 英国
    - 法国
    - 德国
    - 俄国（苏联）
    - 美国
    - 日本
- 教育思想
  - 第一章+第二章 古代教育思想家
  - 第五章 文艺复兴时期的教育
  - 第六章 宗教改革时期的教育
  - 第八章 近现代主要的教育家
  - 第九章 近现代超级重量级教育家
  - 第十章 近现代教育思潮
    - 19世纪的近代教育思潮
    - 19世纪末至20世纪前期的新教育运动、进步教育
    - 20世纪中后期的现代欧美教育思潮

章节考频图

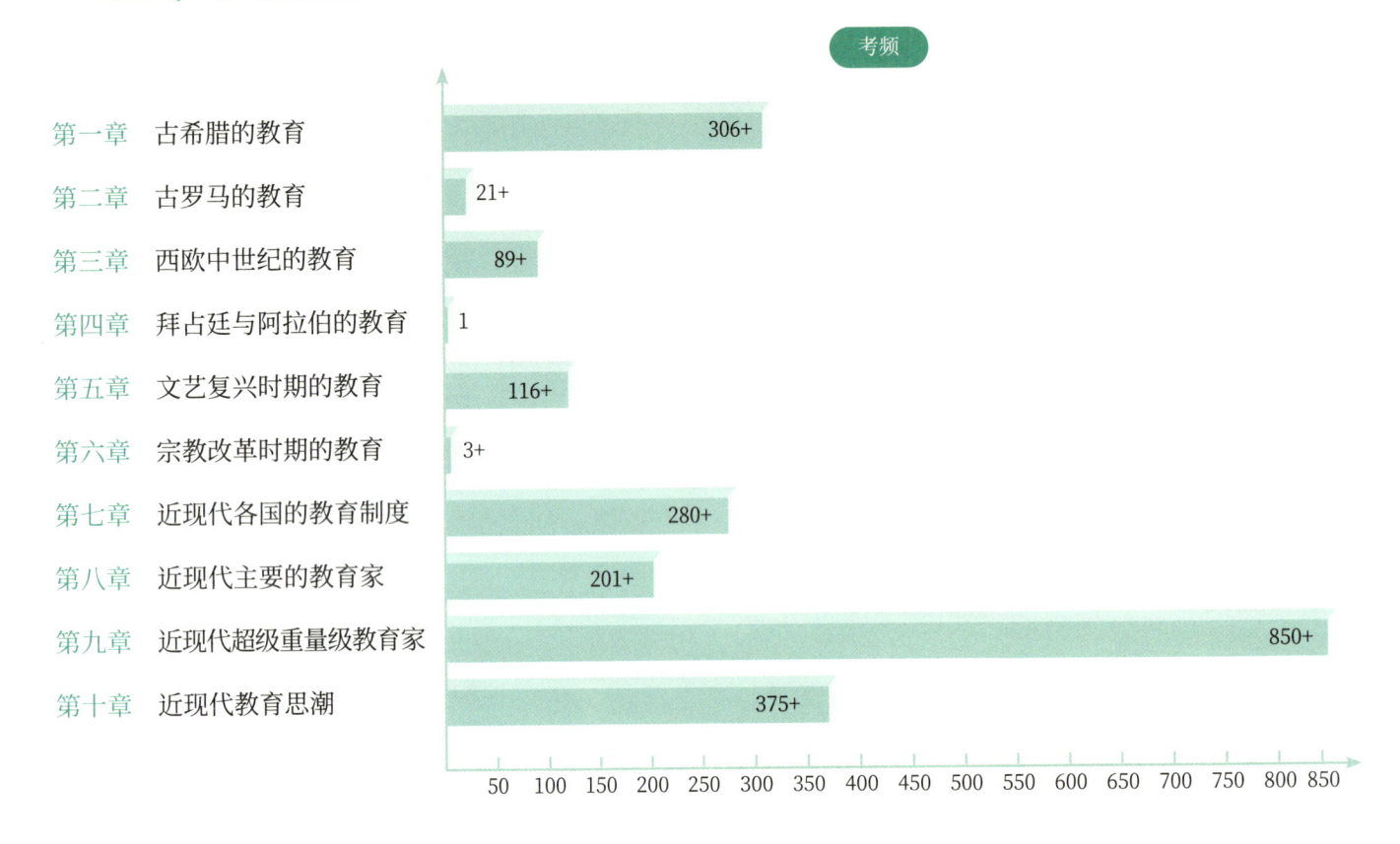

章节	考频
第一章　古希腊的教育	306+
第二章　古罗马的教育	21+
第三章　西欧中世纪的教育	89+
第四章　拜占廷与阿拉伯的教育	1
第五章　文艺复兴时期的教育	116+
第六章　宗教改革时期的教育	3+
第七章　近现代各国的教育制度	280+
第八章　近现代主要的教育家	201+
第九章　近现代超级重量级教育家	850+
第十章　近现代教育思潮	375+

外国教育史高频知识点频次图

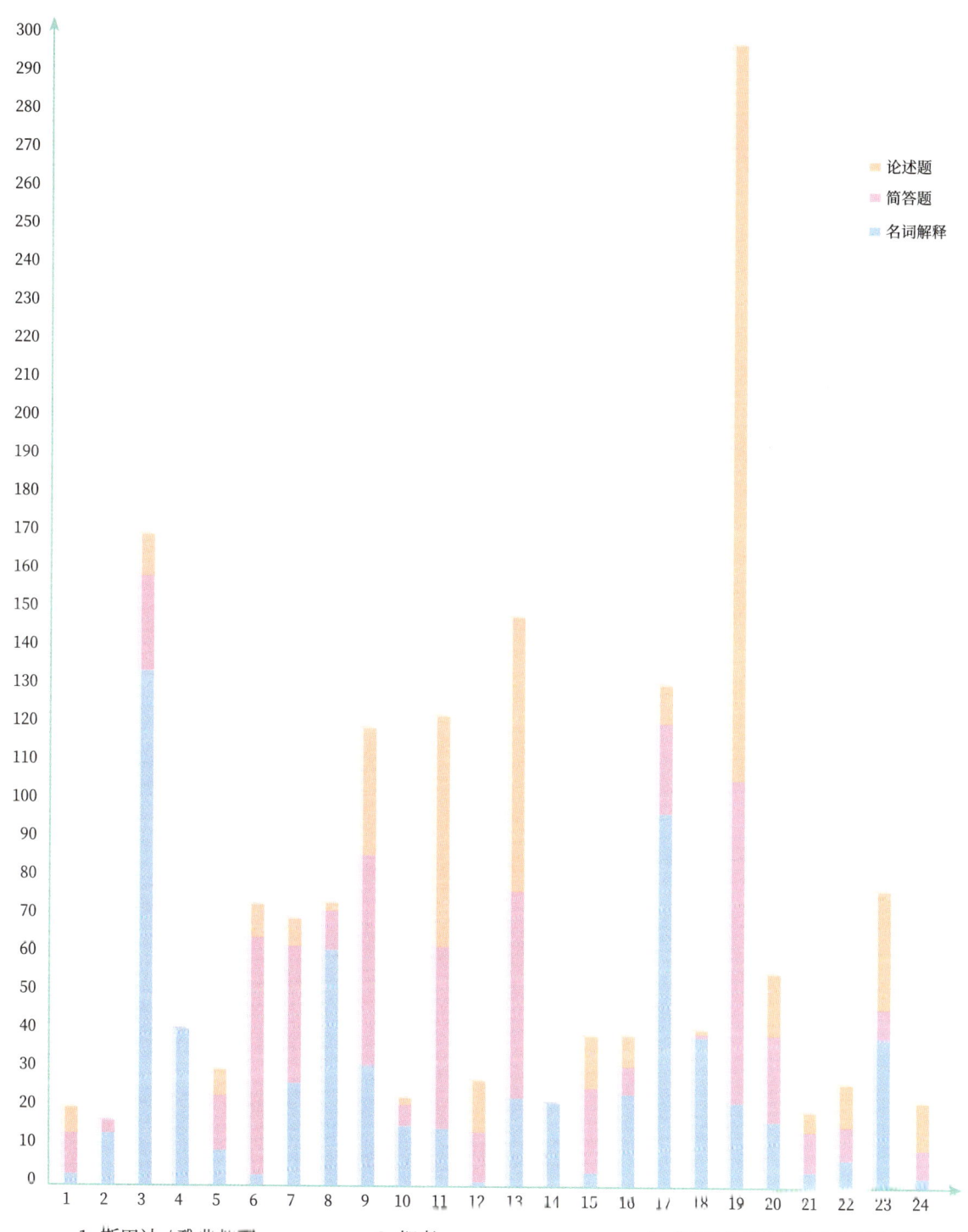

图例：论述题、简答题、名词解释

1. 斯巴达 / 雅典教育
2. 智者
3. "苏格拉底方法" / "产婆术"
4. 骑士教育
5. 中世纪大学
6. 人文主义的特点
7. 《国防教育法》
8. 班级授课制
9. 夸美纽斯的教育思想
10. 绅士教育
11. 卢梭的自然主义教育
12. 裴斯泰洛齐的教育心理学化
13. 赫尔巴特的教育思想
14. 恩物
15. 斯宾塞的教育思想
16. 欧洲的新教育运动
17. 美国的进步教育运动
18. 道尔顿制
19. 杜威及其教育思想
20. 要素主义教育
21. 永恒主义教育
22. 结构主义教育
23. 终身教育
24. 个性全面和谐发展观

第一编　西方古代教育

第一章　古希腊的教育[①]

考情分析

第一节　教育制度
考点1　古风时期的教育
考点2　古典时期的教育

第二节　教育思想
考点1　苏格拉底的教育思想和教育活动
考点2　柏拉图的教育思想和教育活动
考点3　亚里士多德的教育思想和教育活动

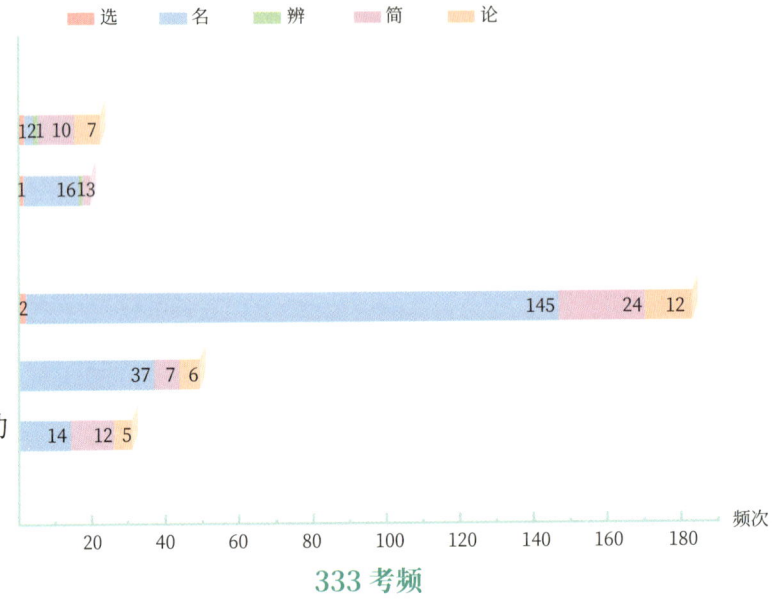

图例：选 名 辨 简 论

古风时期的教育：12 1 10 7
古典时期的教育：1 16 13
苏格拉底的教育思想和教育活动：2 145 24 12
柏拉图的教育思想和教育活动：37 7 6
亚里士多德的教育思想和教育活动：14 12 5

横轴：频次（20、40、60、80、100、120、140、160、180）
333考频

知识框架

古希腊的教育
- 教育制度
  - 古风时期的教育 ★★★★★
    - 斯巴达教育 ★★★★★
    - 雅典教育 ★★★★★
  - 古典时期的教育 ★★★★★
    - "智者派"的教育活动 ★★★★★
    - "智者派"的教育贡献 ★★★★
- 教育思想
  - 苏格拉底的教育思想和教育活动 ★★★★★
  - 柏拉图的教育思想和教育活动 ★★★★★
  - 亚里士多德的教育思想和教育活动 ★★★★

[①] 本章全部参考吴式颖、李明德的《外国教育史教程》（第三版）第三、四章。

考点解析

第一节　教育制度

古希腊是现代西方文化的摇篮，也是西方教育的发源地。在西方教育发展史上，古希腊教育（特别是雅典教育）占有非常重要的地位。古希腊教育是西方奴隶制国家教育完整而典型的代表，也是西方奴隶制社会教育发展的高峰。

古希腊教育与文化的发展通常分为以下四个阶段[1]：

(1) **荷马时期**：公元前1100—前800年，因《荷马史诗》而得名，此时还没有形成制度化的教育。

(2) **古风时期**：公元前800—前500年，早期希腊奴隶制城邦形成的时期，是需要考生着重掌握的时期。

(3) **古典时期**：公元前500—前330年，这是希腊教育发展的黄金时期，是需要考生着重掌握的时期。

(4) **希腊化时期**：公元前330—前30年，这是希腊文明向外传播的时期。

考点1　古风时期的教育 ★★★★★ 15min搞定

（辨：23西南；简：14吉林师大，17中国海洋，18江汉；论：16海南师大，17西北师大，19东北师大、聊城）[2]

1. 斯巴达教育 ★★★★★（名：20曲阜师大；简：5+学校；论：5+学校）

(1) **地理和政治背景**。斯巴达地处伯罗奔尼撒半岛南部平原，北部是高山，南部是沼泽地，接着是岩石海岸，与外界交通不便，然而境内土壤肥沃，自给自足的农业经济发达。政治上为保守的军事贵族寡头统治，为了镇压和奴役土著居民，举国皆兵。

(2) **教育特点**。

①**教育目的**：培养英勇果敢、保家卫国的战士。

②**教育内容**：重视军事体育和道德训练，不重视文化科学知识的学习。

③**教育方法**：野蛮训练和体罚鞭笞。

④**教育体制**：教育完全被国家控制，并被视为国家的事业，具有阶级性。（下文有详细讲解）

⑤**重视女子教育**：斯巴达人认为女子也要接受军事教育，当男子外出打仗时，女子也可以保护家园。

总之，斯巴达人只重视军事体育和道德训练，不重视文化科学知识的学习，生活方式狭隘，除了军事作战，不知其他。这种教育很片面，忽视了个人的发展。

(3) **教育体制**：教育是国家事业，典型特征是军事教育。

①婴儿出生后经长老检验，无残疾、体质强健的可由母亲代国家抚养。② 7岁以后送到国家的教育机构接受系统的教育指导，主要学习"五项竞技"（赛跑、跳跃、摔跤、掷铁饼、投标枪），这是古代奥运会的主要竞赛项目。③ 18岁公民子弟进入高一级的教育机构——青年军事训练团（埃弗比）。④年满20岁的公民子弟开始接受实战训练。⑤ 30岁正式获得公民资格，有权参加公民大会，可以担任官职，战时则参加战斗。

2. 雅典教育 ★★★★★（名：21福建师大；简：17杭州师大；论：5+学校）

(1) **地理和政治背景**。雅典三面临海，有优良的港湾和丰富的矿藏，工商业发达，是地中海和黑海

---
[1] 333大纲不涉及荷马时期和希腊化时期的知识点，考生了解即可。
[2] 年份、部分院校、题型均为简写，其中师范大学简写为师大，××大学省略大学二字，下同。

地区的贸易中心。政治上建立起奴隶主民主政体。

(2) 教育特点。

①**教育目的：**培养身心和谐发展的国家公民。

②**教育内容：**重视体、智、德、美和谐发展，即不仅重视体育训练，也强调文化知识的学习，注重道德教育及美育，尤其是智慧、勇敢、节制、公正等美德。

③**教育方法：**更加温和，具有民主色彩。

④**教育体制：**既有公共教育，也有私人教育，重视国家和私立教育的发展。（下文有详细讲解）

⑤**忽视女子教育：**雅典不强调女子一定要接受教育。

(3) 教育体制。

①婴儿出生后由父亲决定是否养育。② 7岁以前，在家中接受教育，十分重视游戏和玩具的教育作用。③ 7岁以后，女孩继续在家中由母亲负责教育，男孩开始接受学校教育。④ 7～12岁的男孩进入文法学校和弦琴学校（这两类学校是私立的，且要收费）。⑤ 13岁以后，公民子弟一方面继续在文法学校或弦琴学校学习，另一方面则进入体操学校（又称角力学校），接受各种体育训练。⑥ 15、16岁以后，少数显贵子弟可以进入国立体育馆，接受体育、智育和审美教育。⑦ 18～20岁时进入青年军事训练团（埃弗比），接受军事教育。⑧ 20岁，通过一定的仪式，成为正式公民。

> **凯程助记**
>
> **助记1：斯巴达与雅典的教育体制对比**
>
> | 年龄 | 斯巴达 | 雅典 |
> |---|---|---|
> | 30岁 | 成为公民 | |
> | 20岁 | 接受实战训练 | 成为公民 |
> | 18岁 | 青年军事训练团（埃弗比） | 青年军事训练团（埃弗比） |
> | 15、16岁 | | 国立体育馆 |
> | 13岁 | | 男孩既要在文法或弦琴学校学习，又要进入体操学校（角力学校）接受训练 |
> | 7岁 | 到国家的教育机构学习"五项竞技" | 在文法学校学习知识，在弦琴学校学习音乐 |
> | 出生 | 长老决定婴儿生死 | 父亲决定婴儿生死 |
>
> **助记2：斯巴达教育与雅典教育的比较**
>
> | 城邦（国家） | | 斯巴达 | 雅典 |
> |---|---|---|---|
> | 不同点 | 背景 | 地理：山区内的平原；
经济、政治：以农业为主的奴隶主专制 | 地理：优良港湾；
经济、政治：以商业为主的奴隶主民主制 |
> | | 教育体制 | 国家完全控制教育 | 国家不完全控制教育，私人教育盛行 |
> | | 教育目的 | 培养英勇果敢的武士 | 培养身心和谐发展的公民 |
> | | 教育内容 | 以军事体育和道德训练为主 | 多样化的教育内容 |
> | | 教育方法 | 野蛮训练、体罚鞭笞 | 民主、温和，也有体罚和训练 |
> | | 女子教育 | 女子可以接受军事教育 | 女子不能接受学校教育 |

相同点	①都属于奴隶制国家，教育都为国家奴隶制政治服务，具有阶级性。②教育内容上均重视体育训练。③教育方法上均使用体罚。④都实行国家管理的教育体制
启示	同为希腊城邦，为何斯巴达和雅典的教育如此不同？ 教育受生产力、政治、经济等的影响和制约，有什么样的政治、经济和文化，就有什么样的教育，两个城邦的教育完全符合马克思主义基本原理中教育与社会发展关系的基本规律

> **凯程提示**
>
> 斯巴达和雅典教育思想的比较很重要，考试中很有可能将斯巴达的教育与雅典的教育结合在一起，以论述题的形式进行考查，考生需要着重掌握。

考点2 古典时期的教育 16min搞定

古典时期是古希腊历史上重要的时期。它分为两个时期，前期是民主城邦繁荣昌盛的时期，后期则是城邦制度盛极而衰的时期。这一重要历史阶段的起点是希腊与波斯的战争，希腊各邦战胜波斯后，彼此互相争霸。公元前431年，斯巴达和雅典爆发了伯罗奔尼撒战争，雅典元气大伤。此后爱奥尼亚战争，斯巴达衰落，而马其顿则在北方兴起。公元前338年，喀罗尼亚战役之后，希腊各邦正式被马其顿控制，古典时期结束。

1."智者派"的教育活动 （名：21华中师大；简：11哈师大）

古典时期是古希腊教育发展的黄金时期。以智者的出现为标志，古希腊（尤其是雅典）的教育进入了一个新的发展阶段。

(1) **智者的内涵**。（名：10+学校；辨：21安庆师大）

所谓"智者"，又称诡辩家，在荷马时期，是指某些精神方面的能力和技巧，以及拥有这些能力和技巧的人。后来，各行各业具有专门知识和技艺的人、具有治国能力的人，都被称为智者。到公元前5世纪后期，专指以收费授徒为职业的巡回教师。

(2) **"智者派"的思想特征**：相对主义、个人主义、感觉主义和怀疑主义。

(3) **教育目的**：培养人们从事政治活动、处理个人社会事务的能力，即训练公民和政治家。

2."智者派"的教育贡献 （简：20福建师大）

(1) **云游讲学，推动文化传播，扩大教育对象**。智者以钱财而不是以门第作为教学的唯一条件，扩大了教育对象的范围，促进了社会的流动。

(2) **扩大了教育内容的范围**。传播文法、修辞学、哲学等内容，西方教育史上沿用长达千年之久的"七艺"中的"前三艺"（文法、修辞学、辩证法）就是由智者首先确定下来的。

(3) **出于培养政治家的教育目的**。智者提供了一种新型的教育——政治家或者统治者的预备教育。

(4) **重视道德教育与政治教育**。智者把道德与政治的知识作为主要教育内容。

(5) **智者的出现标志着教育工作已经开始职业化**。在古希腊，职业教师取代了"大众教师"。

(6) **丰富了古希腊的教育思想**。由于智者的出现，古希腊的教育思想才真正成型。智者们的教育思想已经涉及大部分的教育基本问题，并在不同程度上对其进行了探讨；古希腊教育思想中的一些基本范畴、命题、原理，智者们在其言论中或多或少已经涉及。总之，智者们的教育思想已经包含了全部的古希腊教育思想发展的基本线索和方向。

> **凯程拓展**
>
> 智者当中的普罗塔哥拉提出"人是万物的尺度"这个命题，意思就是每个个体是判断事物存在与否，以及真假、善恶的唯一标准。这是一种以人为中心的、朴素的人本主义价值取向，在当时具有重要的思想启蒙作用。

后来，古希腊经历了希腊化时期。希腊化时期是指从公元前330年波斯帝国灭亡到公元前30年古罗马征服托勒密王朝为止的一段中近东历史时期。这一时期，马其顿帝国吞并古希腊，并把古希腊文化带到周边中近东地区。这些中近东国家的政治、文化和风俗或多或少地受到古希腊文明的影响而形成新的特点，因此这些国家被称为希腊化国家。希腊化时期持续了三百年，促进了东西方文化教育的融合。

经典真题[1]

▶▶ 名词解释

1. 智者 / 智者学派（12闽南师大、福建师大、湖南，13河南师大、宁波、宁夏，14浙江师大，15、19山东师大，17中央民族，18东北师大，19新疆师大，20赣南师大，21云南师大、华中师大，23曲阜师大）

2. 古雅典教育（21福建师大）

▶▶ 辨析题
古希腊时期，雅典教育与斯巴达教育是同一种教育。（23西南）

▶▶ 简答题

1. 简述斯巴达教育。（11华南师大，13哈师大，17南宁师大，19集美，20成都）
2. 简述雅典教育。（17杭州师大）
3. 简述斯巴达教育与雅典教育的异同 / 特征。（14吉林师大，17中国海洋，18江汉，22宝鸡文理学院）
4. 简述智者学派的观点 / 教育实践与教育改革。（11哈师大，20湖州师范学院、福建师大）

▶▶ 论述题

论述斯巴达教育与雅典教育的异同。（16海南师大，17西北师大，19东北师大、聊城，21中央民族、石河子）

第二节　教育思想

考点1　苏格拉底的教育思想和教育活动 ★★★★★ 28min搞定

苏格拉底是古希腊著名的哲学家、教育家，在西方哲学史上开辟了从自然哲学向伦理哲学转变的新阶段。他一生以探讨伦理哲学和从事公众教育为乐，从不收取学费。在教育对象上，他坚持有教无类的原则，吸引了许多学生，是西方思想史上第一位有长远影响的教育家。

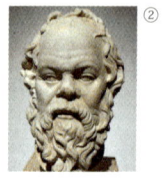

---

[1] 重要真题的答案均在《333教育综合真题汇编与高频题库》，下同。
[2] 本书人物图片来源于网络，如有侵权联系删除。

1. 苏格拉底的教育思想 (简：18华南师大；论：5+学校)

（1）教育目的论。

苏格拉底认为教育的目的是培养德才兼备的治国人才。他认为治国者必须有才有德，深明事理，具有各种实际知识。

（2）德育论。 (名：13扬州，15湖南师大、湖南科技，17江苏师大；简：16湖南师大，23湖北)

①**主要内容。**

a. **智德统一观。** 苏格拉底认为知识、智慧和道德具有内在的直接联系。

b. **知识即道德。** 苏格拉底认为教人道德就是教人智慧，正确的行为基于正确的判断，对人进行道德教育是有可能的，道德是可教的。

c. **道德可教。** 知识教育是道德教育的主要途径，教育的首要任务就是培养道德，教人学会做人，让人拥有德行。在道德、真理的问题上寻求道德的"一般"，即追求真理，总结共性。其本人就是崇高道德的榜样，身教重于言传。

d. **德育内容。** 培养人具有正义、勇敢、节制和智慧等美德。

②**评价：** a. 这个见解可以说是近代教育性教学原则的雏形。b. 在苏格拉底所处的时代，他提出"智德统一"的见解，相较于贵族阶级的道德天赋的理论，有着明显的进步意义。c. 但"知识即道德"的观念并不完善，忽略了道德的其他方面，如情感、行为等。

凯程提示 "知识即道德"的说法是不对的，但是，如果我们说"道德不能没有知识"则是有道理的。

（3）智育论。 (选：22南京师大)

苏格拉底认为，治国者必须具有广博而实用的知识，而非纯理论的思辨。除教授政治、伦理、雄辩术和人生所需要的各种实际知识以外，苏格拉底第一次将几何、天文、算术列为必须学习的科目。

（4）体育论。

苏格拉底认为，健康不是天生的，锻炼可以使人身体强壮。苏格拉底要求每个人的身体都能够经受严寒、酷热、饥渴、疲劳、困顿，以便能适应各种环境。一方面，人们要尽量向那些知道怎样保持健康的人学习；另一方面，人们自己也要注意，什么食物、什么饮料和什么运动对自己有益。

（5）"苏格拉底方法"。 (填：21陕西师大，名：70+学校；简：20+学校；论：5+学校)

①**含义：** "苏格拉底方法"又称"问答法""产婆术"。苏格拉底在哲学研究和讲学中，形成了由讥讽、助产术、归纳和定义四个步骤组成的独特的方法，这是西方最早的启发式教学法。

a. 讥讽是就对方的发言不断追问，迫使对方自陷矛盾，无词以对，最终承认自己的无知。b. 助产术即帮助对方自己得到问题的答案。c. 归纳即从各种具体事物中找到事物的共性、本质，通过对具体事物的比较寻求"一般"。d. 定义是把个别事物归入一般概念，得到关于事物的普遍概念。

②**优点：** 该方法不是将现成的结论硬性灌输或强加给对方，而是通过探讨和提问的方式，诱导对方认识并承认自己的错误，自然而然地得到正确的结论。

③**局限：** a. 受教育者必须有追求真理的愿望和热情。b. 受教育者必须就所讨论的问题积累了一定的知识。c. 谈话的对象是已经有了一定知识基础和推理能力的成年人，这种方法不能机械地套用于幼年儿童。

2. 苏格拉底的教育活动

苏格拉底一生的主要事业是探讨伦理哲学和从事公共教育。他在从事教育活动时从不收取学费。苏格拉底的教育活动是以演讲、交谈的方式在各种场合进行的，广场、作坊、市场、街道都是他施教的地点。他的教育对象广泛，有贵族派成员，也有民主派成员；有豪门巨富的子弟，也有手工业者和穷人。苏格拉底说："我愿同样回答穷人和富人提出的问题，任何人只要愿意听我谈话和回答我的问题，我都乐于奉陪，我不仅不索取报酬，而且有人愿意听我讲，我还愿意倒付钱。"苏格拉底节俭刻苦，一贫如洗，表现出高尚的教师情怀。

苏格拉底被公认为"一个有全面教养的人，受过当时所需要的一切教育"。

> **凯程提示**
> 苏格拉底的教育方法是历年考试的重点，考生须重点记忆，同时，要结合孔子的启发诱导原则进行复习。建议考生通过苏格拉底教学方法的例子来深刻理解孔子的教学方法。

> **凯程拓展** 东西方最早的启发式教育方法的比较

维度		孔子的启发诱导	苏格拉底的产婆术
不同点	教育对象	任何人	有知识基础、推理能力的人
	师生对话	教师被动回答	教师主动追问
	具体方法	言简意赅地提示学生	无穷尽地追问学生，并帮助他们归纳、定义
	思维方式	演绎法，从一般到特殊	归纳法，从特殊到一般
	教育侧重	侧重学生的"学"	侧重教师的"教"
相同点		都反对灌输式教学，主张启发式教学，不直接告知学生答案，而是引发学生主动学习和思考	

3. 苏格拉底教育思想的影响 ★★★★★

苏格拉底教育思想的影响主要表现在他的德育论和教学论两方面。

（1）积极影响。

①**德育论方面**：a. **苏格拉底的德育思想是近代教育性教学原则的雏形**。它为道德教育的实施提供了理论依据，后世的教育家也因此把发展道德意识、道德判断作为德育的重要任务之一。b. **在苏格拉底时代，相对于贵族阶级的道德天赋论，智德统一观有明显的进步意义**。苏格拉底要求人们不要盲目地服从神谕和传统的诫命，而是要把道德行为建立在知识的基础上。

②**教学论方面**：a. **提出西方最早的启发式教学法，反对灌输，主张启发、探讨和讨论、诱导思考**。这种教学方法使人更加深刻地发现真理、理解教育内容，使学生的认识不断深化，至今仍是教学中的重要方法之一。b. **初步总结了一种归纳式讨论思维，从特殊走向一般（归纳、定义）**。这种方法遵循从具体到抽象、从个别到一般、从已知到未知的规则，为后世的教学法所吸取。

（2）局限性。

①**德育论方面**："知识即道德"的说法不完善。因为知识并不等于道德，只能说道德的形成不能没有知识，但还有其他方面的条件。这个说法忽略了道德的其他方面，如情感、行为等。

②**教学论方面**：a. **适用人群受限，只适合具有一定推理能力和知识基础的成年人，不能机械地套用于幼年儿童**。苏格拉底方法需要就对方的发言进行追问，使学生不断调动自己已有的知识和经验进行反思、

推理，而幼年儿童已有知识经验少、推理能力低，发现真理的可能性小。**b. 受教育者必须有想讨论和思考的意愿与热情。**如果学生没有思考的意愿和发现真理的热情，那么苏格拉底方法从讥讽开始就无法进行。

综上所述谈地位：在希腊的教育思想史上，苏格拉底发挥着承前启后的转折性作用。希腊的教育思想经智者派发展已经初具雏形，但还不够系统化，苏格拉底在此基础上使教育的思想理论开始走向系统化。许多思想家的教育主张在苏格拉底的进一步理论抽象下，成了教育思想走向体系化必不可少的思想工具。

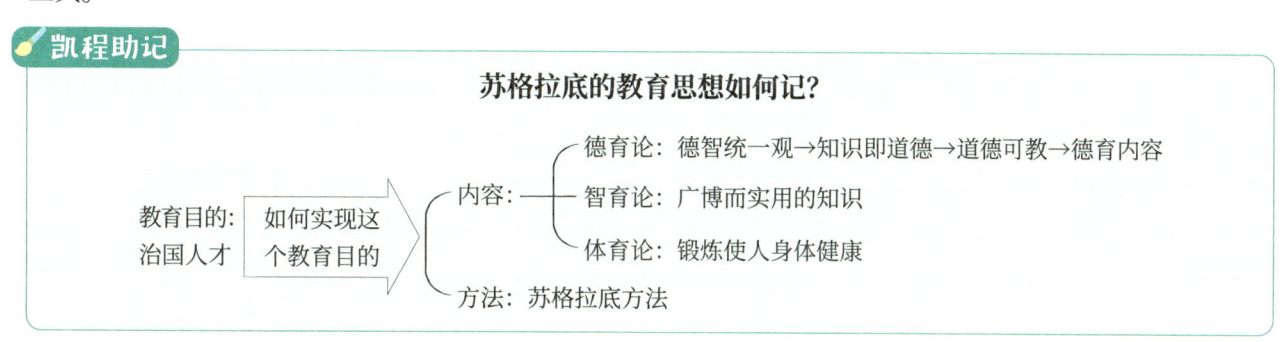

凯程助记

苏格拉底的教育思想如何记？

教育目的：治国人才 → 如何实现这个教育目的
- 内容：
  - 德育论：德智统一观→知识即道德→道德可教→德育内容
  - 智育论：广博而实用的知识
  - 体育论：锻炼使人身体健康
- 方法：苏格拉底方法

考点 2　柏拉图的教育思想和教育活动 ★★★★★ 30min搞定　（简：5+学校；论：16苏州）

柏拉图是古希腊伟大的哲学家，也是整个西方文化中最伟大的哲学家和思想家之一。柏拉图和其老师苏格拉底、其学生亚里士多德并称为"希腊三贤"。他创造或发展的概念包括柏拉图思想、柏拉图主义、柏拉图式爱情等。柏拉图的主要作品为《对话录》，其中绝大部分都有苏格拉底出场。但学术界普遍认为，其中的苏格拉底形象并不完全是历史上真实存在的苏格拉底。

柏拉图是西方教育史上伟大的教育家，他的《理想国》与卢梭的《爱弥儿》、杜威的《民主主义与教育》被称为教育史上三个里程碑式的著作。

1. 柏拉图《理想国》中的教育思想 ★★★★★　（名：10+学校；简：15沈阳师大；论：13江西师大，16江苏师大，17天津、温州）

柏拉图在《理想国》中设计了一个自己心中理想的国家，他认为一个完美的社会和国家，必须由三部分组成：执政者（哲学王）、军人、手工业者和农民。三个阶级的人应服从各自的天性，各尽其职，互不干扰，这样整个国家就能充满正义。智慧、勇敢、节制、正义是理想国的四大美德。理想国需要借助完美的教育计划来实现。《理想国》中的教育观如下：

（1）**理论基础："学习即回忆"**。柏拉图强调理性思维，追求共相、本质，这个本来很深刻的哲学见解被他做了唯心主义的解释。他把思维、共相看成与外界无关的、存在于人的灵魂内部的。他认为人在出生以前已经获得了一切事物的知识，当灵魂依附于肉体（降生）后，这些已有的知识被遗忘了，通过接触感性事物，才重新"回忆"起已被遗忘的事物，因此学习即回忆，这就是柏拉图的"回忆说"。

（2）**教育作用**。对个体来说，柏拉图充分肯定教育塑造人的作用，论证了教育与智力发展的关系；对社会来说，柏拉图又系统论述了教育与政治的关系，认为理想国的建立和维持主要通过教育来实现。

（3）**教育目的论**。

①**教育的最高目的是培养哲学家兼政治家——哲学王**。哲学王指有知识和智慧的人才可以成为国家的统治者。这种教育应贯穿人的一生，学习与实际锻炼要始终相结合。

②**教育的最终目的是促使"灵魂转向"**。教育要培养人从感性世界、现象世界转向光明，看到真理、本质、共相，认识最高的理念——善。善不仅是认识对象，也是认识能力，只有从善理念的高度，才能见到真实的世界。所谓"灵魂转向"，实际就是看问题的立足点和世界观的转变。

（4）**教育内容**。柏拉图提出了广泛的教育内容（算术、几何、天文、音乐），其和智者派的"三艺"合称为"七艺"。另外，他还提出了各门学科的作用。

（5）**教育管理**。柏拉图提出公养公育，主张国家管理教育，实行强迫性的教育促进国民和谐发展，并认为女子应当和男子接受同样的教育，从事同样的职业。

（6）**教育阶段**①。

①**论学前教育**。《理想国》中重视早期教育，实行儿童公养公育。柏拉图是"寓学习于游戏"的最早提倡者，认为对有公民身份的男女儿童的教育应该从音乐和讲故事开始。

②**论普通教育**。7岁以后，男女儿童分别进入国家所办的初等学校，如文法学校、弦琴学校、体操学校学习。学习内容以读、写、算、体育、音乐为主，他尤其重视体操和音乐。

③**论高等教育**。18岁后，高等教育是培养哲学王的阶段。教育内容以军事训练及"四艺"（算术、几何、天文、音乐）学习为主。20岁以后，通过考试筛选，绝大多数贵族青年结束教育去担负保卫国家的重任。少数才智出众的、有辩证法天赋的贵族子弟则继续接受教育。年满30岁后，通过考试筛选，这部分青年中的绝大多数就去担任国家的高级官吏，极少数聪慧而好学，并在哲学研究上有特殊才能的人，则继续学习辩证法和哲学。大约到50岁，在实践工作和知识学习中成就卓越，尤其是在哲学方面有高深造诣的人，才可以成为国家的最高统治者——哲学王。这种教育贯穿人的一生，并第一次提出把考试作为选拔人才的重要手段。

2. 柏拉图的教育活动——学园②★（名：5+学校）

（1）**简介**：学园是柏拉图于公元前387年创立的西方最早的高等教育机构，于529年关闭，学园共存在了900多年，影响深远，最终并入雅典大学。

（2）**教育特色**：①在教育目的上，学园开展了广泛的教育活动，培养各类人才，尤其是哲学和自然科学领域的学术研究人才，极大地促进了古希腊科学和文化的发展。②在教育内容上，学园开设的课程门类众多，哲学、数学、音乐、天文学等学科更显重要，尤其数学占有非常重要地位，相传，学园的大门上刻着"不懂几何者莫入"的入学要求。③在教学方法上，学园的教学形式和方法灵活多样，苏格拉底式的谈话法被普遍采用。

（3）**评价**：①**学园是古希腊世界的哲学和科学中心**。在长期的办学实践中，学园培养和造就了一大批在各领域做出重要贡献的知名学者。特别是柏拉图在此工作期间，学园一度成为当时希腊世界重要的学术活动中心。柏拉图关于教育问题的很多理论认识也都在此形成和发展起来。②**学园对中世纪大学的形成和发展产生了重要影响**。

3. 柏拉图教育思想的影响 ★★★★★

（1）**积极影响**。

①**柏拉图提出了西方最早的教育平等和全民教育的思想**。柏拉图高度评价教育在人的塑造中的作用，认为国家对所有儿童公养公育，女子应和男子受同样的教育。

---

① 关于柏拉图的教育阶段，张斌贤的《外国教育史》（第2版）描述得更清楚，凯程融入了此书的观点。
② 关于学园，张斌贤的《外国教育史》（第2版）描述得更清楚，凯程融入了此书的观点。

②**柏拉图提出了西方最早设想的完整的公共教育制度和普及教育的思想**。柏拉图的思想体现了国家对教育的重视。他主张教育与政治相结合，实行强制入学的教育制度，促进了教育普及。

③**柏拉图提出了西方最早的早期教育和游戏教育思想**。柏拉图重视儿童的早期教育，是"寓学习于游戏"的最早提倡者。他要求不强迫孩子学习，营造有益于幼儿身心健康发展的生活和学习环境。

④**柏拉图是西方最早的和谐教育思想的完善者之一**。柏拉图强调人的音、体、智、德等方面的身心和谐发展，主张课程与实践相结合，净化教育内容，将理性指导欲望作为道德教育的中心。

⑤**柏拉图是西方经典教育"七艺"的完善者**。柏拉图将算术、几何、天文、音乐四门课程列入教学科目，完善了"七艺"教育，构成了西方古代经典教育内容。

⑥**柏拉图提出了西方最早的终身教育和考试的思想**。柏拉图主张哲学家的教育贯穿人的一生，而且他最早使用考试筛选的方式选拔人才。

（2）局限性。

①**忽视个性，重视共性**。柏拉图《理想国》中的教育观过于强调一致性，用一个刻板的模子塑造人，忽视个性的发展。

②**拒绝变革，不让体育和音乐翻新**。柏拉图认为音乐的翻新会给国家带来危害，这一思想不利于创新意识的培养，阻碍了社会发展。

综上所述谈地位：**柏拉图是西方教育史上第一个建立完整教育理论的教育家，是最早运用苏格拉底法阐述自己学说的教育家**。所以，他是古希腊最伟大的哲学家、思想家和教育家之一。美国教育史学家孟禄曾评价说，柏拉图的教育思想"对后世产生了深远的历史影响，具有永恒的价值"。

凯程拓展

"七艺"（补充知识点） （名：10+学校）

"七艺"是古希腊教育的主要内容，由文法、修辞学、辩证法、天文、音乐、几何、算术构成。

①**文法**指文章的书写法规，一般用来指以文字、词语、短句、句子的编排而组成的完整语句和文章的合理性组织。

②**修辞学**指研究修辞的学问，修辞是加强言辞或文句效果的艺术手法。

③**辩证法**指辩证的方法，是西方哲学的专有名词之一，一般认为是指对逻辑过程的抽象，即对语词、推理、描述、概念、解释过程的研究。

④**天文**指观察和研究宇宙间天体的学科，它研究天体的分布、运动、位置、状态、结构、组成、性质及起源和演化，是自然科学中的一门基础学科。

⑤**音乐**指有关艺术形式和文化活动的学科。

⑥**几何**指研究空间结构及性质的学科。

⑦**算术**指研究数的性质及其运算的学科。把数和数的性质、数和数之间的四则运算在应用过程中的经验累积起来，并加以整理，就形成了一门最古老的数学学科。

评价："七艺"是古希腊经典的教育内容，是学者们推崇的古典学科，一直流传到中世纪，甚至到文艺复兴时期，还有很多学者崇尚恢复古希腊的"七艺"学科，托古改制，这反而助推了人文主义教育思想的发展。

凯程助记

怎样记住柏拉图的教育思想？

(1) 理论基础："学习即回忆" ↓说明
(2) 教育作用：教育塑造个体；建立理想国
→ (1) + (2) 论证教育的重要性；(3) 论证教育培养什么人
→ (3) 教育目的：哲学王；"灵魂转向"
→ 如何实现教育目的
→ (4) 教育内容："七艺"
(5) 教育管理：国家管理
(6) 教育阶段：学前—普通—高等

考点3 亚里士多德的教育思想和教育活动 ★★★ 27min搞定

（名：21山西；简：17湖南，21吉林外国语、齐齐哈尔、南宁师大；论：14、18延边，17温州）

亚里士多德是古希腊人，是世界古代史上伟大的哲学家、科学家和教育家之一，堪称古希腊哲学的集大成者。他是柏拉图的学生，亚历山大的老师。公元前335年，他在吕克昂开办了一所学园。马克思曾称亚里士多德是古希腊哲学家中最博学的人物，恩格斯称他是"古代的黑格尔"。作为一位百科全书式的科学家，他几乎对每个学科都做出了贡献。他的写作涉及伦理学、心理学、经济学、神学、政治学、修辞学、自然科学、教育学、诗歌、风俗，以及雅典法律。亚里士多德的著作构建了西方哲学的第一个广泛的系统，包含道德、美学、逻辑、科学、政治和玄学。亚里士多德对西方的教育思想有着深远影响。

1. 亚里士多德的教育思想 ★★★

(1) 理论基础：灵魂论与教育。 （名：20湖州师范学院；简：16吉林师大，21阜阳师大）

①灵魂论。

a. 人的灵魂由三个部分构成，即营养的灵魂、感觉的灵魂和理性的灵魂。这三个部分与植物的灵魂、动物的灵魂和人的生命相对应。当营养的灵魂单独存在时，是属于植物的灵魂（植物的灵魂是灵魂的最低级部分，主要表现在营养、发育、生长等生理方面）。如果它还有感觉，则属于动物的灵魂（动物的灵魂属于灵魂的中级部分，主要表现在本能、情感、欲望等方面）。理性的灵魂是灵魂的高级部分，主要表现在思维、理解和判断等方面。它如果既是营养的，也是感觉的，同时又是理性的，就是人的生命。

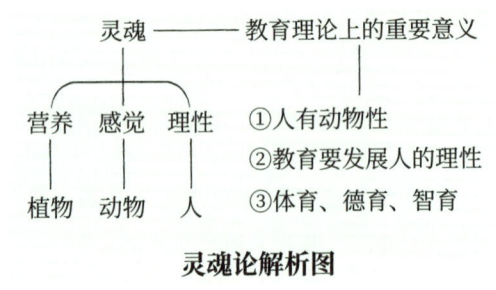

灵魂——教育理论上的重要意义
营养 感觉 理性
植物 动物 人
①人有动物性
②教育要发展人的理性
③体育、德育、智育

灵魂论解析图

b. 亚里士多德相当于将人的灵魂区分为两个部分：理性的部分和非理性的部分。非理性的部分又包括植物的灵魂和动物的灵魂两种成分。当人的灵魂的三部分在理性的领导下和谐共存时，人就成为人。

②灵魂论在教育理论上的重要意义。

a. 它说明人是动物，人的身上也有动物性的东西，它们与生俱来。b. 教育要发展人的理性。发展人的理性，使人超越动物的水平，上升为真正的人，这就是教育，特别是德育的任务。c. 灵魂的三个组成部分的理论为教育的重点，它们为体育、德育、智育提供了人性论上的依据。

(2) 教育作用论。

①教育的最终目的在于发展人的理性。亚里士多德提到了人成为人的三个因素，即天性、习惯和理性。天性和习惯受理性的领导，人又是通过教育来发展理性的。如此一来，让人成为有良好德行的人，教育显然有其特殊的作用。如何对人进行有效的教育呢？亚里士多德把体育放在最前面，其次是道德教育，

最后才是智育和美育。

②**亚里士多德认为教育在人的形成中不是万能的**。教育不能使那些天性卑劣而又在不良环境中养成坏习惯的人服从理性的领导，对于这种人，强制和惩罚是必要的。只有当良好法治环境的影响、正确的家庭影响和教育形成合力时，人才能成为道德高尚的人。

(3) 道德教育论。

①**伦理思想是亚里士多德进行道德教育的理论基础**。伦理美德就是"中道"，"中道"就是中国的中庸之意。所以道德教育的目的就是养成具有"中道、适度、公正、节制"的美好德行。

②**亚里士多德强调实践道德的重要性**。亚里士多德认为人们必须先进行有关德行的现实活动，才能获得德行，只知道德行是不够的，还要力求在实践中应用或者以某种办法变得善良。亚里士多德批评那些空谈德行而不实践德行的人，在一定程度上，他批评苏格拉底"智慧即德行"的观点不完善。在实践德行的过程中，亚里士多德强调动机与效果的统一、知与行的统一、主观与客观的统一。

(4) 和谐教育论。

亚里士多德提出的和谐教育是指德、智、体、美和谐发展。德育使人形成完善的道德观念，养成良好的习惯；智育使人的思维、认识、理解和判断能力得到提高，使人的理性得到充分发展；体育使人拥有健全的体魄；美育主要由音乐教育承担，使人的情操得到陶冶，从而激荡人的灵魂，形成高尚、自由的灵魂。亚里士多德特别强调音乐是和谐教育的核心部分，音乐不仅是实施美育最有效的手段，还是实施智育和德育不可缺少的内容。

(5) 自然教育与年龄分期论。

①**自然教育**：亚里士多德从灵魂论出发，根据人的身心发展的特征，首次提出并论述了教育效法自然的原理，并把这一原理运用到教育的年龄分期论和人的身心和谐发展的教育理论之中。这不仅推动了古希腊教育思想的发展，并使之达到了顶峰，奠定了近代西方自然主义教育思想的理论基础和基本观念，也为西方教育思想的发展做出了重要贡献。

②**年龄分期论**：亚里士多德在教育史上第一次提出了按照年龄划分教育阶段的思想。

第一阶段（0～7岁，家庭教育阶段）：儿童在家庭中以体育和游戏为主，不主张学习知识。

第二阶段（7～14岁，初等教育阶段）：儿童以阅读、书写、体育锻炼、音乐和绘画为主要学习内容。这一阶段也是接受自由教育的主要阶段。所谓自由教育，是指教育以提高一般文化素养为目的，学习广博的文化知识。这种教育只适合于自由民。

第三阶段（14～21岁，中高等教育阶段）：从吕克昂学园的实践中可以看出，亚里士多德既注重哲学，也注重科学。学习内容包括柏拉图的"四艺"以及哲学、物理、文法、文学等。

(6) 自由教育。（名：5★学校）

自由教育最早是由古希腊哲学家亚里士多德提出的，又叫作文雅教育。它是指对自由公民所施行的，强调通过自由技艺的学习进行非功利的思辨和求知，从而免除无知、愚昧，获得各种能力全面完美的发展，以及身心和谐自由状态的教育。其教育内容为不受任何功利目的影响的自由知识，也被称为自由学科（"七艺"），包括音乐、文法、修辞学、几何、算术、天文、辩证法。自由教育成为西方经典的教育模式之一，对西方教育传统的形成具有重要作用。

2. 亚里士多德的教育活动——吕克昂学园 （名：12集美）

吕克昂是亚里士多德于公元前335年创办的哲学学校。学校注重科学研究和相应的实验与训练，并建有图书馆、实验室和博物馆，是实践亚里士多德教育观念的主要机构。后与其他几所学校、学园等合并为雅典大学。

学校中开设了包括"四艺"以及哲学、物理、文法、文学、诗歌和伦理学等在内的广泛的课程。实行教学和科研相结合、研究与实验相结合、讲授与自由讨论相结合的教育模式，并根据学生的程度，将其划分年级或班级，进行分班授课。

3. 亚里士多德教育思想的影响 ★★★

（1）积极影响。

①**重视教育与政治的关系，认为教育应该是国家的事业**。亚里士多德认为所有人都应该受到同一的教育，教育事业应该是公共的。他还提出了教育立法，认为"教育应由法律规定"，对后世国家管理教育影响深远。

②**重视教育对人的作用，认为教育应该培养人的理性**。亚里士多德认为发展人的理性是教育，特别是德育的任务。教育要发展人的理性，使人超越动物的水平，上升为真正的人。

③**论证了和谐教育，提出了自由教育的理念**。亚里士多德提出的和谐教育是指德、智、体、美和谐发展的教育，对西方的教育理论和实践都具有重要的指导意义。

④**最早提出教育效法自然的思想，并提出年龄分期论**。亚里士多德提出教育效法自然的思想，并应用于教育的年龄分期论和人的身心和谐发展的教育理论，是西方自然主义教育思想的开端。

⑤**最早提出实践德育论，认为中道是最高境界的道德宗旨**。亚里士多德发展了苏格拉底的德育论思想，强调动机与效果的统一、知与行的统一、主观与客观的统一。同时主张美德就是适度，恰如其分，恰到好处。

（2）局限性。

①**只重视理性教育，轻视实用教育**。亚里士多德对社会生产实践存在着严重的偏见，反对劳动教育，轻视职业化教育。这种只重精神、脱离实际的教育是一种片面的教育。

②**否认奴隶和妇女的受教育权**。亚里士多德代表奴隶主的利益，他的教育目的是站在奴隶主贵族的立场上，培养公民而不是社会所需要的人，因而否定了奴隶和妇女受教育的权利。

综上所述谈地位：亚里士多德是苏格拉底和柏拉图哲学思想与教育思想的传承者、发扬者。亚里士多德在传承先辈思想的同时，结合他所生活的具体时代背景和社会需求，形成和发展了自己的教育理论，并将其推向了古希腊教育思想的高峰。尽管在漫长的中世纪，亚里士多德的思想曾一度被埋没和歪曲，但到了文艺复兴时期，经人文主义者的弘扬，亚里士多德的教育理论与他的哲学思想一起重现光芒，并被此后的历代教育家所吸收，直到今天，亚里士多德的教育思想中仍有许多有价值的东西可资借鉴。

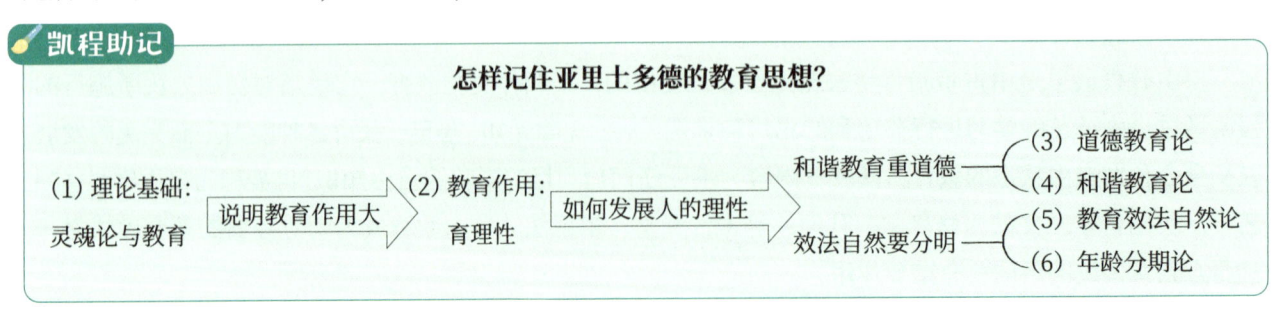

凯程助记

怎样记住亚里士多德的教育思想？

（1）理论基础：灵魂论与教育 —说明教育作用大→ （2）教育作用：育理性 —如何发展人的理性→ 和谐教育重道德 —（3）道德教育论／（4）和谐教育论；效法自然要分明 —（5）教育效法自然论／（6）年龄分期论

经典真题

名词解释

1. 美德即知识（13扬州，15湖南科技，15、16湖南师大，17江苏师大）
2. 苏格拉底法/产婆术（10河南师大、首师大、辽宁师大，10、11、13、15、17浙江师大，10、12南京师大，10、12、13西南，10、12、17、19、21天津师大，11北师大、北京航空航天、广西师大、北京，11、12、13、15东北师大，11、14江苏师大，11、14、20杭州师大，11、15、19江苏，11、18渤海，12、13内蒙古师大，12、13、14、15、19四川师大，12、16、17、18、20、21上海师大，12、18华东师大，12、22山东师大，13、14、16延安，14、16湖南科技，14、18、20华中师大，14、18、20、21淮北师大，14、21赣南师大，15中国海洋、郑州，15、16、17、19鲁东，15、16、19、20、21、22、23西华师大，15、18、20贵州师大，15、19江西师大、集美，16、22扬州、沈阳师大，16、22、23安徽师大，17山西、南京航空航天、南宁师大，18山西师大、新疆师大、合肥师范学院，18、21陕西师大、深圳、太原师范学院、北华、吉林外国语、齐齐哈尔、西藏，19安庆师大、长春师大、曲阜师大、西安外国语，20湖南师大、湖南、吉林师大、青海师大、安庆师大、闽南师大、海南师大，20、21大理、湖北、宁夏、新疆师大、聊城、信阳师范学院、河南科技学院，20、23济南，23中央民族）
3. 学园（12、19云南师大，13闽南师大，14山东师大，15华东师大、华中师大，22西北师大）
4. 自由教育/博雅教育（11河南师大，12、16、17渤海，18、23齐齐哈尔，20沈阳师大、云南师大，22北师大、南京，23中国海洋）
5. 《理想国》（10、14东北师大，11山东师大，13沈阳师大，14、17湖南师大，14、17、21闽南师大，17海南师大，18、20鲁东，19福建师大，21集美、青海师大）
6. "七艺"（11中南、西北师大，14苏州，18河南师大、安徽师大、山西，18、21湖南，20天津外国语、淮北师大、太原师范学院，21山东师大、上海师大）
7. 亚里士多德（21山西）
8. 吕克昂（18集美）
9. "三艺"（12湖南）
10. 泥板书舍（23云南师大）
11. 古儒学校（23浙江海洋）
12. 文士学校（23洛阳师范学院）

简答题

1. 简述"苏格拉底方法"/"产婆术"及其优缺点。（10福建师大，11曲阜师大，12华东师大，13东北师大、闽南师大、中南，14江苏，15广西师大，15、16、18集美，17湖北、鲁东，18海南师大、扬州，20江苏、临沂，21华东理工、湖南、南宁师大，22淮北师大、湖北）
2. 简述苏格拉底的"知识即美德"的教育意义。（16湖南师大，23湖北）
3. 简述苏格拉底的教育思想。（18华南师大）
4. 简述柏拉图《理想国》的教育思想。（11四川师大，13江西师大，15沈阳师大，17哈师大，18浙江，20温州，22宁波）
5. 简述亚里士多德的教育思想。（17湖南，21吉林外国语、齐齐哈尔、南宁师大）
6. 简述亚里士多德的三种教育和三种灵魂。（16吉林师大，20湖州师范学院，21阜阳师大）

›› 论述题

1. 论述"苏格拉底方法"的内容、意义以及在实践中的应用。（12 西华师大、延安，15 哈师大，16 天津，17 山东师大，20 华南师大、云南师大，22 延安）
2. 论述苏格拉底的教育思想。（13 重庆师大，14、18 聊城，20 宝鸡文理学院，22 湖州师范学院）
3. 论述苏格拉底教育思想的启发。（22 延安）
4. 论述柏拉图的教育思想。（13 江西师大，16 江苏师大，17 天津，23 青海师大）
5. 论述柏拉图和亚里士多德教育思想的主要内容。（17 温州）

凯程拓展

东方文明古国的教育

（北师大 333 大纲知识点；名：23 云南师大、浙江海洋、洛阳师范学院；论：21 哈师大）

1. 古巴比伦的教育

古巴比伦是位于两河流域的文明古国。古巴比伦文化的前身是苏美尔文化。公元前 4000 年，苏美尔人开始创造人类的文明，书吏教育是古巴比伦的主要教育形式。正如有的学者指出的，两河流域的"文化教育发展极早，甚至可以说，它早于埃及，至少是与埃及约在同时有了学校。这是人类最初的学校教育的摇篮，也是人类正式教育的起点"。

（1）古巴比伦的学校。

①**苏美尔的学校**："泥板书舍"。苏美尔文字的发明、泥板的广泛使用以及科学的发展，为学校教育提供了条件。最早的学校与寺庙有密切联系，寺庙中有关人员（一般称作"书吏"）需要学习文字和符号，这样就产生了训练书吏的学校。学校用的教材是泥板书，泥板成为学校的主要学习工具，故学校被称为"泥板书舍"。当时图书馆收藏的也是泥板书。在泥板书舍中，负责人称为"校父"，教师称为"专家"，助手称为"大兄长"，学生称为"校子"。

②**古巴比伦的学校**：寺庙学校。随着古巴比伦王国的建立，寺庙学校已发展为两级，即初级教育与高级教育。

（2）古巴比伦学校的教学内容和方法。

①**教学内容**：早期苏美尔时期，教育内容重视语言、书写楔形文字和简单的读、写、算。古巴比伦时期，学校内容逐渐丰富，加入了苏美尔文学、文法、祈祷文等。

②**教学方法**：苏美尔时期，教学方法简单，主要表现为抄写、背诵、纪律严格、体罚盛行。发展到古巴比伦时期，也依然是灌输性很强的师徒传授制，即先教师演示，再学生临摹，最后由教师指点和纠错。

2. 古代埃及的教育

古埃及位于非洲东北部尼罗河的下游，于公元前 3000 年左右开始建立奴隶制国家。古埃及很早就发明了象形文字和表音文字。古埃及的象形文字不是写在泥板上，而是用芦管笔写在纸草上，后来出现了表示音节的符号，在古王国时代已经发明了 24 个辅音字母。这也是世界上最早产生的字母，并影响了古希腊字母的形成和发展。在自然科学方面，埃及人在天文、历法、建筑、数学、医学等方面都获得了相当大的发展。

（1）古代埃及的学校。

古埃及的学校教育较为发达，学校种类主要有宫廷学校、僧侣学校、职官学校和文士学校。

①**宫廷学校**。主要由国王法老设立，教育皇室成员和朝臣子弟，学生学习完毕，接受适当的业务锻炼后，即分别被委任为官吏。

②**僧侣学校**。僧侣学校也叫寺庙学校，是培训祭司或僧侣的学校，主要设在寺庙中，注重科学技术教育，也是学术中心。

③**职官学校**。职官学校也叫书吏学校，训练一般的能从事某种专项工作的官员，修业期为12年。

④**文士学校**。文士学校培养能熟练运用文字从事书写及计算工作的人。此类学校较前三种低级，招收人数较多，对出身限制稍宽，修业期限有长有短。

（2）古代埃及学校教育的内容和方法。

①**教学内容**。

a. **宫廷学校：** 教学内容无法考证。

b. **僧侣学校：** 着重科学教育，如天文学、水利学、数学、医学等。

c. **职官学校：** 普通文化课程及专门职业教育。

d. **文士学校：** 通常教授书写、计算和有关律令方面的知识。其中，书写最受重视，训诫是主要的书写内容。

②**教学方法：** 古代埃及的教师惯用灌输和体罚，教师施行体罚被认为是正当、合理的。

这一时期古埃及的教育已有一定发展，学校的类型较为完备，超过同一时期的其他国家。它不但培养了当时社会需要的人才，也促进了古代埃及文化的发展。

3. 古代印度的教育

大约在公元前2000多年，印度河流域的土著达罗毗荼人建立了奴隶制城邦国家。从公元前1000年到前600年，逐步形成了一种严格的等级制度，通称为种姓制度，即把人从高到低依次分为婆罗门（僧侣）、刹帝利（武士）、吠舍（农民和从事工商业的平民）、首陀罗（奴隶和仍处在奴隶地位的穷人）四个等级。

（1）婆罗门教育。 婆罗门属于印度的高级僧侣阶层，儿童最初是在婆罗门家庭接受教育。因此，家庭教育是婆罗门教育的主要形式。

①**教育机构：** 公元前9世纪以前，婆罗门教育以家庭教育为主，父母指导子女背诵《吠陀》经，教学方法神秘、机械、烦琐。儿童如需练习写字，要先在沙地上练习熟练后再用铁笔写在棕榈树叶上。公元前8世纪以后，婆罗门出现了一种办在家庭中的学校，被称为"古儒学校"。在此类学校中，教师由婆罗门种姓的人担任，被称为"古儒"。

②**教育内容：**《吠陀》经是主要的学习内容，以神学为核心，也涉及比较广泛的知识领域。

③**教学方法：** 古儒学校常常利用年长儿童充当助手，由助手协助教师把知识传授给一般儿童。这种方法后来被英国教师贝尔所袭用，19世纪在英国成为盛行一时的导生制。此外，体罚盛行。

（2）佛教教育。

①**教育机构：** 印度佛教产生于公元前6到前5世纪，由释迦牟尼创立。佛教教育的主要场所是寺院，教育目的是培养僧侣。经考验合格者为"比丘"（僧人）。佛教也重视女子教育，女僧学习完毕后称为"比丘尼"。

②**教学内容和教学方法：** 学习内容主要为佛教经典；教学方法上主张讲道（佛经讲解）与个人钻研相结合。

③**教育对象：** 佛教教育主张教育应当面向平民。为了使教育面向大众，他们强调用地方语言取代"梵文"来进行教学，这推动了平民教育的发展。

佛教的寺院不仅是教育机构，也是学术机构，甚至堪称学术（神学）研究中心。一些著名的寺院不仅吸引了大批外国青年和学者前来学习，也对中国和东南亚许多国家的教育产生了深远影响。佛教教育在一定程度上照顾了广大下层民众，扩大了教育对象的范围，这是其进步的地方；但它宣传的悲观厌世思想也有很大的消极作用。

4. 古代希伯来的教育

古代希伯来位于现在的西亚巴勒斯坦地区，为现代犹太人祖先的居住地。在大卫王和所罗门王统治时期，曾有过一段辉煌时期，以后屡遭战乱，最终亡国。希伯来的历史大致可分为两个时期：第一个时期是从摩西带领希伯来人逃离埃及（约公元前14—前13世纪）到公元前586年犹太王国亡于古巴比伦；第二个时期是从公元前538年希伯来人返回家园至1世纪被罗马帝国吞并。

(1) **第一个时期教育的特点：家庭教育。**

这一时期，希伯来人以家庭教育为主，希伯来各部落进入农业文化，以父权为主的家长制盛行，父亲即信仰。

①**教育内容：**家长主要以《圣经·旧约》教导子女，这种经典学习不重视知识传授，而重视宗教信仰和宗教感情的陶冶。此外，在儿童教育中，作为宗教教育的附带，希伯来人也教授简单的文化知识、职业技能。

②**教育方法：**希伯来的家长制具有较多的民主色彩，家庭教育重视亲情与说服感化，认为儿童有独立的人格，父母要满足儿童的需要和兴趣。当然，父亲依然有体罚子女的权利。

(2) **第二个时期教育的特点：学校教育。**

这一时期，经历了"巴比伦之囚"的希伯来人返回家园后，开始抛弃家庭教育的传统，发展学校教育，希伯来最早的初级学校是犹太会堂。到公元前1世纪，希伯来人的学校早已从犹太会堂中分离出来，形成了较完备的教学制度，而且极为发达，几乎每个村落都有一所学校。

①**教育内容：**男童6岁进入初级学校，6～10岁学习《圣经》和简单的读、写、算；教师以口授方式摘读若干经书中的语句，指导儿童高声诵读。10～15岁主要学习《密西拿》。15岁以后，则主要学习《革马拉》，这相当于中等教育。《密西拿》和《革马拉》合称《塔木德》，它们都是对《圣经》的注疏。中等教育以上还有培养僧侣的学校，教授宗教理论和法律理论，并训练主持宗教活动的能力。此类教育应纳入高等教育范畴。

②**教育方法：**最大的特色是鼓励学生发问，但依然常施惩戒责罚，而且只有男子可入学接受教育，女子不能享受此权利。

希伯来人将教育当作神圣事业，教育工作者受到尊重，希伯来的教师称为"拉比"，类似埃及的"文士"。

5. 东方文明古国教育发展的特点 ⭐

(1) **教育产生：**作为世界文化的摇篮，东方产生了最早的科学知识、文字以及学校教育。

(2) **教育性质：**教育具有强烈的阶级性和等级性。学校主要招收奴隶主子弟，教育对象按其等级、门第而被安排进入不同的学校。

(3) **教育内容：**教育内容较丰富，包括智育、德育及宗教教育等。既反映了统治阶级的需要，也反映了社会进步及人类多方面发展的需要。

(4) **教育机构：**教育机构种类繁多，形态各异。这有助于满足不同统治阶层的需要，既具有森严的等级性，也具有强大的适应力。

(5) **教育方法：**教学方法简单机械,体罚盛行。各国通过丰富的教育实践，在教育方法上不乏创新之举，但总的来说，教学方法简单，体罚盛行，实行个别施教，尚未形成正规的教学组织。

(6) **教师方面：**知识常常成为统治阶级的专利，故教师的地位较高。其与后来古希腊、古罗马学校教师的社会地位卑下形成鲜明对比。

(7) **教育延续性：**文明及文化教育甚为古老，但失于早衰或有过断层期，唯独中国的文化和这种文化所促成的教育绵延不断、源远流长。这是中国教育史的独特之处和优异之处。

凯程助记

东方文明古国的教育

国家	教育机构	教育目的	教育内容	教育方法	特点
古巴比伦	泥板书舍	书吏	读写文字及文法、文学等	灌输、体罚、师徒传授式	人类正式教育的起点
古埃及	宫廷学校	国家官吏	无法考证	灌输、体罚	等级森严
	僧侣学校	学术人才	科学知识		
	职官学校	一般官员	普通文化及专门知识		
	文士学校	书写算者	书写、计算、律令		
古印度	婆罗门教育——古儒学校	培养婆罗门教信仰	《吠陀》经	灌输、体罚、导生制	贵族性，教师称"古儒"
	佛教教育——寺院学校	培养僧侣（佛教信仰）	佛经	讲道与个人钻研相结合，地方语言教学	平民性
古希伯来	从家庭教育到初级（犹太会堂）和中级学校	培养犹太教信仰	《圣经·旧约》等	依旧体罚，鼓励发问，较为民主	教师称"拉比"
古代中国	成均、庠序、校、学	培养治国人才	"六艺"	灌输、体罚	学在官府

东方文明古国教育的共同特点的记忆逻辑：

　　1.产生　　→　　2.学校性质　　→　　了解学校内部情况　　→　　7.总结：教育延续性
学校文字和科学　　　阶级性　　　　　　3.教育机构+4.教育目的
　　　　　　　　　　等级性　　　　　　5.教育内容+6.教育方法

第二章 古罗马的教育

考情分析

第一节 教育制度
考点1 共和时期的罗马教育
考点2 帝国时期的罗马教育

第二节 教育思想
考点1 西塞罗的教育思想
考点2 昆体良的教育思想

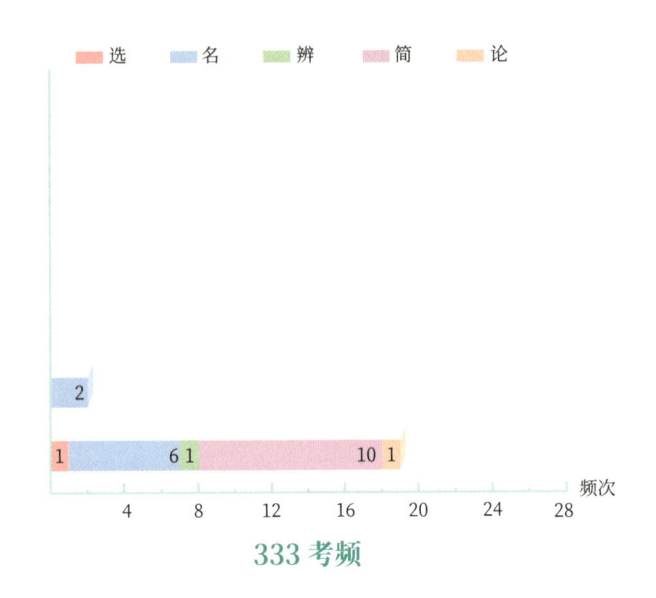

333考频

知识框架

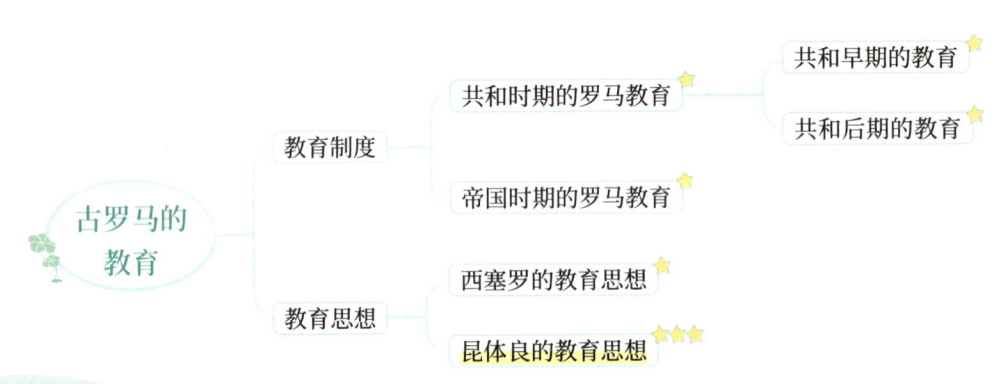

古罗马的教育
- 教育制度
  - 共和时期的罗马教育
    - 共和早期的教育
    - 共和后期的教育
  - 帝国时期的罗马教育
- 教育思想
  - 西塞罗的教育思想
  - 昆体良的教育思想

考点解析

第一节 教育制度

古罗马教育的发展分为王政时期、共和时期、帝国时期三个阶段。由于王政时期是原始社会向奴隶社会的过渡时期,这个时期的教育没有可靠的史料做依据,所以,比较有代表性的是共和时期的教育和帝国时期的教育。

---
① 本章全部参考吴式颖、李明德的《外国教育史教程》(第三版)第五章。

考点 1　共和时期的罗马教育 ⭐10min搞定

1. 古罗马共和早期的教育 ⭐

古罗马共和早期的教育是"农民—军人"的教育，其要求每一个公民既是农民也是军人。主要的教育形式是家庭教育，以其"家长制"著名。家庭教育以"道德—公民"教育为核心，文化教育所占比重小，要求记诵《十二铜表法》。

2. 古罗马共和后期的教育 ⭐

古罗马共和后期的学校教育制度既保留了古罗马民族自身文化的特点，又吸收了古希腊文化教育的成就。它存在着两种几乎平行的学校系统：一种是以希腊语、希腊文学的教学为主的希腊式学校；另一种是拉丁语学校。共和后期的教育主要是私立教育。

（1）**初等教育——初级学校（亦称"卢达斯"）**。招收7～12岁的男女儿童，教育内容是读、写、算，其中包括《十二铜表法》和道德格言等，但不重视体育和音乐。

（2）**中等教育——文法学校**。贵族及富家子女12～16岁进入文法学校。文法学校以学习文法为主。这种学校起初完全由古希腊人主持，教授希腊语和希腊文学，叫作希腊文法学校。从西塞罗起，拉丁文法学校也随之迅速发展起来。希腊文法学校主要学习《荷马史诗》和其他古希腊作家的作品。拉丁文法学校则学习西塞罗等人的著作。在这两种学校中，也学习地理、历史、数学和自然科学，但比较肤浅。教学方法是讲解、听写和背诵。

（3）**高等教育——修辞学校或雄辩术学校**。比文法学校更高一级，接收文法学校毕业的贵族子弟，目标是培养雄辩家（演说家）。教育内容是修辞学、文学、法律、伦理学、数学、天文学、历史等。

考点 2　帝国时期的罗马教育 ⭐5min搞定

古罗马进入帝国时期后，为了适应帝国统治的需要，国家加强对教育的控制，进行了一些教育变革，主要体现在：

（1）**国家建立了统一的教育制度**。严格监督和控制初等教育，改部分私立的文法学校和修辞学校为国立，但绝大多数学校（尤其是初等学校）仍是私立。

（2）**改变了教育目的**。把教育目的定为培养忠于帝国的官吏和顺民。

（3）**提高教师地位和待遇**。改私人选聘教师制度为国家委派。

（4）**拉丁文法和罗马文学的地位逐渐压倒了希腊文法和希腊文学**。

（5）**罗马帝国出现了私立法律学校、医护学校等**。

（6）**形式主义的分析教学法**（对文学作品进行分析和评论的方法）盛行。

（7）**基督教开始出现**。基督教作为世俗文化和教育的对立面出现，并逐渐由弱变强，以至于产生了基督教文化教育系统，最后在罗马帝国的很大范围内取代了世俗文化和教育。

凯程助记

古罗马三阶段教育总结

时期	教育性质	教育内容	教育目的
共和早期	家庭教育	以"道德—公民"教育为核心，农事、军事	农民、军人
共和后期	私立教育	拉丁文，希腊文，实用的、广博的知识	雄辩家
帝国时期	出现国立教育	注重文法、修辞学和文学，减少实用知识	官吏和顺民

第二节 教育思想

考点1 西塞罗的教育思想 15min搞定 （名：20渤海，21北京联合）

西塞罗是古罗马共和后期著名的演说家、法学家、哲学家、文学家和教育家，他出身于古罗马的骑士家庭，以善于雄辩而成为古罗马政治舞台的显要人物。他从事过辩护人的工作，后进入政界。其代表作为《论雄辩家》，书中为雄辩家做出了定义，并阐述了作为一个演说家和雄辩家所必需的学问和应具有的品质及其培养方式。西塞罗关于培养雄辩家的教育思想和他在拉丁文法、拉丁文学方面的成就与贡献，对古罗马帝国时期以及后来欧洲的教育都产生过较大的影响。

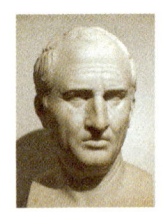

1. 雄辩家的定义

西塞罗认为教育的直接目的是培养雄辩家。他认为雄辩家应当是一个能就目前任何需要运用语言艺术阐述的问题，以规定的模式，脱离讲稿，伴以恰当的姿势，得体而审慎地进行演讲的人。

2. 雄辩家教育的内容

（1）**必须具备广博的学识**。西塞罗要求雄辩家拥有全部自由艺术和各种重要的知识。自由艺术是指文法、修辞学，以及柏拉图主张学习的算术、几何、天文、音乐等学科。各种重要的知识则主要指有关政治、法律、军事和哲学等方面的知识。

（2）**应当具有修辞学方面的特殊修养**。因为决定演讲水平高低的重要方面，是遣词造句以及整个演说词的文体结构，所以在修辞方面要求表达正确，通俗易懂，优美生动，语言和主题相称。

（3）**应当具有优美的举止和文雅的风度**。因为身体语言能对演说产生巨大的作用。

3. 雄辩家的培养方法

西塞罗强调练习在雄辩家教育中的重要地位。他主张要经常进行模拟演说训练，同时要勤于写作，用写作来磨砺演说。他认为，写作可以训练人的思维能力和表达能力，这种能力可以转移到演说能力中去。

凯程助记 一个雄辩家需要：广博学识+修辞修养+举止风度→练习模拟才能拥有这些。

考点2 昆体良的教育思想 ★★★ 20min搞定 （名：5+学校；简：5+学校；论：18辽宁师大）

昆体良是古罗马著名的教育家、演说家，是教育史上大力发展、完善教育方法和思想的先驱。他主张对儿童的教育应是鼓励的，能激发他们兴趣的。其代表作《雄辩术原理》是他二十多年教学工作经验的总结，也是古希腊和古罗马教育经验的汇集。这本书还是西方最早的关于教育、教学的著作。

1. 昆体良的教育观

（1）**教育目的**：培养善良而精于雄辩术的人。

（2）**教育作用**：遵循学生的天性，充分肯定教育的巨大作用。他认为，天生的才能只是个人发展的一种可能性，天赋的发展有赖于不断地实践和教育。但是，教育的作用也不是绝对的，教育应当以人的自然本性为基础，教育者应当尊重受教育者的个性差异和年龄差异。

(3) 教育任务：德行是雄辩家的首要品质，学校教育优于家庭教育，此外要特别重视学前教育。

①**德行是雄辩家的首要品质**。雄辩家必须是一个善良的人，如果一个雄辩家不为正义辩护而为罪恶辩护，那么雄辩术本身就会成为有害的东西，所以昆体良把德行看作雄辩家的首要品质。

②**学校教育优于家庭教育**。昆体良认为，学校是儿童最好的学习场所，学校教育比家庭教育更加优越。原因是：许多儿童在一起学习不会产生孤单、与世隔绝的感觉，并有助于儿童克服唯我独尊、自命不凡的心理；在学校里可发展儿童间的友谊和培养儿童合群的品性，使其养成适应社会公共生活的习惯和参加活动的能力，这样在大庭广众之下也能态度自然、举止大方；学校教育能指导学生趋善避恶；学校能给儿童提供多方面的知识。

③**重视学前教育**。当时的人们认为学前教育的主要任务是德育，不应该进行智育，但昆体良认为幼儿阶段就应该进行智育。他在教育史上第一次提出了双语教育问题，主张先教儿童学习希腊语，再学习拉丁语，最后两种语言的学习同时进行。昆体良还主张快乐教育，要让最初的教育成为一种娱乐，不能让孩子在还不能热爱学习的时候就厌恶学习。

2. 昆体良的教学观 （简：16 鲁东，22 沈阳师大）

（1）**在教学组织形式上：**他提出了分班教学的思想，主张把学生分成班级，在同一时间里，由教师对全班进行教学，而不是对个别进行教学。这是班级授课制的萌芽。

（2）**在课程设置上：**他认为专业教育应该建立在广博的普通知识的基础上，雄辩家应学习文法、修辞学、音乐、几何、天文学、哲学等。

（3）**在教学方法上：**昆体良提倡启发诱导和提问解答的方法，教师应善于回答学生提出的问题，并向那些不发问的学生提问。

（4）**在教学原则上：**他认为教师所传授的知识的深度和分量要适应儿童的天性，符合他们的接受能力，即量力性原则；他还提出学习与休息交替的教学原则，防止学生过度疲劳，即劳逸结合原则；除此之外，他还提出了因材施教的观点。

3. 昆体良的教师观 （简：22 信阳师范学院）

昆体良高度重视教师的作用，他认为要做好教育工作，教师是至关重要的。因此，教师应当具有全面的素质。

①**教师应当德才兼备。**②**教师对学生应宽严相济。**③**教师对学生的教育要有耐心，要多勉励、少斥责，在实施奖惩时既不能吝啬表扬，也不能滥用惩罚。**④**教师应当懂得教学艺术，教学要简明扼要、明白易懂、深入浅出。**⑤**教师要注意儿童的个体差异，做到因材施教。**

4. 评价

昆体良是古罗马时期最为重要的教育家，也是第一位教学理论家和教学法专家。他继承和发展了西塞罗的雄辩家教育理想，更加深刻地论述了人的天性与教育的关系。他的《雄辩术原理》系统论述了年青一代的教育问题，他的教育思想涉及学前教育、初等教育和中高等教育各个阶段，他所论述的教育、教学的原理、原则和方法，在1—5世纪为整个罗马帝国的学校和教师所重视和效法，并在文艺复兴时期对人文主义教育家乃至其后西方教育的发展产生了深远影响。总之，昆体良是无愧于古希腊、罗马教育思想集大成者之称谓的。

凯程助记

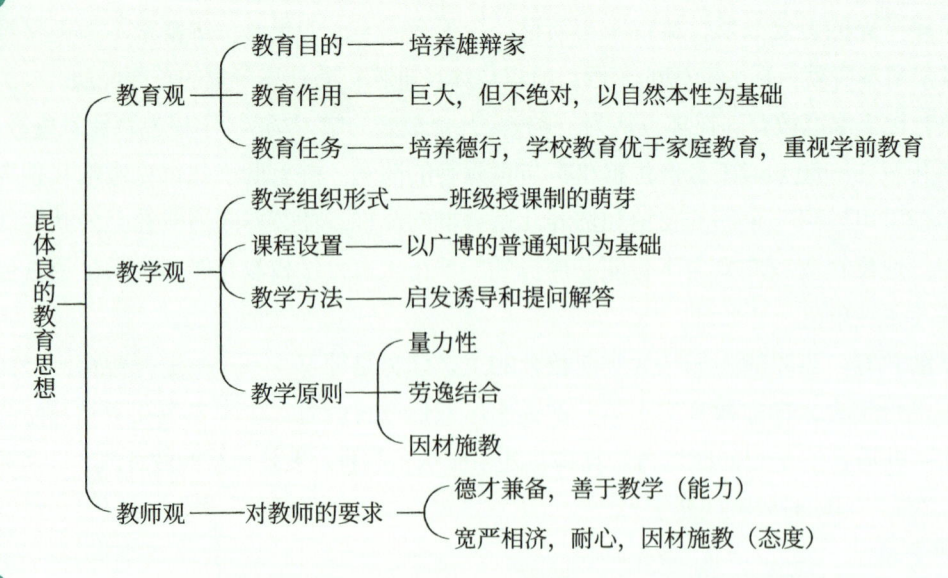

```
                    ┌─ 教育目的 ── 培养雄辩家
            ┌─ 教育观 ─┼─ 教育作用 ── 巨大，但不绝对，以自然本性为基础
            │        └─ 教育任务 ── 培养德行，学校教育优于家庭教育，重视学前教育
            │
            │        ┌─ 教学组织形式 ── 班级授课制的萌芽
昆体良的      │        ├─ 课程设置 ── 以广博的普通知识为基础
教育思想 ─────┼─ 教学观 ─┼─ 教学方法 ── 启发诱导和提问解答
            │        │              ┌─ 量力性
            │        └─ 教学原则 ────┼─ 劳逸结合
            │                       └─ 因材施教
            │
            └─ 教师观 ── 对教师的要求 ┬─ 德才兼备，善于教学（能力）
                                   └─ 宽严相济，耐心，因材施教（态度）
```

凯程拓展

考试容易考到的昆体良的名言：(1) 最要紧的是要特别当心，不要让儿童在还不能热爱学习的时候就厌恶学习；(2) 要使最初的教育成为一种娱乐。

经典真题

选择题

西方古代最杰出的教学法学者是（C）。**（18 南京师大）**

A. 苏格拉底　　　　B. 亚里士多德　　　　C. 昆体良　　　　D. 西塞罗

名词解释

1. 西塞罗 **（20 渤海，21 北京联合）**
2. 昆体良 **（11 江西科技师大、云南师大，12 重庆师大，15 宁波，23 湖南师大、海南师大）**

辨析题

昆体良认为，教学是一种双边活动。**（19 南京师大）**

简答题

1. 简述昆体良的教育思想。**（17 沈阳师大、延边，20 中央民族、哈师大、陕西理工、延安，21 南宁师大）**
2. 简述昆体良的教学观。**（16 鲁东，22 沈阳师大）**
3. 简述昆体良有关教师的观点。**（22 信阳师范学院）**

论述题

论述昆体良的教育思想。**（18 辽宁师大）**

第三章　西欧中世纪的教育

考情分析

第一节　教育制度之基督教教育

考点1　基督教的教育形式、机构和内容

考点2　基督教教育的特点

第二节　教育制度之世俗教育

考点1　封建主贵族的世俗教育

考点2　中世纪大学的形成和发展

考点3　新兴市民阶层的形成和城市学校的发展

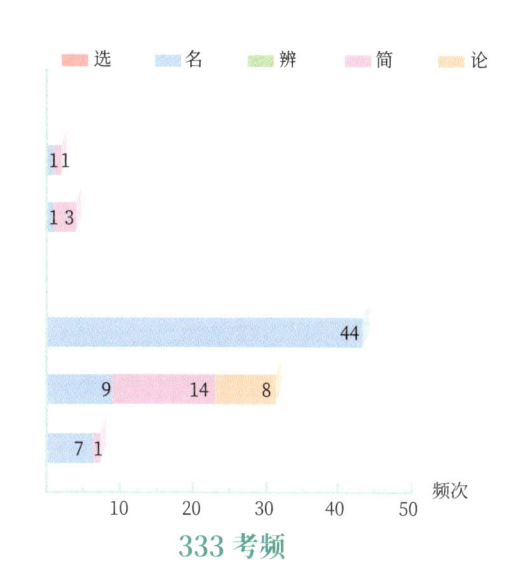

图例：选　名　辨　简　论

- 考点1（基督教形式）：1、1
- 考点2（基督教特点）：1、3
- 封建主贵族：44
- 中世纪大学：9、14、8
- 新兴市民阶层与城市学校：7、1

333 考频

知识框架

西欧中世纪的教育
- 教育制度
  - 基督教教育
    - 基督教的教育形式、机构和内容
    - 基督教教育的特点
  - 世俗教育
    - 封建主贵族的世俗教育 ★★★★★
      - 宫廷学校 ★
      - 骑士教育 ★★★★★
    - 新兴市民阶层产生 ★★★★★
      - 中世纪大学 ★★★★★
      - 城市学校 ★★★★★
- 教育思想——无

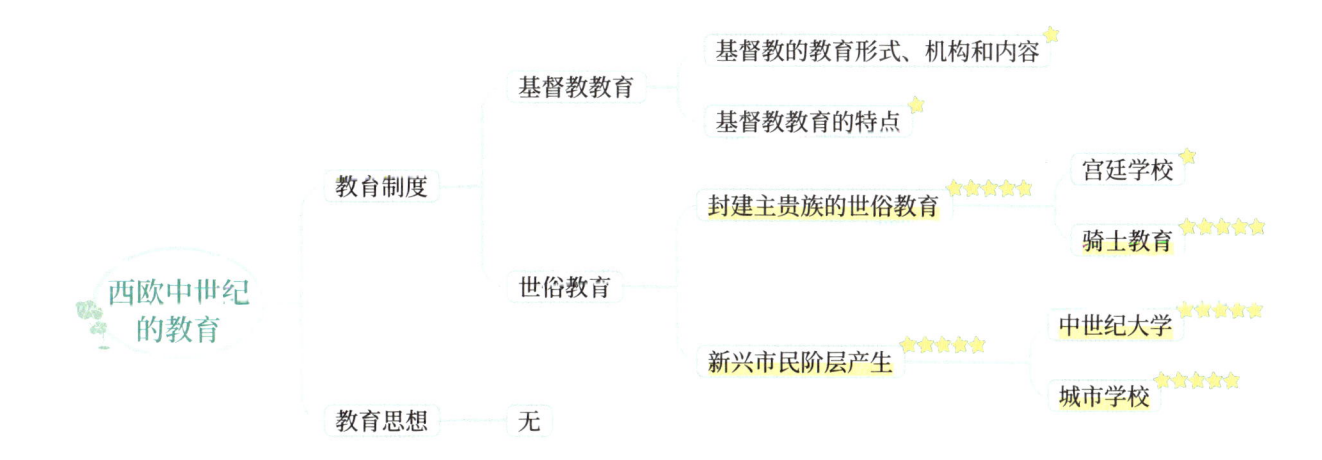

① 本章全部参考吴式颖、李明德的《外国教育史教程》（第三版）第六章。

考点解析

第一节 教育制度之基督教教育

西欧的封建社会延续了1 000多年，其中5—14世纪文艺复兴运动之前的这段历史，被称为中世纪。中世纪的教育思想贫乏而衰微，这一时期教育的根本特征是具有浓厚的宗教色彩。

考点1 基督教的教育形式、机构和内容 12min搞定

1. 基督教的教育形式

教会学校一直是基督教教育的主要形式。当时进入教会学校读书的一般是僧侣子弟或世俗封建主贵族子弟。中世纪早期的教会学校有修道院学校、主教学校和教区学校（堂区学校）。

2. 基督教的教育机构和内容

（1）修道院学校。（名：12山东师大）

①修道院学校是中世纪最典型的教会教育机构。最初只接收志在侍奉上帝、准备充当神职人员的人，后来扩大了范围，一些并不以神职为生的人也被接纳。修道院学校的教师完全由教士担任。

②早期的修道院学校主要强调宗教信仰的培养。教育内容不过是简单的读、写、算，以后课程逐渐加多、加深，"七艺"（文法、修辞学、辩证法、算术、几何、天文、音乐）成为主要的课程体系。

③教学方法主要是教师口授和学生背诵、抄写相结合。实行个别教学，学生的入学时间、学习进度和时间安排因人而异。学校的纪律十分严格，体罚盛行。

（2）主教学校。

主教学校设在主教堂所在地，又叫座堂学校，主教学校的性质和水平与修道院学校相近。学校的条件比较好，水平也比较整齐，但数量有限。

（3）教区学校。

教区学校又称堂区学校，设在堂区教士所在的村落，学校规模较小，设备简陋，以灌输宗教知识为主，同时也进行读、写、算及简单的世俗知识的教学。它是由教会举办的面向一般的世俗群众的普通性质的学校。

考点2 基督教教育的特点 10min搞定 （简：13、15华南师大，16山东师大）

1. 基督教教育的特点

基督教的教育思想和理论具体体现为基督教的神学世界观、儿童观、知识观、目的论等。

（1）神学世界观。基督教作为一种一神论宗教，设定了一个绝对的、完善的、超越的神，确立了一个超理性的信仰权威。敬畏和信仰上帝是人最基本的特征。

（2）神学儿童观。儿童为"原罪"所败坏，要严格控制儿童的欲望，接受基督教教育，对儿童进行约束与惩戒，使儿童丧失主体性和主动性。

（3）神学知识观。以神学作为最高学问，任何世俗学问都要服从于上帝的学说。《圣经》的基督教教义与"七艺"是最基本的教育内容。

（4）神学目的论。作为一种宗教信仰，基督教从形成之日起就把传播教义、争取信徒作为重要目标。

教育的最高目的就是要使人进入绝对真理的世界，成为具有纯粹信仰的人。

2. 评价

（1）**积极影响**：基督教教育的一些内容对后世颇有启迪意义，基督教将人视为超越种族的历史存在，把世界看作遵循一个统一、普遍的规律而运行的文明体。在人生问题上，基督教用充满辩证关系的论证在人与神之间建立起联系，具有丰富的辩证性和深刻的哲理性，同时强调人的精神追求和道德生活的重要性。在知识观上，基督教区别了理性与信仰，对两者的含义和关系进行探讨，是对人类知识观的一大贡献。

（2）**消极影响**：基督教崇尚神性，阻碍了科学技术的发展；为了维护其统治，愚弄百姓，束缚思想，阻碍了世俗文化与思想的发展与进步。

经典真题

>> **名词解释**　修道院学校（12 山东师大）

>> **简答题**　简述基督教教育的特点。（13、15 华南师大，16 山东师大）

第二节　教育制度之世俗教育 （简：11 四川师大，18 华东师大，22 杭州师大）

考点 1　封建主贵族的世俗教育　8min搞定

1. 宫廷学校（名：16 贵州师大，20 江西师大）

（1）**简介**：宫廷学校是一种设在国王或贵族宫廷中，主要培养王公贵族后代的教育机构，是欧洲重要的世俗教育形式。西欧最著名的宫廷学校是由阿尔琴管理的法兰克王宫的宫廷学校。

（2）**教育内容**：主要学习"七艺"、拉丁语、希腊语。宫廷学校具有浓厚的宗教色彩。

（3）**教学方法**：主要采用教会学校盛行的问答法。

（4）**教育目的**：主要培养封建统治阶级所需要的官吏。

2. 骑士教育（名：35+ 学校；辨：20 南京师大；简：21 南京师大）

骑士教育是中世纪西欧封建社会的一种特殊形式的家庭教育，它与等级鲜明的欧洲中世纪封建制结构是相适应的。

（1）**教育目的**：培养勇猛豪侠、忠君敬主的骑士精神和技能。

（2）**教育阶段**。

①**家庭教育阶段（0～7、8岁）**：儿童在家中接受母亲的教育，内容有宗教知识、道德教育及身体的养护与锻炼。

②**礼文教育阶段（7、8～14岁）**：贵族之家按其等级将儿子送到高一级贵族的家庭中充当侍童，学习礼节、行为规范、简单的知识技艺和进行军事训练。

③**侍从教育阶段（14～21岁）**：重点是学习"骑士七技"——骑马、游泳、投枪、击剑、打猎、弈棋和吟诗，同时还要侍奉领主和贵妇。年满21岁时，通过授职典礼，正式获得"骑士"称号。

（3）**评价**。

①**优点**：中世纪倍受歌颂的"骑士精神"，培养了当时社会所需要的实际应用人才，体现了当时社会所崇尚的人格品质和道德风范；对主人和君长尊崇忠诚，对贵妇斯文典雅，作战时勇猛果敢，与人交往中慷慨豪侠，形成了中世纪的骑士文化。

②**局限**：骑士教育是一种典型的武夫教育，重在灌输服从与效忠的思想观念，训练勇猛作战的诸种本领，使其成为封建统治阶级的保卫者。骑士教育对文化知识的传授并不重视。

> **凯程提示**
> 上述内容有外国教育史非常重要的名词解释和简答题的考点，属于考试必考内容，考生们必须掌握。

考点 2　中世纪大学的形成和发展 ★★★★★ 20min搞定 （名：10+ 学校；简：5+ 学校；论：5+ 学校）

新兴市民阶层成为社会发展的主要推动力量后，追求新学问成为一种时尚，于是中世纪大学应运而生。最初的中世纪大学是一种自治的教授和学习中心，一般由一名（或数名）在某一领域有声望的学者和他的追随者自行组织起来，形成类似于行会的团体进行教学和知识交易。

1. 中世纪大学产生的原因　（简：22 云南师大）

（1）**在政治经济方面**：西欧封建制度进入发展的鼎盛时期之后，王权日渐强固，社会趋于稳定，农业生产稳步上升，手工业逐渐成为专门的职业。

（2）**在文化交流方面**：西欧形成一批新兴的市民阶层，提出了新的文化要求，十字军东征复兴了西欧地区的古希腊、古罗马文化，追求新学问成为一种时尚。

（3）**在传统教育自身方面**：以上两方面原因导致传统的宫廷学校和骑士教育已不能满足现实需要，新的教育机构和教育形式开始出现，其中，以中世纪大学最为引人注意。

2. 中世纪著名大学

波隆那大学建于意大利北部，以研究和传授法律知识著称。**萨莱诺大学**建于意大利南部的萨莱诺，以医学见长。**巴黎大学**是欧洲正统神学理论的研究中心。另外，还有牛津大学、剑桥大学、海德堡大学等。

3. 中世纪大学的特点　（简：5+ 学校）

（1）**办学总体特征**：自治和自由。学校内部事务由中世纪大学自己管理，大学自治是学术研究自由的必要保证。

（2）**教育目的**：进行职业训练，培养社会所需要的专业人才。

（3）**教育体制**：中世纪大学按领导体制可分为两种——"学生"大学与"先生"大学。前者由学生主管教务，教授的选聘、学费的数额、学期的期限和授课时数等，均由学生决定；后者由教师掌管校务，学校诸事均由教师决定。

（4）**课程设置**：中世纪大学主要分为文、法、神、医四科进行学习。

（5）**学位制度**：中世纪大学已有学位制度，学生修毕大学课程，经考试合格，可获得"硕士""博士"学位。这是西方学位制度的最早起源。

（6）**教学方法**：讲演和辩论。讲演包括宣读和解释权威性教材；辩论也都从书本出发，结论是现成的，辩论有利于训练学生的逻辑推理能力，但是脱离实际。

4. 中世纪大学的历史意义　（简：22 西北师大）

（1）**在权利上**：中世纪大学保留了高等教育自由、自治的优良传统。它打破了教会对教育的垄断，促进了教育的普及，大学也成了一些著名学者的舞台及育才基地。

（2）**在思想上**：动摇了人们盲目的宗教信仰，讲求实效和理解力，对传统的死记硬背等教学方法有了突破。

（3）**在制度上**：现代意义上的大学基本上都直接来源于欧洲中世纪大学，现代大学的一系列组织结构和制度建设都与欧洲中世纪大学有着直接的历史渊源。

（4）**在局限性上**：宗教色彩浓厚，大学教学受经院哲学的影响很深。

> **凯程提示**
>
> 中世纪大学的出现具有重大意义，并且对后来各国大学的发展产生了深远的影响。建议考生在复习本部分内容时，分析大学最早出现在欧洲的原因，思考这些大学具有的特点、产生的影响等。

> **凯程助记**
>
> 1. 原因怎么记？从政治经济、文化交流、教育自身等方面的因素思考。
> 2. 特点怎么记？自由自治总特征，专业人才是目的，学生先生两体制，文法神医是课程，讲演辩论是方法，学位制度棒棒哒。
> 3. 意义怎么记？权利、思想、制度、局限。结合知识背景推理发现，权利就是自由自治，思想就是世俗化，制度就是现代大学的雏形，局限就是宗教色彩浓厚。

考点 3　新兴市民阶层的形成和城市学校的发展 ★★★★★ 8min搞定　（名：5+学校；简：23华南师大）

1. 新兴市民阶层的形成

从 11 世纪起，欧洲商业复兴逐渐加快，人口随着经济发展而增多，开始出现以手工业和商业为中心的城市。随着城市的兴起和城镇居民的增多，出现了主要由手工业者、商人等构成的城市中的特殊阶层——市民阶层。

2. 城市学校的发展

城市学校是应新兴市民阶层的需要而产生的，它不是一所学校的名称，而是为新兴市民阶层子弟开办的学校的总称，其种类有行会学校、商会学校（也称基尔特学校）。

（1）**城市学校的特点**。城市学校内部虽然在课程设置、教师成分、学习年限等方面各不相同，但与传统学校相比，城市学校作为一种新的学校类型具有一些共同的特点。

①**在领导权上**：领导权大多属于行会和商会。

②**在教育内容上**：以读、写、算的基础知识及与商业、手工业活动相关的各科知识为主。这不仅扩大了教学内容，而且要求学校教育为人们的现实生活服务，用本民族语教学与教会学校的用拉丁语教学形成鲜明对比。

③**在培养目标上**：主要是培养从事手工业、商业的职业人才。

④**在学校性质上**：城市学校多为世俗性质的初等学校，具有职业训练的性质，并与教会有着千丝万缕的联系，但是基本上属于世俗性质。

（2）**评价**：城市学校是适应生产发展和市民阶层的利益需要而出现的新型学校。它具有很强的生命力，其兴起和发展对处于萌芽阶段的资本主义生产方式的成长起了促进作用。

凯程助记

西欧中世纪的教育

类型	教育形式	教育机构	具体介绍	影响/评价
基督教教育	教会学校	修道院学校（最典型）、主教学校和教区学校（堂区学校）	目的：培养基督教教徒； 内容：《圣经》，"七艺"，读、写、算； 方法：体罚、口授、个别教学	基督教教育决定了中世纪全部教育的基本精神
世俗教育	宫廷学校	阿尔琴管理的法兰克王宫的宫廷学校最著名	目的：培养官吏； 内容："七艺"、拉丁语、希腊语； 方法：问答法	欧洲主要的世俗教育形式之一
	骑士教育	无专门机构，特殊形式的家庭教育	目的：培养勇猛豪侠、忠君敬主的骑士精神和技能； 内容："骑士七技"； 方法：分阶段培养——家庭、礼文、侍从	西欧封建社会等级制的产物
	中世纪大学（自治的教授和学习中心）	波隆那大学、萨莱诺大学、巴黎大学、牛津大学、剑桥大学等	原因：新兴市民阶层的兴起； 目的：培养专业人才； 内容：文、法、神、医； 方法：讲演和辩论； 学位：硕士与博士学位； 体制："先生"大学、"学生"大学	权利：自由自治； 思想：动摇宗教； 制度：大学雏形； 局限：宗教色彩
	城市学校（为新兴市民子弟开办的世俗性质的初等学校的总称）	行会学校、商会学校（基尔特学校）	原因：新兴市民阶层的兴起； 领导权：行会和商会； 目的：培养从事手工业、商业的职业人才； 内容：读、写、算的基础知识，与商业、手工业活动相关的世俗知识，用本民族语教学	满足新兴市民阶层的利益需要，促进资本主义生产方式的发展

经典真题

》名词解释

1. 骑士教育（10 江苏师大、华东师大、浙江师大、苏州，10、18 四川师大，12、13 西北师大，13、15 扬州，14 福建师大，14、17、19 上海师大，15 东北师大，16 海南师大、重庆三峡学院，17、22 贵州师大、河南师大、江西师大、南宁师大、集美，18 内蒙古师大、齐齐哈尔，18、19 北华，20 聊城、深圳、浙江海洋，21 曲阜师大、北京理工、佳木斯，22 华中师大、华东师大、天津师大、湖州师范学院、山东师大、安徽师大，23 信阳师范学院）

2. 城市学校（11、13 浙江师大，14 华东师大，17 天津，21 重庆三峡学院、宝鸡文理学院，23 江西师大）

3. 中世纪大学（13 西南，15 湖北、江苏师大，16 北华，19 湖南师大、太原师范学院，20 淮北师大、重庆三峡学院，21 陕西师大）

4. 宫廷学校（16 贵州师大，20 江西师大）

5. 中世纪教育（21 辽宁师大）

6. 行会学校（17 天津）

>> 简答题

1. 简述中世纪早期主要的世俗教育形式。（11 四川师大，18 华东师大，22 杭州师大）

2. 简述中世纪大学的产生背景、兴起原因、特征和影响。（10 陕西师大，17 辽宁师大，18 山东师大、南京师大，19 宝鸡文理学院，21 东北师大，22 西北师大、云南师大）

3. 简述中世纪的城市学校。（23 华南师大）

>> 论述题

论述中世纪大学的兴起原因、特征及意义。（12、13 福建师大，17 赣南师大，18 齐齐哈尔，20 海南师大，21 湖南科技，23 湖北、延安）

第四章 拜占廷与阿拉伯的教育

考情分析

第一节 拜占廷的教育制度
- 考点1 拜占廷的世俗教育机构
- 考点2 拜占廷的教会教育机构
- 考点3 拜占廷教育的特点及影响

第二节 阿拉伯的教育制度
- 考点1 阿拉伯的主要教育机构
- 考点2 阿拉伯教育的特点及影响

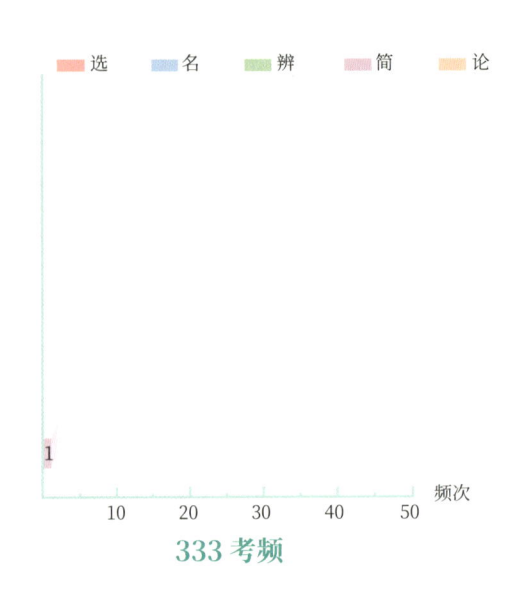

333考频

知识框架

拜占廷与阿拉伯的教育
- 教育制度
  - 拜占廷的教育制度
    - 世俗教育机构
    - 教会教育机构 ★
    - 教育特点及影响 ★
  - 阿拉伯的教育制度
    - 主要教育机构
    - 教育特点及影响 ★
- 教育思想 —— 无

考点解析

395年，罗马帝国分裂为东、西两个独立国家。西罗马帝国于476年灭亡，拜占廷帝国（东罗马帝国）于1453年亡于奥斯曼帝国。

拜占廷帝国在其封建化过程中始终存在比较强大且统一的中央世俗政权，具有比较繁荣的城市和比较发达的工商业，其教会受皇帝控制，同时皇帝也给予教会各种特权。因此，拜占廷一直存在比较发达的世俗教育，保存和发展了古希腊和古罗马文明。

阿拉伯于7世纪兴起，8世纪中叶形成横跨欧、亚、非三大洲的大帝国，并在吸收拜占廷、波斯和印度文明成就的基础上发展出了独具特色的文化和教育。

---
① 本章全部参考吴式颖、李明德的《外国教育史教程》（第三版）第七章。

拜占廷和阿拉伯保存了古希腊、古罗马的文化，并沟通了东西方文化，影响了欧洲的文艺复兴，其教育颇具特色。

第一节　拜占廷的教育制度

考点 1　拜占廷的世俗教育机构 5min搞定

1. 世俗教育发达的原因

拜占廷教育分为世俗教育和教会教育。由于在拜占廷的封建化过程中始终存在比较强大而统一的中央世俗政权，具有从古代继承下来的比较繁荣的城市和比较发达的工商业，并继承了古希腊的古典文化遗产，希腊语是其教学的通用语言，所以拜占廷的世俗教育比较发达。

2. 世俗教育的主要类型

拜占廷的世俗教育主要有初等教育、中等教育、高等教育、宫廷教育。

（1）**初等教育**：多由私人创办，招收 6～12 岁的学生，学习正字法、文法初步、算术及《荷马史诗》等，保留着希腊化时代的传统。

（2）**中等教育**：主要是文法学校，学习内容是文法和古典作品。

（3）**高等教育**：最有影响的是君士坦丁堡大学，其目的是为国家培养高级官吏。教师是著名学者，领取国家俸禄并免税。学生修业 5 年，以"七艺"为基础课程。拜占廷最重视的是法学教育。

（4）**宫廷教育**：其目的是教给受教育者未来作为高级官吏所需要的知识，培养统治阶级所需要的人才，为历代统治者所重视。

考点 2　拜占廷的教会教育机构 1min搞定

与西欧不同，拜占廷的教育是受皇帝控制的，但教会也有各种特权。教会学校主要有修道院（隐修院）学校和座堂学校两种。修道院学校的图书馆收藏了大量经书和手稿，成为当时的文献资料中心。座堂学校设在主教教堂里，是培养神职人员的学校，教学内容主要是神学。拜占廷最高级的教会学校是君士坦丁堡大座堂学校。

考点 3　拜占廷教育的特点及影响 5min搞定

1. 拜占廷教育的特点

（1）拜占廷教育直接继承了古希腊和古罗马的文化教育遗产。

（2）拜占廷教育存在着因世俗生活需要而得到发展的世俗教育体系。

（3）教会的文化教育体系与世俗的文化教育体系长期并存。

2. 拜占廷教育的影响

（1）拜占廷教育起到了保存和传播古希腊、古罗马文化的作用。

（2）**拜占廷文化教育对东欧的影响很大**。863 年，拜占廷的宗教活动家美多德和西里尔发明了斯拉夫字母，开始把教会书籍翻译成斯拉夫文，用斯拉夫语进行礼拜仪式。988 年，基辅罗斯大公弗拉基米尔自拜占廷接受了基督教，并将它定为国教，在罗斯开始设立学校。

（3）**拜占廷文化教育对西欧的影响也很大**。在很长的时间里，拜占廷与西欧特别是意大利保持着经济联系。拜占廷文明对意大利的文艺复兴也起到了推动作用。

(4) 拜占廷的文化教育对阿拉伯教育的发展也有很大的影响。

第二节 阿拉伯的教育制度

考点 1 阿拉伯的主要教育机构

阿拉伯教育以伊斯兰教为中心，重视对《古兰经》的学习，但具有强烈的世俗性，形成了多样的形式。

(1) **昆它布**。一种简陋的初级教育场所，通常是由教师在家招收少量学生，教简单的读、写。

(2) **宫廷学校和府邸教育**。一种对王公贵族子弟进行教育的重要形式，一般多由家庭教师进行指导，主要学习诗歌、宗教、文法、文学等内容。

(3) **学馆**。学者在家讲学的场所，讲授内容较为高深，但低于宫廷学校，相当于中等程度的教育，是私人讲学的一种重要形式。

(4) **清真寺**。在清真寺里，除对儿童施以初等教育外，也传授高深的知识，许多清真寺实际上相当于高等教育机构。

(5) **图书馆**。不仅收集各种图书、吸收东西方文化，而且进行知识教育、培养文人学者，相当于大学。因此，图书馆也是一种特殊形式的高等教育机构。

考点 2 阿拉伯教育的特点及影响 （简：23 湖南师大）

1. 阿拉伯教育的特点

(1) 尊师重教，教育机会比较均等。(2) 教学组织形式多样，神学与实用课程并存。(3) 多方筹集教育资金以保证发展教育的物质条件。(4) 开明的文化教育政策。

2. 阿拉伯教育的影响

(1) 阿拉伯国家推行了一种比较开明的文化教育政策，建立起"一种融合了犹太文化、希腊—罗马文化和波斯—美索不达米亚文化传统的混合文明"。对被征服地区人民的宗教信仰和文化采取了比较宽容的态度，并鼓励学术研究。因此，阿拉伯人能在继承东西方文化成果的基础上迅速发展自己的文化与教育。

(2) 阿拉伯的教育发展迅速，阿拉伯人在数学、天文学、医学、哲学和文学方面都做出了杰出的贡献。如阿拉伯伟大的数学家穆罕默德·伊本·穆萨（花剌子密，约 780—850 年）创立了代数学，他编写的《积分和方程计算法》于 12 世纪传入西欧，一直到 16 世纪还是大学使用的教材。通过他的著作，西方还懂得了使用阿拉伯数字等。

凯程助记

拜占廷与阿拉伯的教育

地域	类型	教育机构	具体介绍	影响/评价
拜占廷	世俗教育	初：私人创办； 中：文法学校； 高：君士坦丁堡大学； 宫廷教育	目的：培养官吏； 内容：文法、古希腊和古罗马的古典作品、"七艺"、法律； 方法：教师传授	①保存了古希腊、古罗马文化； ②世俗文化教育体系发达； ③世俗文化教育与宗教教育长期并存； ④对东欧、西欧和阿拉伯都产生很大影响
	基督教教育	隐修院学校、座堂学校、君士坦丁堡大座堂学校	目的：培养神职人员； 内容：神学与世俗知识	

续表

地域	类型	教育机构	具体介绍	影响/评价
阿拉伯	伊斯兰教教育	昆它布、宫廷学校和府邸教育、学馆、清真寺、图书馆	《古兰经》，神学与实用课程并存	①伊斯兰教教育与强烈的世俗性教育并重；②开明的文化教育政策；③教育发展迅速

经典真题

简答题 简述阿拉伯帝国的教育特点及影响。（23 湖南师大）

第二编　外国近现代教育

第五章　文艺复兴时期的教育①

考情分析

第一节　人文主义教育

考点1　主要的人文主义教育家

考点2　人文主义教育的特征、贡献及影响

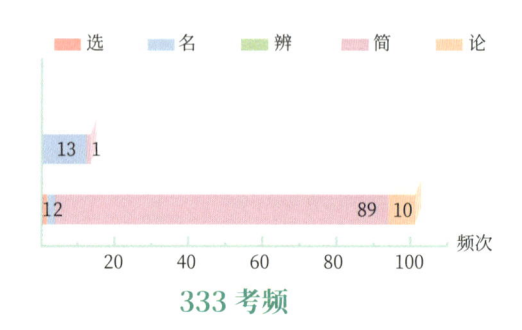

333考频

知识框架

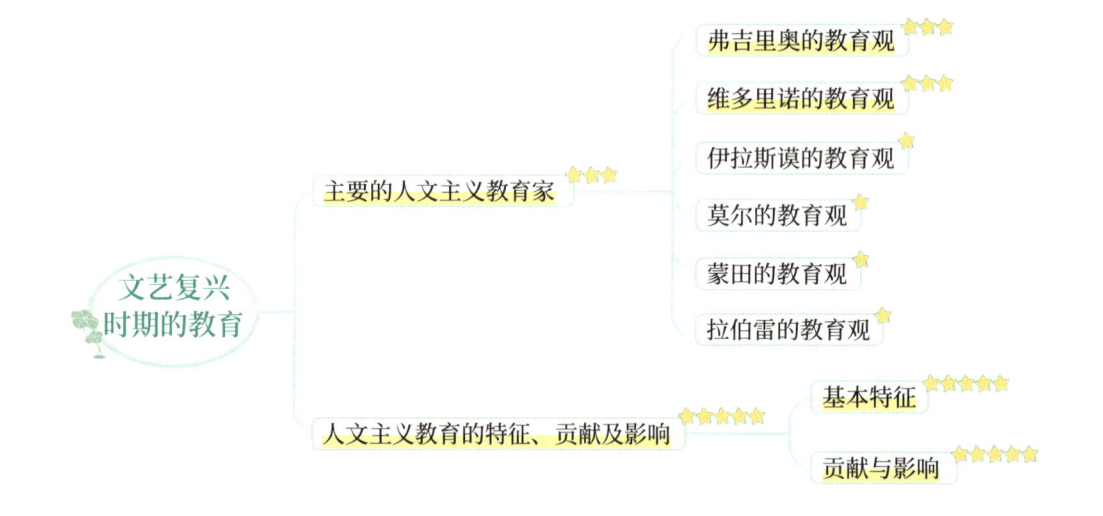

文艺复兴时期的教育
- 主要的人文主义教育家
  - 弗吉里奥的教育观
  - 维多里诺的教育观
  - 伊拉斯谟的教育观
  - 莫尔的教育观
  - 蒙田的教育观
  - 拉伯雷的教育观
- 人文主义教育的特征、贡献及影响
  - 基本特征
  - 贡献与影响

---

① 本章全部参考吴式颖、李明德的《外国教育史教程》（第三版）第八章。

考点解析

第一节 人文主义教育

(名：21 河南师大；简：21 北师大、苏州、青海师大；论：23 河北师大)

文艺复兴运动是 14—17 世纪欧洲在意识形态领域向封建主义和天主教神学体系发动的一场伟大的文化革命运动。它具有阶段性和地域性，最早发生于意大利，后传至北欧，使人文主义新文化得到广泛传播，并引发了北欧建立在人文主义和宗教理想双重基础上的宗教改革运动，而北欧的宗教改革运动又导致了天主教会的反宗教改革运动。

文艺复兴涉及范围广，整个西欧都受其洗礼，影响深远，它标志着欧洲近代文化的开端。它的成就包括文学、艺术、哲学、科学、宗教、法律、教育等多个方面。

所以，文艺复兴时期的教育大致分为人文主义教育、新教教育、天主教教育三种类型。这三种教育势力交织在一起，相互间产生了错综复杂的关系，对当时及以后的教育和社会的发展都有不同的影响。

文艺复兴运动最重要的成就是人文主义文化。所谓人文主义，是指文艺复兴时代不同国家、不同领域、不同时期的人文主义者所共有的世界观，这种世界观体现了当时"全人"教育的思想，其主要观点是：

（1）歌颂和赞扬人的价值和尊严。（2）宣扬人的思想解放与个性自由。（3）肯定现世生活的价值和尘世的享乐。（4）提倡学术，尊崇理性。（5）主张人生而平等，批判等级制度。

人文主义世界观是人文主义教育的指导思想，在人文主义教育理论和实践中有鲜明的反映。人文主义教育的发展可分为前后两个时期，前期所体现的人文主义精神比较狭窄，后期所体现的人文主义精神则比较宽泛。

考点 1 主要的人文主义教育家 23min搞定

1. 弗吉里奥的教育观 (简：14 华东师大)

弗吉里奥是率先阐述人文主义教育思想的学者，其论文《论绅士风度与自由学科》中的教育观有：

（1）**教育目的**：对青少年实施通才教育，以培养身心全面发展的人。

（2）**教育内容**：他最推崇的三门科目是历史、伦理学（道德哲学）、雄辩术，认为这三门科目最能体现人文主义精神。同时，他提倡教育内容要适合学生的个人爱好和年龄特征。

弗吉里奥的思想已经显示出意大利人文主义教育世俗性较强的特点。

2. 维多里诺的教育观 (名：51 学校)

意大利的维多里诺是弗吉里奥教育思想的实践者，是当时人文主义教育的著名代表人物。他创办了一所宫廷学校，实施人文主义的教育方式，称为"快乐之家"。"快乐之家"的办学特点是：

（1）**办学目的**：利用通才教育培养身心和谐发展的人。

（2）**教育内容**：主张通才教育，以古典学科作为课程的中心，广泛涉猎知识，重视品德教育。

（3）**教育方法**：主张快乐学习，反对死记硬背和体罚，尊重儿童身心特征和个性差异；重视启发式教学，培养学生主动学习的精神。

（4）**教育对象**："快乐之家"的学生多为贵族富豪子弟，也有少数贫民中的天才儿童。6～7岁入学，20岁毕业，从小学一直学到大学，修业年限约15年。学生全部住宿，不受家庭干扰。

（5）**校风建设**："快乐之家"建立在环境优美的地方，校风朴素自然，师生融洽，学习生活充满欢乐。

维多里诺是最早把人文主义教育思想付诸实践的人，所以被誉为"第一个新式学校的教师"。

3. 伊拉斯谟的教育观

伊拉斯谟是一位基督教人文主义教育理论家，他并不像意大利人文主义那样过于偏重古典文化，而是主张基督教与人文主义并重，即人文主义基督教化、基督教人文主义化。他的《愚人颂》的核心就是对虔敬与道德的呼唤。他在教育方面的代表作是《基督教君主的教育》和《论童蒙的自由教育》。

（1）**教育目的**：他主张基督教与人文主义并重，培养富有德行、虔敬、智慧的人。

（2）**教育内容**：获得虔敬、德行和智慧的必经之路，就是学习古典文化。

（3）**教育方法**：他特别重视教学方法问题，要求教师了解学生，因材施教。

4. 莫尔的教育观（名：19 西北师大）

莫尔是英国最著名的人文主义学者之一，也是西方早期的空想社会主义的代表人物，其教育思想主要体现在《乌托邦》中。

（1）**教育制度**：要求废除私有制，实行公共教育制度，所有儿童不分男女，皆享有平等的受教育的权利。

（2）**教育目的**：主张通过实施通才教育培养全面发展的人。

（3）**教育内容**：实施德、智（古典知识）、体、美、劳和宗教教育等。这里的道德教育要求培养儿童仁慈、公正、勇敢、诚实、仁爱等品质，培养儿童对神的虔敬；这里的智育主要是指学习古代作家尤其是古希腊作家的作品；教育内容中有劳动教育，说明莫尔重视劳动的价值，并要求对青少年进行劳动教育。

（4）**创新思想**：人要终身受教育。

5. 蒙田的教育观（名：21 集美）

蒙田是文艺复兴时期法国的思想家、作家、怀疑论者。他阅历广博，思路开阔，行文无拘无束，其散文对弗兰西斯·培根、莎士比亚等人影响颇大。蒙田的主要著作是《散文集》，他的教育思想主要体现在《散文集》中的《论学究气》和《论儿童的教育》中。蒙田具有很强的批判精神，其思想的广度、深度远远超过了同时代的人。

（1）**教育目的**：反对培养学究，要求培养"完全的绅士"。这种绅士具有渊博的、对生活有益的实用知识，具有良好的判断力，具有坚韧、勇敢、谦逊、爱国、忠君、服从真理、关心公益等品质，具有强壮的体魄。

（2）**教育内容**：反对空疏无用，崇尚实际效用。教师教的和学生学的应该是对实际生活有用的东西。在语言学习方面，他认为本族语是最有价值的。

（3）**教育方法**：提倡怀疑精神，反对自信盲从和死记硬背，主张加强对知识的理解；反对强制压迫，主张自然发展；反对体罚，主张让教育充满兴趣和欢乐，使儿童的天性得以健康发展。

（4）**学习成效**：行动和实践是教育的重要手段，也是检验学生学习效果的尺度。

（5）**教育教学**：他认为没有一种完全适用于所有学生的教学方法，教师应掌握分寸，因材施教。

蒙田的教育思想是对中世纪和文艺复兴前期教育理论与实践深刻反思的成果，充分表现出人文主义教育的新气象。

6. 拉伯雷的教育观

拉伯雷是文艺复兴时期法国人文主义作家之一。拉伯雷的主要著作是长篇小说《巨人传》，其中就包含了拉伯雷的教育观。

（1）**阐述了一种新的教育自由观**。理想的社会应由完全自由的人组成，"想做什么，便做什么"是他所推崇的准则。他所主张的自由不同于意大利早期文艺复兴的城市自由，主要是一种个人自由，表现出对个性价值和个人自由的确信。

（2）**主张身心并行发展，重视体育**。

（3）**要求认识所有事物**。拉伯雷提出了一个包罗万象的学习知识的范围，古典语言、著作和自然科学是学习科目的主体，拉伯雷还重视本族语教学。

（4）**提出了新的学习方法和途径**。他对烦琐论证、死记硬背的教学方法深恶痛绝，要求知识的掌握应该建立在理解的基础上，认为"没有经过理解的知识等于灵魂的废物"。

（5）**教与学的过程应该轻松愉悦**。书本是知识的一个来源，此外，观察、谈话、游戏、游学、参观、旅行等也是获取知识的重要途径。

考点 2　人文主义教育的特征、贡献及影响

1. 人文主义教育的基本特征

（1）**人本主义**。人文主义教育在培养目标上注重个性发展，在教育教学方法上反对禁欲主义，尊重儿童天性，坚信通过教育这种后天的力量可以重塑个人、改造社会和自然。这些都表现出人本主义的内涵，人的力量、人的价值被充分肯定。

（2）**古典主义**。人文主义教育思想吸收了许多古人的见解，人文主义教育实践尤其是课程设置亦具有古典性质，但这种古典主义绝非纯粹的"复古"，而是含有古为今用、托古改制的内涵，尽管它也具有局限性，然而在当时是一种进步。

（3）**世俗性**。不论是从教育目的还是从课程设置等方面看，人文主义教育充溢着浓厚的世俗精神，教育更关注今生而非来世，与中世纪教育有着根本区别。

（4）**宗教性**。人文主义教育虽然抨击天主教会的弊端，但不反对更不打算消灭宗教，他们希望以世俗和人文精神改造中世纪陈腐专横的宗教性，以造就一种更富世俗色彩和人性色彩的宗教性。

（5）**贵族性**。人文主义教育的对象主要是上层子弟；教育的形式多为宫廷教育和家庭教育而非大众教育；教育的目的主要是培养上层人物，如君主、侍臣、绅士等。

综上所述，人文主义教育具有双重性，进步性与落后性并存，尽管它有不足之处，但它扫荡了中世纪教育的阴霾，展露出新时代教育的灿烂曙光，并开创了欧洲近代教育的先河。

2. 人文主义教育的贡献与影响

（1）**教育内容发生变化**。复兴了自由教育的传统，对古希腊和古罗马的热情使其知识和学科成为教学的主要内容；引发了美育和体育的复兴，促使人们关注自然知识的学习。

（2）**教育职能发生变化**。从训练、束缚自己服从上帝到使人更好地欣赏、创造和履行地位所赋予人的职责。

（3）**教育价值观发生变化**。重新发现人，重新确立了人的地位，强调人性的高贵，复兴了古希腊的个人主义价值观。

（4）**教育目的发生变化**。形成了全面和谐发展的完人的教育观念，教学目标从中世纪培养教士转向文艺复兴培养绅士。

（5）**道德教育观发生变化**。以"原罪论"为中心的道德教育已开始解体。人道主义、乐观、积极向上、热爱自由、追求平等和合理的享乐等新的道德观在人文主义的学校中开始取代天主教会的道德观。尊重儿童、反对体罚已成为某些教育家的强烈要求。

（6）**复兴了古典教育和自由教育的传统**。人文主义教育复兴古希腊的自由教育理念，推崇理性的发展。在此基础上，建立了新型的人文主义机构，促进了大学的改造与发展，也促使教育理论不断丰富。

（7）**兴起了自然主义教育思想**。用自然来取代《圣经》作为引证，按照人的天性生活，按照人的需求和本性设置课程，尊重受教育者的兴趣、爱好、欲望和天性，出现了直观、游戏、野外活动等新的教育方法。

（8）**推动了教育世俗化的历史进程**。打破了教会对教育领导权的垄断，无论是从教育目的还是从课程设置等方面来看，都洋溢着浓厚的世俗精神，开创了欧洲近代教育的先河。

凯程助记

时期	人物	观点（仅罗列主要考查要点）	共有观点	共同特征
前期：意大利	弗吉里奥	第一个举起人文主义大旗的人	1. 世俗性； 2. 培养全面发展的人，追求自由、民主； 3. 古典学科与古典语言； 4. 重视教育与社会联系； 5. 出现了形式主义	1. 古典主义； 2. 人本主义； 3. 贵族性； 4. 世俗性； 5. 宗教性
	维多里诺	创办"快乐之家"： 1. 目的：自由教育促全面； 2. 内容：古典学科古典语； 3. 方法：主动快乐还启发； 4. 对象：面对贵族偶贫家； 5. 建设：校风纯朴师生融		
前期：北欧	伊拉斯谟	基督教与人文主义并重	1. 强调虔诚与道德的价值； 2. 关注君主和朝臣人物所接受的教育； 3. 古典学科与古典语言； 4. 重视教育与社会联系； 5. 出现了形式主义	
	莫尔	《乌托邦》，公共教育制度，德、智、体、美、劳与宗教知识并重		
后期：法国	蒙田	培养绅士，重视理解和实际，本族语教学，重视科学知识	1. 世俗性更强； 2. 学科范围更广； 3. 更贴近现实生活； 4. 近现代精神更强； 5. 学习本族语	
	拉伯雷	重视自由，重视理解，本族语教学，重视科学知识		

注：红色字体内容为意大利人文主义教育与北欧人文主义教育的不同点，蓝色字体内容为意大利人文主义教育与北欧人文主义教育的相同点。

凯程提示

文艺复兴标志着西方教育进入近代阶段，人文主义教育是文艺复兴时期最主要的教育形式。人文主义教育的特征很重要。考生在复习本章内容时，要特别注意区分每个教育家的教育观点，避免张冠李戴。

经典真题

选择题

人文主义教育与中世纪教育的根本区别是（D）。（12 重庆师大）

A. 古典主义　　　　B. 人本主义　　　　C. 贵族性　　　　D. 世俗性

名词解释

1. 快乐之家（12 中南，16 西北师大，17 上海师大，19 浙江师大，22 福建师大，23 齐齐哈尔）
2. 人文主义教育（13 华东师大，14、18 湖南，21 河南师大）
3. 蒙田（21 集美）
4. 《乌托邦》（19 西北师大）

简答题

1. 简述文艺复兴时期弗吉里奥的教育贡献。（14 华东师大）
2. 简述文艺复兴时期人文主义教育的特征、影响及贡献。（10 西南、江西师大、宁波，10、12、18、19 云南师大，10、11、17 天津师大，10、13 山东师大，10、23 杭州师大，11 渤海、华东师大、上海师大、西南、西华师大，11、12、17 重庆师大，11、15、16 湖北，11、20 聊城，12 华南师大，12、20 南京师大，13 新疆师大，13、14、16、21、23 江苏师大，14、23 沈阳师大，15 延安、西北师大、湖北、闽南师大，16 哈师大、赣南师大，17 陕西师大、山西师大，18 天津、四川师大、湖南师大，18、19 华中师大，19 吉林师大、内蒙古师大、宁波、扬州，20 大理、佛山科学技术学院、江苏、南京、鲁东，20、21 青海师大，21 北京联合，22 中央民族、辽宁师大，23 东北师大、山西）
3. 简述欧洲文艺复兴时期的全人教育理想及其影响。（21 北师大）

论述题

1. 论述人文主义教育的特征。/ 论述文艺复兴时期人文主义教育思想的特点、影响及贡献。（10 江苏师大，11 广西师大，16 福建师大，19 海南师大，21 江苏、江西科技师大，22 曲阜师大，23 天津外国语）
2. 评析文艺复兴时期人文主义教育的"全人"特征及其进步意义。（23 河北师大）
3. 结合人文主义教育家的观点，论述人文主义教育的特征。（23 湖州师范学院）

第六章 宗教改革时期的教育

考情分析

第一节　新教教育

考点1　路德派新教的教育思想与实践

考点2　加尔文派新教的教育思想与实践

第二节　天主教教育

考点1　天主教教育

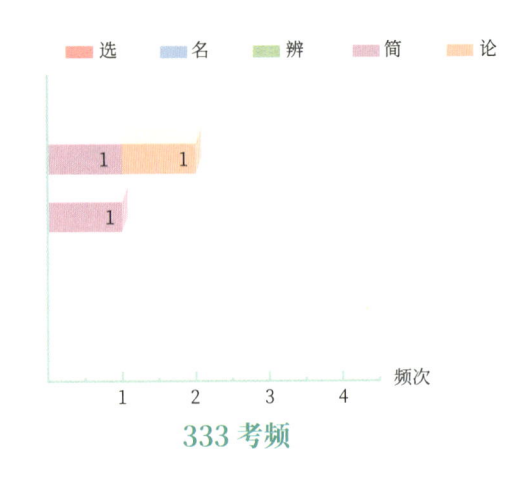

知识框架

宗教改革时期的教育
- 新教教育
  - 路德派新教的教育思想与实践 ★★★
  - 加尔文派新教的教育思想与实践 ★★★
- 天主教教育
  - 耶稣会学校
  - 耶稣会学校的特点

考点解析

第一节　新教教育

宗教改革运动产生于16世纪初，是文艺复兴在宗教领域的继续，它反对天主教的腐败、愚昧、虚伪，企图以新的宗教取代原有的旧的宗教。宗教改革运动在欧洲呈现错综复杂的局面，其中比较大的教派有三个：路德派、加尔文派和英国国教派。

考点1　路德派新教的教育思想与实践　7min搞定　（简：20 湖州师范学院；论：19 哈师大）

宗教改革运动起源于德国，发起者是威登堡大学神学教授马丁·路德。其教育著作主要有《致德国市长和市政官员书》和《论送子女入学的责任》。

---

① 本章全部参考吴式颖、李明德的《外国教育史教程》（第三版）第八章。

1. 教育思想

（1）**教育作用**：教育既有使人虔信上帝的宗教性，又有维护国家安全，使国家兴旺和发展人的世俗性的目的。兴办教育不仅有利于教会，还有利于国家。

（2）**教育原则**：国家掌握教育权，建立包含初等、中等、高等教育在内的国家教育体系；国家推广、普及义务教育（后来他为了培养教会和国家未来的领袖，把注意力转移到中等和高等教育上）。

（3）**教育内容**：以《圣经》为主要科目，也学习读、写、算、历史、音乐和体育等。

（4）**教学方法**：以直观的教学方法满足儿童的求知欲和活动兴趣，主张废除体罚。

2. 教育实践

路德的教育思想由其追随者付诸实践，他们致力于建立新的学校教育体系，创建和完善新教学校，具体有梅兰克顿的《萨克森拉丁文法学校计划》、斯图谟的古典文科中学实践、布根哈根的初等学校的创建。路德关于普及初等教育的设想等，在16、17世纪的德国新教各派中得到了初步实践，并得以具体化。

考点 2　加尔文派新教的教育思想与实践　15min搞定　（简：21华南师大）

加尔文受到路德的影响，立志以古代基督教的面貌改革教会，于是，他建立了加尔文派新教。该教首先兴起于瑞士，然后在法国、荷兰、英格兰、苏格兰、北美等地广泛开展。与路德派不同的是，加尔文认为教会是上帝在人间的代表，国家应当从属于教会，是教会的工具，主张政教合一，在教权高于政权的原则下把教权与政权统一起来，教育本质上是宗教性的。加尔文的教育主张表现在《基督教原理》《教会管理章程》和《日内瓦初级学校计划书》等著述中。其教育改革的特点：

（1）**教育作用**：重视教育对个人生活、社会生活和宗教生活的影响。

（2）**教育原则**：提出了普及、免费教育的主张，要求国家开办公立学校，实行免费教育，使所有儿童都有机会接受教育，学习基督教教义和日常生活所必需的知识技能。

（3）**教育内容**：重视人文学科的价值，将宗教科目和人文科目结合起来。

（4）**教育实践**：与路德不同，加尔文不仅提出普及教育的主张，而且还亲自领导了日内瓦城免费、普及教育的实践。有学者称他为"普及教育之父""免费学校的创始人"。加尔文还创立了相对完整的教育体系和日内瓦学院，以培养传教士、神学家和教师为目的，影响了西方高等教育的发展。此外，他还创办了法律学校和文科中学。

凯程拓展

路德派与加尔文派的教育对比

派别	不同点	相同点	共同特点
路德派	1. 教育权由国家而不是教会掌控； 2. 实行强制性的义务教育； 3. 追随者进行教育实践	1. 发展义务教育； 2. 教育内容都具有世俗性和宗教性； 3. 教育方法都有人文性； 4. 本族语教学	1. 宗教性与世俗性并存； 2. 信仰主义和人文主义并存； 3. 神学思维方式和理性思维方式并存； 4. 推动了国家掌握教育权； 5. 群众性和普及性
加尔文派	1. 国家和教会都对国民教育负有不可推卸的责任； 2. 实行免费的义务教育； 3. 加尔文亲自进行教育实践		

经典真题

» **简答题** 简述加尔文教育思想的特点。（21 华南师大）

» **论述题** 论述马丁·路德的教育思想。（19 哈师大）

第二节 天主教教育

考点 1 天主教教育 15min搞定

1. 耶稣会学校

随着宗教改革运动的进行，罗马天主教会一方面镇压各地的反抗，另一方面又忙着改革自身来适应变化了的世界，"耶稣会"就是这种改革下的产物。耶稣会是反宗教改革运动的先锋和中坚，其创始人是西班牙神学家罗耀拉。罗耀拉非常重视教育，并把力量放在中、高等教育上，于是他建立了耶稣会学校。

耶稣会设立的学校称为耶稣会学校。出于培养精英以控制未来的统治阶层的考虑，耶稣会集中力量发展中等和高等教育，但不重视初等教育。耶稣会学校的特点就是用人文主义精神来改革学校和教学。耶稣会学校质量较高，分布较广，成为16—18世纪天主教主要的教育机构，扭转了受新教教育冲击而导致的天主教教育的颓势。

2. 耶稣会学校的特点

（1）**教育目的**：教育要培养对天主教绝对虔诚的天主教教徒。天主教掌握教育权，教育为天主教服务。

（2）**教育内容**：罗耀拉把人文主义学科纳入课程体系，使人文学科、哲学和神学构成相互衔接的知识体系，使课程内容从低到高的选择与学习顺序、修业年限相结合；注重拉丁语教学。

（3）**教育管理**：罗耀拉注重学校管理的规范化。他要求采用完备的军事化组织管理方式，使教学工作组织具有严密性。同时，耶稣会学校形成了一套完备的组织管理规则，一切以1559年的《耶稣会章程》（罗耀拉亲自制定）和1599年的《教学大全》（耶稣会第五任会长阿奎瓦拉制定）这两个纲领性文件为标准和尺度。

（4）**教学师资**：罗耀拉重视培养高水平的教师。教师要有虔诚的天主教信仰，要有渊博的知识，还要有教育学和心理学的知识。高水平的师资也是耶稣会学校取得成功的一个重要条件。

（5）**教育方法**：①罗耀拉主张依据学生的不同兴趣和能力选择不同的教学方法。其中，耶稣会学校非常重视背诵和记忆，罗耀拉说："重复是学问之母。"②罗耀拉主张对学生进行"精神训练"，即个人先进行自我训练，认识自己的罪恶，以便感悟上帝的伟大，通过意志的力量来实现对上帝和教皇的效忠。③除此之外，罗耀拉还主张态度温和、纪律、爱的管理、废除体罚。

（6）**教育形式和教学组织形式**：①采取寄宿制和全日制。②采用班级授课制。罗耀拉和耶稣会学校把昆体良提到的班级授课制加以运用到耶稣会学校的教育中，后来17世纪的夸美纽斯将班级授课制进行了理论总结，使其逐步成为一种被世界各国普遍采用的教学组织形式。

3. 评价

主观上，耶稣会学校的建校意图是挽救受新教教育冲击而导致的天主教教育的颓势，也为了恢复天主教在欧洲的统治，这个目的是逆行倒流的。所以，18世纪后耶稣会教育遭到欧洲各国的驱逐和冷落。但客观上，耶稣会学校具有人文主义色彩的改革，也促进了教育的近代化发展。

> **凯程拓展**

三种教育力量的比较 ★★★★★

人文主义教育、新教教育、天主教教育三种教育势力之间既相互冲突，又相互融汇吸收，相同之中蕴含不同。

1. 相同点

（1）**宗教性**。三者都信仰上帝，但是程度不同。人文主义教育具有宗教性，同时也带有异教因素，新教教育和天主教教育都是宗教教育，都反对人文主义教育中的一些异教因素。宗教改革运动带有宗教性和世俗性双重目的，而天主教教育则是想恢复到宗教性更强的中世纪。

（2）**重视古典主义和人文主义**。三者都以古典人文学科为课程的主干。

（3）**教育教学管理方面都逐渐取消体罚，注重身心的全面发展，都采用并逐步完善班级授课制**。

（4）**世俗性增强**。人文主义教育倡导的是一种肤浅的世俗性，局限于社会上层，并未影响到社会生活的各个层面，它反对宗教腐败但赞同天主教。新教教育压制人文主义的世俗倾向，客观上却是对世俗精神的大力弘扬，教育与世俗生活结合紧密，世俗性知识比重加大，自然科学进入课堂。可以说宗教改革带来的世俗性是一种深刻的、具有广泛社会基础的世俗性。在这种基础上建立起来的教育是一种真正充溢着近代世俗精神的新教育。

2. 不同点

（1）**人文主义教育具有贵族性，新教教育具有较强的群众性和普及性**。天主教教育也具有贵族性，但它是出于控制社会精英的政治目的而重视上层社会子女的教育，而人文主义教育则是将学习古典知识作为贵族阶级自身的高级享受。

（2）**这三种教育的根本差异在于服务对象不同，人文主义教育为贵族服务，新教教育为新教服务，天主教教育为天主教服务**。

3. 三种教育力量的影响

尽管宗教改革是人文主义引发的，但是宗教改革对近代教育转折的历史意义远远高于人文主义。它为西方近代教育走向国家化、世俗化和普及化的历程拉开了序幕，这种转折标志着世俗性的近代教育从根本上取代了宗教性的中世纪教育。三种力量的相互冲突和融合，共同奠定了近代西方教育的基本格局，标志着教育正迈向近代化（世俗化、国家化、普及化）。

第七章 近现代各国的教育制度

考情分析

第一节 英国的近现代教育制度

考点	内容	选	名	辨	简	论
考点1	公学		15	3		
考点2	贝尔-兰卡斯特制		32		1	
考点3	《初等教育法》	2	2			
考点4	《巴尔福教育法》		3			
考点5	《哈多报告》					
考点6	《1944年教育法》		7		8	1
考点7	《1988年教育改革法》	1	2		2	

第二节 法国的近现代教育制度

考点	内容	选	名	辨	简	论
考点1	启蒙运动时期的国民教育设想		1			
考点2	《帝国大学令》与大学区制		2	1		
考点3	《费里教育法》		10		3	
考点4	《郎之万-瓦隆教育改革方案》		11			
考点5	1959年《教育改革法》					

第三节 德国的近现代教育制度

考点	内容	选	名	辨	简	论
考点1	初等国民教育的兴起					
考点2	巴西多与泛爱学校		5			
考点3	实科中学		8	1	2	
考点4	柏林大学与现代大学制度的确立	1	11		5	6
考点5	德意志帝国与魏玛共和国时期的教育					
考点6	《改组和统一公立普通学校教育的总纲计划》		1			

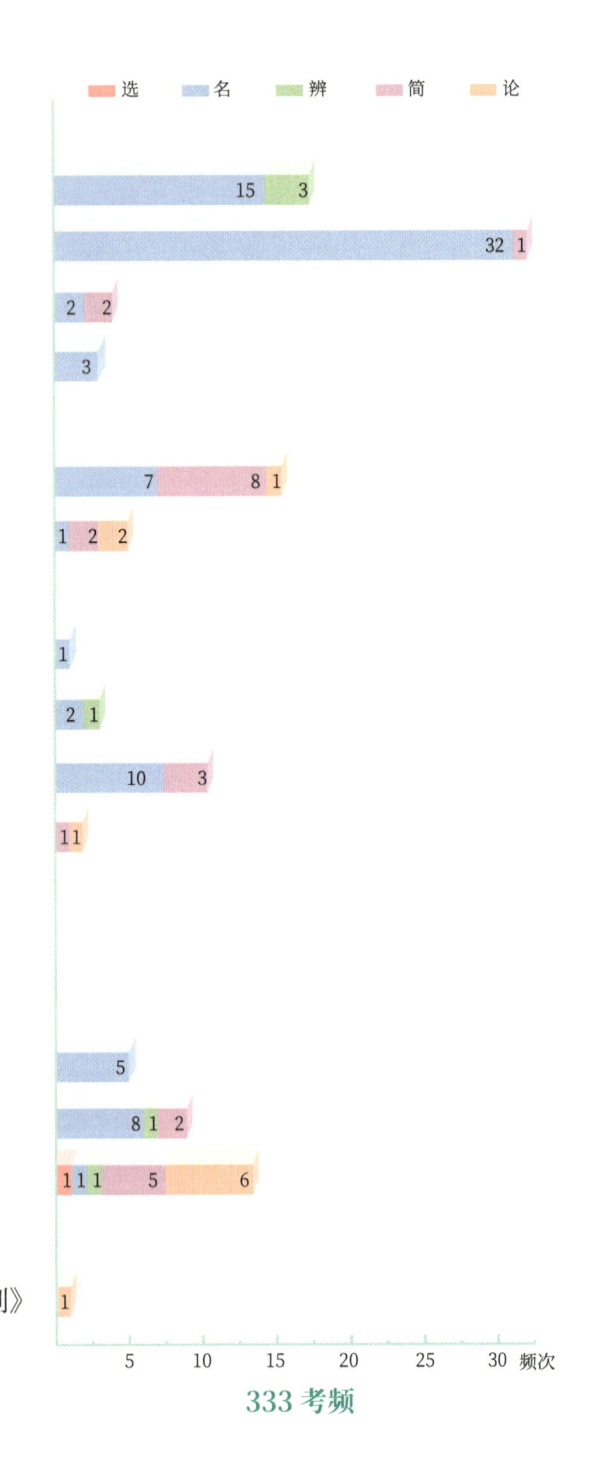

① 本章主要参考吴式颖、李明德的《外国教育史教程》(第三版)第十、十五、二十到二十二章。

第七章 近现代各国的教育制度

第四节 俄国（苏联）的近现代教育制度

考点1　彼得一世的改革

考点2　《国民学校章程》

考点3　建国初期的教育管理体制改革

考点4　《统一劳动学校规程》

考点5　20世纪20年代的学制调整和教学改革实验

考点6　20世纪30年代的《关于小学和中学的决定》

第五节 美国的近现代教育制度

考点1　殖民地普及义务教育

考点2　贺拉斯·曼与公立学校运动

考点3　《莫雷尔法案》

考点4　"六三三"学制

考点5　初级学院运动

考点6　20世纪50年代的《国防教育法》

考点7　20世纪60年代的教育改革

考点8　20世纪70年代的教育改革："生计教育"和"返回基础"

考点9　20世纪80年代的教育改革：《国家处在危险之中：教育改革势在必行》

第六节 日本的近现代教育制度

考点1　明治维新时期的教育改革

考点2　军国主义教育体制的形成与发展

考点3　20世纪40年代的教育改革——《教育基本法》和《学校教育法》

考点4　20世纪70年代的教育改革

考点5　20世纪80年代的教育改革

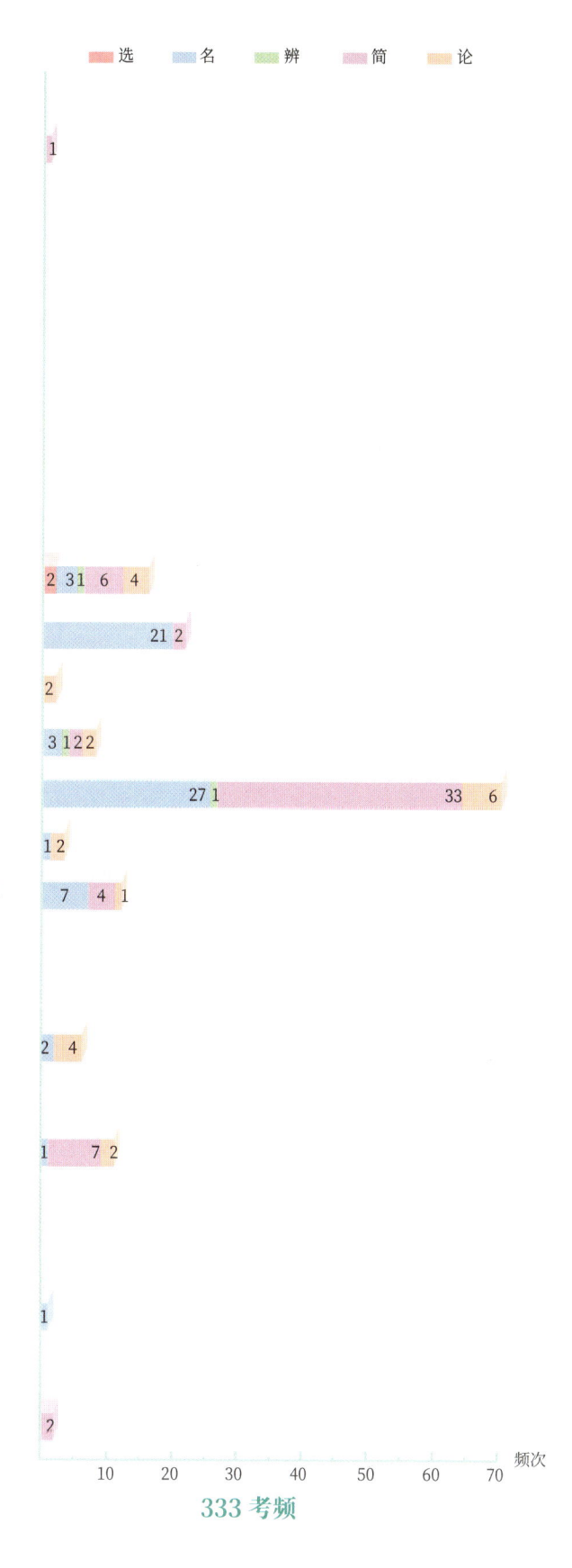

知识框架

近现代各国的教育制度
- 英国
  - 公学
  - 贝尔－兰卡斯特制
  - 《初等教育法》
  - 《巴尔福教育法》
  - 《哈多报告》
  - 《1944年教育法》
  - 《1988年教育改革法》
- 法国
  - 启蒙运动时期的国民教育设想
  - 《帝国大学令》与大学区制
  - 《费里教育法》
  - 《郎之万－瓦隆教育改革方案》
  - 1959年《教育改革法》
- 德国
  - 初等国民教育的兴起
  - 巴西多与泛爱学校
  - 实科中学
  - 柏林大学与现代大学制度的确立
  - 德意志帝国与魏玛共和国时期的教育
  - 《改组和统一公立普通学校教育的总纲计划》
- 俄国（苏联）
  - 彼得一世的改革
  - 《国民学校章程》
  - 建国初期的教育管理体制改革
  - 《统一劳动学校规程》
  - 20世纪20年代的学制调整和教学改革实验
  - 20世纪30年代的《关于小学和中学的决定》

第七章 近现代各国的教育制度

```
                            ┌─ 殖民地普及义务教育
                            ├─ 贺拉斯·曼与公立学校运动 ★★★★★
                            ├─ 《莫雷尔法案》 ★★★★★
                            ├─ "六三三"学制 ★★★
                            ├─ 初级学院运动 ★★★
                 ┌─ 美国 ────┼─ 20世纪50年代《国防教育法》★★★★
近现代各国的            ├─ 20世纪60年代的教育改革 ★★
  教育制度              ├─ 20世纪70年代的教育改革："生计教育"和"返回基础" ★★★★
                            └─ 20世纪80年代的教育改革：《国家处在危险之中：教育改革势在必行》★★★★★
                            ┌─ 明治维新时期的教育改革 ★★★
                            ├─ 军国主义教育体制的形成与发展
                 └─ 日本 ────┼─ 20世纪40年代的教育改革——《教育基本法》和《学校教育法》★★★
                            ├─ 20世纪70年代的教育改革 ★
                            └─ 20世纪80年代的教育改革 ★
```

考点解析

第一节 英国的近现代教育制度

考点1 公学 ★★★★★ 5min搞定 （名：10+学校；辨：20山东师大、南京师大，21陕西师大）

公学是由公众团体集资兴办，培养一般公职人员，学生在公开场所接受教育的中等私立学校，它是典型的贵族学校。其中，最为人称道的是伊顿、温彻斯特、圣保罗等九大公学。公学的主要特点：

(1) **教育对象**：以贵族子弟为招生对象。

(2) **教育目的**：培养学生升入学术型大学。其实，公学就是升入高等学校的预备学校。

(3) **师资和条件**：较之一般的文法学校，师资以及教学设施条件更好，收费更高。

(4) **教育年限**：修业年限一般为5年。

(5) **教育内容**：注重古典语言的学习和上层社会礼仪的培养，同时还进行体育和军事训练，养成绅士风度。（古典语言+上层礼仪+体育军事）

(6) **教育经费**：公学办学初始，学校的经费主要由大贵族的集资构成，但收取的高昂学费和私人捐助又促使公学有更充足的管理经费。

(7) **管理权**：公学属于私立学校，不受国家教育行政部门干涉。

评价：公学为英国培育了很多精英人才，被誉为"英国绅士的摇篮"；但公学只满足贵族子弟的需要，不向平民开放，是教育不平等的产物。

凯程助记

简介：三公一私一贵中。
内容：师资条件好，目的对象纯，内容经费贵，管理不受管。

考点 2 贝尔-兰卡斯特制（导生制） ★★★★ 3min搞定　（名：30+ 学校；简：23 宁波）

19 世纪上半期，英国初等教育质量低下，师资极为欠缺。于是，导生制盛行起来。教会人士贝尔和兰卡斯特在印度、伦敦分别创立了"导生制"学校，也称"相互教学制"。

（1）**内容**：导生制的具体实施方法是教师在学生中选择一些年龄较大、学习成绩较好的学生充任导生，教师先对导生进行教学，然后由他们去教其他学生。

（2）**评价**：运用这种方法，可使学生的数量大大增加，因而一度广受欢迎；但因其难以保证教育质量，而最终被人们抛弃。

凯程助记

教师 〉教〉年龄大且成绩好的学生 〉教〉其他学生
　　　　　　　　　　↑
　　　　　　　　　导生

考点 3 《初等教育法》（又称《福斯特法案》）★★★★ 5min搞定　（名：11 东北师大，20 河南师大；简：18 湖南师大，22 华中师大）

19 世纪下半叶，随着英国工业革命的完成，普及义务教育的问题成为社会关注的主要问题。1870 年，英国政府颁布了《初等教育法》，其宗旨是在完善宗教和慈善团体已兴办的初等教育的基础上，建立公立的初等教育制度。

（1）**内容**：①国家对教育有补助权和监督权。②地方设学校委员会管理地方教育。③对 5～12 岁儿童实施强迫性初等教育。④在没有学校的地方，允许私人在一年内设校，过期者由地方委员会设立公立学校。⑤学校中世俗科目与宗教科目分离。

（2）**评价**：该法案的颁布，标志着英国初等国民教育制度的正式形成，到 1900 年，英国基本普及了初等教育。

凯程助记

国家与地方强迫私人分离——国家、地方、强迫、私人、分离，分别是法案五项内容的关键词。
《初等教育法》中出现了强迫性初等教育，即义务教育，但不免费。以上知识点考生都要牢记。

凯程拓展　　新大学运动和大学推广运动（补充知识点）

19 世纪初，英国产业革命要求大学适应新的需要，但当时的牛津大学和剑桥大学仍然恪守古典教育的传统。在许多社会有识之士的推动下，英国开始了新大学运动和大学推广运动。

1. 新大学运动

1828 年，伦敦大学学院成立，拉开了新大学运动的序幕。在其带动下，英国城市学院纷纷成立。

(1) 这些学院的共同特点：①学院以自然科学教育为主，不再实施宗教教育；②主张民众办理，注重工业和科学领域；③面向中产阶级子弟开放。

(2) 评价：新大学运动极大地改变了高等教育的传统，科学教育步入大学的讲坛，高等教育从此面向中产阶级子弟开放。

2. 大学推广运动

19 世纪 40 年代，英国出现的大学推广运动，主要指全日制大学以校内或者校外讲座的形式将教育推广到非全日制学生中去，伦敦大学、牛津大学、剑桥大学在其中起到了关键作用。

大学推广运动加强了大学与社会的联系，强化了大学的社会服务职能，促使社会中下层阶级与女子获得更多的接受高等教育的机会。

考点 4 《巴尔福教育法》 8min搞定   (名：14 福建师大，21 辽宁师大、佛山科学技术学院)

1902 年，为了公平分配教育补助金和加强对地方教育的管理，英国颁布了《巴尔福教育法》。

(1) 内容。

①设立地方教育当局，以代替原来的地方教育委员会。规定地方教育当局应保证初等教育的发展，享有设立公立中等学校的权力，并为中等学校和师范学校提供资金。

②地方教育当局有权对私立学校和教会学校提供资助和控制。

(2) 评价。

①促成了英国中央教育委员会和地方教育当局的结合，形成了以地方教育当局为主体的英国教育行政管理体制，对后来英国教育管理体制和中等教育的发展有重要的影响。

②该法案首次强调初等教育和中等教育的衔接。法案把中等教育纳入地方教育部门管理，为建立统一的国家公共教育制度奠定了基础。

③推动了英国公立中等教育的发展。英国很多地方创办了公立中学，以及由地方税收支持的现代中学，中下层接受中等教育的人数大增。

凯程助记

内容：地方教育当局在当地什么都管，管初等教育，管中等教育，管私立学校，管教会学校和师范学校。

评价：形成教育体制，强调教育衔接，推动公立中学发展。

考点 5 《哈多报告》 8min搞定

工党政府任命以哈多为主席的调查委员会负责对中等教育改革的三种意见进行调查。该委员会提出了关于青少年教育的报告，即《哈多报告》。

(1) 内容。

①儿童在 11 岁之前所受到的教育称为初等教育。其中，5～8 岁进入幼儿学校，8～11 岁进入初级小学。

②儿童在 11 岁以后所受到的各种形式的教育均称为中等教育。中等教育阶段分设四种类型的学校：以学术性课程为主的文法学校，具有实科性质的选择性现代中学，相当于职业中学的非选择性现代中学，略高于初等教育水平的公立小学高级班或高级小学。

③为了使每个儿童都进入最合适的学校，应在 11 岁时进行选拔性考试。同时规定义务教育的最高年

龄是 15 岁。

（2）评价。

①优点：《哈多报告》第一次从国家的角度阐明了初等教育和中等教育衔接、中等教育面向全体儿童的思想；明确提出了初等教育后教育分流的主张，以满足不同阶层人们的需要。

②局限：《哈多报告》把中等教育分为四种类型的学校，实际上就是传统的文法学校和各种类型的现代中学，这又反映了英国教育传统的双轨制对改革的影响。

考点 6 《1944 年教育法》（《巴特勒教育法》） ★★★★★ 10min搞定（名：5+学校；简：5+学校；论：22哈师大）

"二战"期间，"人人受中等教育"的观念深入人心，英国政府颁布了《1944 年教育法》（又称《巴特勒教育法》）。此法案由英国教育委员会主席巴特勒提出。

（1）内容。

①加强国家对教育的控制和领导，设立教育部，统一领导全国的教育。

②加强地方教育行政管理权限，设立由初等教育、中等教育和继续教育组成的公共教育系统。

③实施 5～15 岁的义务教育，同时地方教育当局应向义务教育超龄者提供全日制教育和业余教育。

④法案还提出了宗教教育、师范教育和高等教育改革等要求。

（2）评价。

①**《巴特勒教育法》形成了初等、中等和继续教育相互衔接的公共教育制度，基本形成了现代英国国民教育制度**。该法案结束了"二战"前英国教育制度发展不平衡的状况，是英国现代教育制度发展史上一个极其重要的法令。

②**进一步确立和完善了中央与地方在教育行政管理体制上合作伙伴的关系**。该法案一方面完善了地方教育管理体制，另一方面也加强了国家对教育的控制。

③**向所有学生提供免费的中等教育**。该法案颁布后，基本实现了普及 10 年义务教育的发展目标。

总之，该法案对"二战"后英国教育发展的基本方针和政策产生了重要的影响。

凯程助记

国家地方增控制，义务教育要实施，还有宗、师与高等。

凯程提示

《巴特勒教育法》颁布后，到 20 世纪六七十年代，为促进教育机会均等，英国工党政府将文法学校、技术中学和现代中学合并为一种新型学校，即"综合中学"。

考点 7 《1988 年教育改革法》 ★★★★★ 15min搞定（名：10天津师大；简：14东北师大，21湖南师大；论：12渤海，21山西）

1988 年 7 月 29 日，英国通过了教育大臣贝克提交的教育改革法案，即《1988 年教育改革法》。该法案对英国的教育体制进行了全面改革，其主要内容涉及普通中小学教育、高等教育、职业技术教育、教育管理和教育经费等。这是英国自第二次世界大战结束以来规模最大的一次教育改革。

（1）内容。

①**基础教育**。

a.实施全国统一课程，确定在 5～16 岁的义务教育阶段开设三类课程（核心课程、基础课程和附加课程）。核心课程和基础课程合称为国家课程，为中小学必修课程。核心课程包括英语、数学和科学；基础课程包括现代外语、技术、历史、地理、美术、音乐和体育；附加课程包括古典文学、家政、经营学、保健知识、信息技术应用、生物、第二外语、生计指导等。

b. 实施全国统一考试，规定在义务教育阶段，学生要参加四次全国性考试（7岁、11岁、14岁、16岁各一次）。 英国将考试成绩作为对学生进行甄别和评估的主要依据，也作为对学校工作进行评价的依据。

c. 改革学校管理体制，实施"摆脱选择"政策。 "摆脱选择"政策指地方教育当局管理下的所有中学，学生人数在300名以上的规模较大的小学，如果多数家长要求，则可以摆脱地方教育当局的控制，直接接受中央教育机构的指导。这表明英国开始打破过去由中央、地方两级分权管理教育的传统，而走向中央集权制管理。

d. 赋予家长为子女自由选择学校的权利。

②**职业教育：规定建立一种新型的城市技术学校。** 这种学校专门培养企业急需的精通技术的中等人才。

③**高等教育：废除高等教育的"双重制"。** "双重制"指英国各类学院由地方管理，而大学则由中央管理的体制。依据新规定，包括多科技术学院和其他学院在内的高等院校将脱离地方教育当局的管辖而成为独立机构，并获得与大学同等的法人地位。同时，中央政府加强对高等教育的控制，对高等教育的管理和经费做出新规定。

（2）评价：①该法案不仅涉及问题广泛，涉及主题重要，而且在较大程度上动摇了英国教育的某些传统。②《1988年教育改革法》被看作自《巴特勒教育法》以来英国教育史上又一部里程碑式的教育改革法，对英国教育产生了深远的影响。

> **凯程助记**
>
> 助记1：基础教育——两统一两政策（统一课程，统一考试，实施"摆脱选择"政策、自由择校政策）。
>
> 　　　　职业教育：城市技术学校。
>
> 　　　　高等教育：废除"双重制"。
>
> 助记2：英国教育法案总结
>
> | | 17—18世纪 | 19世纪 | "二战"前 | "二战"后 |
> |---|---|---|---|---|
> | 初等教育 | 教会接管 | 贝尔-兰卡斯特制；《初等教育法》 | 延长义务教育年限 | 《1944年教育法》：第一个里程碑教育法案；《1988年教育改革法》：第二个里程碑教育法案 |
> | 中等教育 | 贵族去文法中学（公学是超级版文法中学），平民去实科中学 | 沿袭旧制 | 1.《巴尔福教育法》：普遍建立公立中学；2.《哈多报告》：改革双轨制 | |
> | 高等教育 | 中世纪传下来的古典大学 | 顺应工业革命潮流搞新大学运动 | 继续发展 | |
> | 教育管理 | 政府不接管教育 | 政府拨款间接干预教育 | 《巴尔福教育法》：建立中央与地方友好合作管理体制 | 不断加强中央集权的色彩 |
>
> 注：此表黑色字体内容为背景介绍，仅帮助学生了解情况，不属于考试内容；红色字体内容为333大纲知识点，属于考试内容。

> **凯程提示**
>
> 　　考生要了解各个法案的时间、人物、内容。对各个法案单独进行识记比较难，可以通过对法案的相互比较来加深理解，也可以通过了解法案出台背后的原因，以帮助识记。

经典真题

名词解释

1. 英国公学（11 陕西师大，12 浙江师大、闽南师大，16 集美，16、17 西北师大，17 东北师大、安徽师大、江苏，17、18 南宁师大，21 沈阳师大，22 河南师大、河南科技学院，23 华中师大）
2. 贝尔－兰卡斯特制（10 渤海，10、13 辽宁师大，11 杭州师大、陕西师大，11、13、20 福建师大，12 北师大，12、18 湖南师大，13 山东师大、内蒙古师大，14 华南师大，14、22 华东师大，15、19 湖南科技，15、21 西北师大，16 延安，18 海南师大、南宁师大，19 浙江师大，20 深圳、中央民族，21 青海师大、南京师大，22 河南师大、齐齐哈尔、浙江海洋、宝鸡文理学院，23 沈阳师大）
3. 1870 年《初等教育法》/《福斯特法案》（11 东北师大，20 河南师大）
4. 《巴特勒教育法》/《1944 年教育法》（10 首师大，18 南通，20 西北师大、青海师大，21 佳木斯，22 四川师大）
5. 《1988 年教育改革法》（10 天津师大）
6. 《巴尔福教育法》/《巴尔福法案》（14 福建师大，21 辽宁师大、佛山科学技术学院）

辨析题

1. 公学就是公立学校。（20 山东师大、南京师大）
2. 公学是英国的一种贵族学校。（21 陕西师大）

简答题

1. 简述 1870 年《初等教育法》的基本内容。（18 湖南师大，22 华中师大）
2. 简述《1944 年教育法》/《巴特勒教育法》。（15 山东师大，16 杭州师大，20 湖南师大，21 浙江海洋，22 南京师大、福建师大、苏州，23 集美）
3. 简述《1988 年教育改革法》。（14 东北师大，21 湖南师大）
4. 简述贝尔－兰卡斯特制的产生及实施方法。（23 宁波）

论述题

1. 论述英国《1988 年教育改革法》及其启示。（12 渤海，21 山西）
2. 论述《巴特勒教育法》的基本内容。（22 哈师大）

第二节 法国的近现代教育制度

考点 1 启蒙运动时期的国民教育设想 10min搞定

启蒙运动是指 17—18 世纪欧洲发生的一场声势浩大的现代新知识、新思想、新文化的解放革新运动。从字面上讲，启蒙运动就是启迪蒙昧，反对愚昧主义，提倡普及文化教育的运动。从精神实质上来讲，它是宣扬资产阶级政治思想体系的运动，是文艺复兴时期资产阶级反封建、反禁欲、反教会斗争的继续和发展。他们用政治自由对抗专制暴政，用信仰自由对抗宗教压迫，用自然神论和无神论来摧毁天主教权威和宗教偶像，用"天赋人权"的口号来反对"君权神授"的观点，用"法律面前人人平等"的口号来反对贵族的等级特权。他们用这些思想启发民众，去推翻封建主义的统治，进而建立资产阶级政权。

启蒙运动时期，法国出现了关于国民教育设想的代表思想或教育方案，表现为以下两个方面。

1. 从法国教育家思想看国民教育设想

法国很多教育家基于平等、自由等启蒙精神，提出了新的教育观念，对国民教育进行了设想。主要代表人物有爱尔维修、狄德罗和拉夏洛泰。（关于这三个人物的思想在第八章有详细介绍。）

（1）**爱尔维修**。爱尔维修是法国启蒙运动中提倡唯物主义的重要成员之一，他把人的成长归因于教育与环境，但他在这个问题上走入极端，提出"教育万能"的口号，主张人人智力天生平等和教育民主化。

（2）**狄德罗**。狄德罗是法国启蒙运动和百科全书派的代表人物。恩格斯说他是为了真理和正义而"献出整个生命的人"。他强调国家办学，实行义务教育。

（3）**拉夏洛泰**。拉夏洛泰是18世纪中期法国驱逐耶稣会运动的主要倡导人。他的《论国民教育》系统地阐述了国家办学的教育思想。关于国家办学的论证，他走在了时代的前列，为后来法国中央集权教育领导体制的形成提供了思想启示。

2. 从法国教育改革方案看国民教育设想

18世纪末爆发的法国资产阶级大革命是一次具有深远意义的革命，它不仅决定了法国历史发展的方向，也对法国和欧洲教育的发展产生了重要影响。

法国大革命中先后上台的立宪派、吉伦特派、雅各宾派，在教育改革方面分别制订了有代表性的三个教育改革方案，即《塔列兰教育方案》《康多塞方案》《雷佩尔提教育方案》。尽管这些方案内容各异，且没有实施，但都反映了法国资产阶级对教育改革的基本主张。

（1）**内容**：①主张建立国家教育制度。②主张人人都有受教育的机会和权利，国家应当给予保护并实行普及义务教育。③在男女教育平等、成人教育等方面提出了要求。④在教育内容和教师问题上，主张实现世俗化和科学化。

（2）**评价**：这些方案一个比一个激进，但都不同程度地体现了资产阶级各派未来的发展方向，一些方案中的规定也限制了劳动者子女获得初等以上教育的机会和权利。

> **凯程助记** 先建国家制度—搞义务教育—谁上学？男女平等—学什么？科学化世俗化。

考点2 《帝国大学令》与大学区制　5min搞定　（名：16山东师大，17福建师大；辨：18山东师大）

拿破仑建立了法兰西第一帝国，并于这一时期确立了法国中央集权式的教育管理体制。他颁布了《关于创办帝国大学及其全体成员的专门职责的法令》《关于帝国大学条例的政令》等，逐渐建立了中央集权式的教育管理体制。

（1）**内容**。

①**设立帝国大学，教育管理权力高度集中**。拿破仑在巴黎设立了帝国大学，负责全国一切的教育事务。帝国大学并不是一个高等学府，而是全国最高教育行政机构。帝国大学的总监是负责全国教育的最高首脑，由皇帝亲自任命。

②**全国教育实行学区化管理**。全国教育分为27个大学区[①]，每一个大学区设一总长，负责管理大学区的各级学校。

③**开办任何学校教育机构必须得到国家的批准**。

[①]"大学区"在人民教育出版社《全国教育硕士专业学位研究生入学考试大纲及指南》中划分为29个，在吴式颖、李明德的《外国教育史教程》（第三版）中划分为27个，凯程此处按照吴式颖、李明德的《外国教育史教程》（第三版）进行编写。

④**一切公立学校的教师都由帝国大学管理，都是国家的官吏。**

（2）**评价**：拿破仑通过帝国大学建立起来的中央集权式的教育管理体制，虽在此后各历史时期也发生了某些变化，但其基本框架得以保留和延续，并对法国国民教育的发展产生了深远影响。

> **凯程助记**
>
> 帝国大学负责什么？→全国各地怎么管？→学校怎么管？→教师怎么管？
> 负责全国教育　　　　划分大学区　　　　国家批准制　　　国家来管理

考点 3 《费里教育法》 ★★★★★ 6min搞定　（名、简：10+ 学校）

19 世纪 70 年代，法国基本完成了工业革命，国民教育引起了人们的重视，普及初等教育成为教育发展的重点。1881 年和 1882 年，法国教育部长费里两次颁布有关义务教育的法令，合称《费里教育法》（又称《费里法案》）。该法案不但确立了国民教育义务、免费、世俗化三大原则，而且把这些原则的贯彻实施予以具体化。

（1）**内容**。

①**义务原则**：6～13 岁为法定义务教育阶段。接受家庭教育的儿童须自第三年起每年到学校接受一次考试检查；对不送儿童入校学习的家长予以罚款。

②**免费原则**：免除公立幼儿园及初等学校的学杂费，免除师范学校的学费、膳食费与住宿费。

③**世俗化原则**：取消教会监督学校的特权，取消牧师担任教师的特权，取消公立学校的宗教课，改设道德与公民教育课。

（2）**评价**：《费里教育法》的颁布与实施为这一时期初等教育的发展提供了必要的法律保障，指明了进一步努力的方向，标志着法国初等教育步入一个新的历史发展阶段。

> **凯程助记**
>
> 义务化：强制入学——平民违背怎么办？罚款。
> 　　　　　　　　——贵族违背怎么办？如果贵族认为他们家庭教育更好，那就来校考试。
> 免费：幼儿园、初等学校、师范学校——免杂费+学费。
> 世俗化：三取消一设立。

考点 4 《郎之万－瓦隆教育改革方案》 ★★★★★ 6min搞定　（简：21 天水师范学院；论：17 华东师大）

1945 年，第二次世界大战结束后不久，法国议会就组建了一个新的教育改革委员会，任命法国著名物理学家郎之万为主席，儿童心理学家瓦隆为副主席。该委员会于 1947 年正式向议会提交了教育改革方案，又称《郎之万－瓦隆教育改革方案》。这是法国历史上非常重要的教育改革文件。它以教育现代化和民主化为目标。

（1）**内容**。

①**提出了"二战"后法国教育改革的六项基本原则**。a. 社会公正。b. 社会上的一切工作价值平等，任何学科的价值平等。c. 各级教育实行免费。d. 人人都有接受完备教育的权利。e. 在加强专门教育的同时，适当注意普通教育。f. 加强师资培养，提高教师地位。

②**实施 6～18 岁学生的免费义务教育**。主要通过基础教育阶段（初等学校）、方向指导阶段（方向

指导班）和决定阶段（学生经分流进入学术型、技术型、艺徒制三种学校）进行。

③**对义务教育后的高等教育改革提出了设想**。在学术型学校结业的学生可进入一年制大学预科接受教育，然后进入高等学校学习。

（2）**评价**：受"二战"后初期历史条件的影响，此方案未被实施，但它为"二战"后法国的教育发展指明了方向。在它的影响下，法国开始大力扩充初等教育，促进中等教育的普及，基本实现了初等教育和中等教育的衔接。该法案被称为法国教育史的"第二次革命"。

凯程助记 关于六项基本原则的顺口溜：公正平等与免费，完备专普与教师。

考点5 1959年《教育改革法》 6min搞定

1959年，法国戴高乐政府颁布了《教育改革法》。

（1）内容。

①**义务教育年限**：由"二战"前的6～14岁延长到16岁。

②**初等教育**：规定6～11岁为初等教育，面向所有儿童。

③**中等教育的第一阶段**：除个别被确定不适于接受中等教育的儿童外，其余儿童都进入中等教育的第一阶段，即两年的观察期教育（11～13岁）。

④**中等教育的第二阶段**：两年后，进入中等教育的第二阶段（13～16岁）。这个阶段分为四种类型，即短期职业型、长期职业型、短期普通型、长期普通型。短期型均为三年制，长期型分为四年制和五年制。长期普通型中等教育实际上是为大学做准备的教育，在国立中学实施。

（2）评价。

①**优点**：通过该法案的推动，一种名为"市立初级中学"（具有方向指导性质的普通初级中学）的新型中等学校问世，随后迅速发展开来，并在后来的学制结构中被确立下来。

②**局限**：该法案由于不够灵活，难以操作，在实践中并未完全实施；此外，人们普遍指责两年的观察期教育太短。

凯程助记

法国教育法案总结表

	17—18世纪	19世纪	"二战"前	"二战"后
初等教育	启蒙思想爱狄拉； 国家义务教育兴； 改革方案未实施	《费甲教育法》· 义务、免费、世俗化	类似《哈多报告》的改革双轨制，促进教育平等	1947年《郎之万－瓦隆教育改革方案》未实施； 1959年《教育改革法》未全部实施
中等教育	贵族去文科中学； 平民去技术学校	沿袭旧制		
高等教育	中世纪传下来的古典大学	顺应工业革命的发展，大学有所变革	继续发展	继续发展
教育管理	国家政局不稳定，政府想管管不了	帝国大学与大学区制——高度集权制	集权制	集权制

注：此表黑色字体内容为背景介绍，仅帮助学生了解情况，不属于考试内容；红色字体内容为333大纲知识点，属于考试内容。

经典真题

▶▶ 名词解释
1. 大学区制（16 山东师大，17 福建师大）
2. 《费里教育法》（13、14、15、22 渤海，15 河南师大、淮北师大，22 浙江海洋，23 吉林师大、湖州师范美院、集美）

▶▶ 辨析题　法国教育体制是中央集权。（18 山东师大）

▶▶ 简答题
1. 简述《费里教育法》。（19 山东师大，20 山西、杭州师大）
2. 简述《郎之万－瓦隆教育改革方案》。（21 天水师范学院）

▶▶ 论述题　论述《郎之万－瓦隆教育改革方案》。（17 华东师大）

第三节　德国的近现代教育制度

考点 1　初等国民教育的兴起　5min搞定

17—18 世纪的德国处于四分五裂的封建割据状态，教育史上所述这一时期的德国教育一般是以普鲁士教育为主。受马丁·路德思想的影响，并从巩固自己小王朝的统治需要出发，德意志各邦国从 16 世纪中期起先后颁布了有关国家办学和普及义务教育的法令。这比当时经济较为发达的英国等国家要早得多。

(1) 德国义务教育的进程。

① **16 世纪中期**，德意志各国受马丁·路德思想的影响，先后颁布了有关国家办学和普及义务教育的法令，强制家长送子女入学。

② **17 世纪初**，魏玛公国要求列出 6～12 岁男女儿童的名单，以保证适龄儿童上学。

③ **18 世纪**，普鲁士详细规定政府设学、强迫义务教育、学校课程、办学经费、教师等方面的具体要求和措施。以 1763 年颁布的《普通学校规章》最为著名，它不仅规定了义务教育的年龄，还规定适龄儿童不入学者，父母将被罚款。1794 年，《普鲁士法典》规定，学校事务的最终决定权在政府。这些法令规定了国家强迫义务教育各方面的具体要求和措施，为德国初等国民教育的发展奠定了基础。

④ **19 世纪之后**，德国初等教育发展加速，一些公国颁布了《初等义务教育法》。1885 年，普鲁士实行免费初等义务教育。19 世纪末，德国初等教育入学率达到 100%。

(2) 评价： 这些法令表明德国是较早由世俗政权掌握教育事业的国家，在初等教育发展方面，德国走在了欧美国家的前列。

考点 2　巴西多与泛爱学校　8min搞定　（名：5+学校）

18 世纪 70 年代，德国出现了以泛爱主义为宗旨、创办泛爱学校的教育活动。泛爱学校是受卢梭和夸美纽斯教育思想影响而出现的新式学校，是自然主义教育思想在德国的实践，是德国资产阶级反封建的启蒙教育运动，其创始人是巴西多。泛爱学校多属于初等教育的性质，并

慢慢演变为泛爱运动。

(1) 巴西多的主要观点。

①**在教育目的上**，认为教育的最高目的是增进人类的现世幸福，培养掌握实际知识，具有泛爱思想、健康、乐观的人，反对压制儿童的封建式经院教育，主张热爱儿童，让儿童自由发展。

②**在教育内容上**，泛爱学校重视德育、体育、美育、劳动教育，教授现代语和自然科学知识，反对经院主义和古典主义。

③**在教育原则上**，泛爱学校主张教育适应自然的原则。

④**在教学方法上**，巴西多提倡实物教学，儿童主动学习，重视知识的实用性和儿童的兴趣，还希望寓教育教学于游戏之中，以此培养博爱、节制、勤劳等美德，同时严禁体罚。

(2) **评价**：巴西多呼吁人们捐资助学，得到了包括奥地利国王和俄国女皇在内的达官贵族的支持。巴西多的泛爱学校传播了资产阶级进步的人文主义教育思想，起到了反封建教育的作用，但泛爱运动的教育思想因过于注重儿童的自由而在后来受到赫尔巴特等人的批评。

> **凯程助记**
>
> 描述一个有特色的学校，常见的"四件套"是目的-内容-原则-方法。
> 教育目的：培养具有幸福感的人。其特点是：德（泛爱乐观）智（实际知识）体（健康）+ 个性自由。
> 教育内容：德智体美劳五育并举。其中智育特点是：现代语 + 科学知识，反古典反经院。
> 教育原则：教育适应自然。
> 教育方法：实物直观很实用，兴趣游戏就主动，废除体罚个性浓。
> （以上要点只要记住一些主要的关键词）

> **凯程提示**
>
> 巴西多的教育著作需要考生关注。他的《初级读本》附有 100 幅插图，被誉为 18 世纪的《世界图解》，是教育史上第二本有插图的教科书。此外，他还写了《教育方法手册》等书。

考点 3　实科中学　（名、简：5+ 学校）

(1) **简介**：17 世纪末，弗兰克曾计划建立一种加强实科教学的教育机构。1747 年，赫克在柏林创办了德国第一所真正意义上的实科学校——"经济、数学实科学校"。实科中学一般以实科内容为主，在教学方法上，采用直观的教学方法，并对贫民子弟免费提供教材。

(2) **内容**：实科中学既具有普通教育性质，也具有职业教育性质。实科中学反对学习古典知识，主张学习实用性的自然科学知识，用现代语教学，加强了科学与教育的联系。

(3) **评价**：实科中学的创办适应了德国资本主义经济逐渐发展起来的需要。但实科中学的社会地位比文科中学低得多，实科中学的学生不能升入大学，大多只能进入职业领域。这种教育实际上开创了德国职业教育的先河。

> **凯程提示**
>
> 1708 年，席姆勒开办了一个称为"数学和机械实科学校"的实科班，后停办。1737 年，他又重建了"数学、机械和经济实科学校"，采用直观的方法开展教学。

考点 4 柏林大学与现代大学制度的确立 ★★★★ 10min搞定

(名：23山西师大；辨：21重庆师大；简：5+学校；论：19山东师大，21华中师大，22集美)

1. 背景

在 19 世纪，对德国高等教育发展最有影响的是 1810 年洪堡创建的柏林大学。柏林大学是在民族丧失独立、经济十分困难的情况下创办的，可以说一开始人们就对其寄予了民族振兴的期望。

2. 宗旨：教学与研究相结合，创办研究型大学

洪堡认为，国家不能使大学仅仅为它的眼前利益服务，把大学看成高等古典语文学校或古典专科学校，而应从长远利益考虑，使大学在学术研究水平上不断提高，从而为国家发展创造更广阔的前景。从这一指导思想出发，他创建了柏林大学，旨在使它成为德国科学和艺术的中心。

3. 新的办学思路

（1）**提倡纯科学研究，排斥职业性和功利性学科**。柏林大学注重纯粹的科学，包括哲学和人文科学，反对古典语文学校和古典专科学校，直到 20 世纪初，柏林大学几乎不开设有关技术或实用科学方面的课程。此外，柏林大学非常重视哲学的地位，认为哲学是一切学科的总学问。

（2）**鼓励学习自由和教学自由**。柏林大学继承并改造了中世纪大学以来的学者自治、学术自由的传统。"学习自由"即学生在学习内容和大学生活方面的自由选择。"教学自由"即教师的教学和科学研究活动不受干涉，能自由地传授和研究知识，探索真理。洪堡的学术自由思想的提出及其在柏林大学的实践，代表了当时进步势力的要求，体现了德意志民族特殊的文化精神，同时也孕育了现代大学的精神，开启了高等教育现代化的帷幕。

（3）**教学与研究相结合，培养研究型人才**。为落实这种理念，柏林大学借鉴了哥廷根大学的哲学"习明纳"这种师生共同参与、融教学与研究活动于一体的组织形式，并建立了众多研究所，主要培养学生的研究能力。

（4）**聘请既有学术造诣又有高超教学技能的教授**。聘请一批学术造诣深厚、教学艺术精湛的教授到校任教，切实提高柏林大学的教学质量和学术声望。

凯程助记 纯科学，倡自由，育研究型人才，聘学术型教师。

4. 评价

（1）**柏林大学是世界上第一个建立了现代大学制度的高等学府，是世界高等教育的典范**。它对美国、英国、法国、日本、俄国，甚至中国都有深远影响，蔡元培的北大改革就深受柏林大学的启发。

（2）**柏林大学是德国科学和艺术的中心，振兴了德国经济，推动了德国民族独立的实现**。柏林大学初始建校的宏愿就是促进德国的发展和统一，德国最终实现了这一愿望。同时，柏林大学为德国的工业革命储备了一批人才。

考点 5 德意志帝国与魏玛共和国时期的教育 7min搞定

自 1871 年德国统一以后至第二次世界大战，德国的教育史可以分为三个时期：德意志帝国时期（1871—1918 年）、魏玛共和国时期（1919—1933 年）和纳粹统治时期（1933—1945 年）。

1. 德意志帝国时期的教育

在德意志帝国时期，德国教育具有明显的等级性和阶级性。德国教育形成了典型的"三轨制"，产生

了三种学校：为下层阶级设立的国民学校、为中间阶级设立的中间学校、为上层阶级设立的文科中学。19世纪末，德国减少文科中学古典语言的分量，在其他中学增加自然科学和现代语言的课程，并增设两类学术性学校——实科中学和文实中学。

进入20世纪后，德国宣布文科中学、实科中学、文实中学的地位相等，都可以为大学多数科系培养学生。虽然改革对现行各中学的课程进行了调整，但德国仍然重视文科中学及其课程的地位。

> **凯程助记**
> 德意志帝国时期的学校类型一共有5种，即国民学校、中间学校、文科中学、实科中学、文实中学。

2. 魏玛共和国时期的教育 ☆

1919年，德国废除了君主政体，建立了魏玛共和国，并通过了《魏玛宪法》，也叫作《德国宪法》。该宪法规定了德国教育发展的指导思想，明确教育权归各州所有，国家负责对各类教育进行监督。

(1) 魏玛共和国时期各级教育的发展概况。

①在教育管理方面：《德国宪法》规定，教育权归各州所有，国家负责对各类教育事业进行监督，即分权制。

②在初等教育方面：废除双轨学制，实行四年制的统一初等学校制度，并实施八年义务教育后教育，为完成义务教育的人提供补习学校，使其接受职业继续教育。

③在中等教育方面：取消中学的预备学校阶段，使中学开始建立在统一的基础学校之上；在原来的中间学校、文科中学、文实中学、实科中学的基础上，新建立德意志学校和上层建筑学校，使初等学校毕业生能在多种中学就读。

④在教师培养方面：规定小学教师由高等教育的师范学院培养。

⑤在高等教育方面：一方面坚持大学自治、教学与科研相结合的原则；另一方面提出高等教育面向大众，加强民众参与高等学校建设的思想。

⑥在职业教育方面：探索出了"双元制"。

⑦在宗教教育方面：在德国教育史上第一次取消了教会对公共教育进行干预的权力，禁止牧师对学校进行管理。

(2) 评价。

①成就：这一时期德国的国民教育体系已经初步建立，初等教育和中等教育有了一定程度的衔接，出现了一些新型的高等学校，为德国教育的进一步发展奠定了基础。

②局限：这一时期的教育发展指导思想出现了强调民族主义和国家主义的倾向，为纳粹时期德国教育演变为法西斯统治的工具提供了条件。

> **凯程拓展**
>
> **"双元制"**
>
> "双元制"是源于德国的一种职业培训模式。所谓"双元"，是指职业培训要求参加培训的人员必须经过两个场所的培训，一元是职业学校，其主要职能是传授与职业有关的专业知识；另一元是工厂、企业，其主要职能是让学生在企业里接受职业技能方面的专业培训和实际操作训练。
>
> "双元制"是一种校企合作共建的办学制度，即由企业和学校共同担负培养人才的任务，按照企业对人才的要求组织教学和岗位培训。

考点 6 《改组和统一公立普通学校教育的总纲计划》(《总纲计划》) 5min搞定

"二战"结束后，德国被分为联邦德国和民主德国。20世纪50—60年代，联邦德国才开始实施重大的教育改革。1959年，联邦德国受苏联卫星上天的冲击，继美国颁布《国防教育法》之后，做出了一个重要反响，即公布实施《改组和统一公立普通学校教育的总纲计划》，简称《总纲计划》。《总纲计划》主要探讨如何改进普通初等教育和中等教育的问题。

(1) 内容。

①**在初等教育方面：**建议所有儿童均应接受四年的基础学校教育，然后再接受两年的促进阶段教育。

②**在中等教育方面：**建议设置三种中学，即主要学校、实科学校和高级中学，分别培养不同层次的人才。

(2) **评价：**《总纲计划》既保留了德国传统的等级性，又适应了"二战"后德国社会劳动分工对学校人才培养规格和档次的不同要求。这一计划标志着联邦德国全面教育改革的开始。

凯程助记

德国教育发展总结表

	17—18世纪	19世纪	"二战"前	"二战"后
初等教育	1.初等国民教育的兴起； 2.泛爱学校	加强普及力度	1.德意志帝国：略； 2.魏玛共和国：全方位改革，废除双轨制	1959年《总纲计划》 初：4年基础学校； 　　2年促进学校。 中：主要学校，即技术中学； 　　实科中学； 　　高级中学，即文科中学
中等教育	贵族去文科中学； 平民去实科中学	沿袭旧制		
高等教育	率先开始新大学改革	柏林大学——建立现代大学制度		
教育管理	由于路德对义务教育的宣传，各德意志邦国都由国家管理教育	分权制	分权制	

注：此表黑色字体内容为背景介绍，仅帮助学生了解情况，不属于考试内容；红色字体内容为333大纲知识点，属于考试内容。

经典真题

选择题

19世纪德国教育家洪堡推动新大学运动，创造了柏林大学办学模式，为大学增添了（B）。(14 重庆师大)

A. 人才培养功能　　B. 科学研究功能　　C. 社会服务功能　　D. 文化传承功能

名词解释

1. 泛爱学校 / 泛爱主义教育 (15、18 浙江师大，21 北京联合，22 湖南师大)
2. 实科中学 (10 陕西师大，16 浙江师大、赣南师大，17 华东师大，18 湖南师大，21 深圳，23 江苏师大、延安)

3. 新柏林大学（23 山西师大）

>> **辨析题**

1. 17—18 世纪，德国中等教育的主要类型是实科中学。（18 南京师大）
2. 19 世纪柏林大学不重视纯学术研究而重视职业技术学习，重视职业教育和功利性学科。（21 重庆师大）

>> **简答题**

1. 简述实科中学。（19 哈师大、温州）
2. 简述洪堡建立柏林大学的经验。/ 简述洪堡创建柏林大学的办学理念及时代意义。/ 简述洪堡教育改革的内容和意义。/ 简述洪堡的教育思想。（14 淮北师大，17 山西，22 宁波、山东师大，23 山西师大）
3. 简述 19 世纪德国教育改革的措施。（18 山西）

>> **论述题**

1. 论述洪堡的教育改革。（19 山东师大）
2. 对比洪堡的高等教育改革与蔡元培的北京大学改革，指出其异同。（21 华中师大）
3. 试述柏林大学的主要内容及其对欧美高等教育的影响。（22 集美）

第四节　俄国（苏联）的近现代教育制度

考点 1　彼得一世的改革　3min搞定　（简：22 湖南师大）

1. 17 世纪后半叶

为了改变俄国的落后状况，沙皇彼得一世执政期间，引进西欧的科学技术，在国内拉开了俄国近代化的序幕。

（1）内容：①改善初等教育，开办俄语学校、计算学校。②设立实科性质的学校，特别是军事技术的专门学校，培养国家急需的人才，如航海人才、军医等。③提出创建科学院的设想。

（2）评价：彼得一世的改革对俄国社会和教育的近代化具有一定的推动作用，但由于改革是自上而下进行的，缺乏直接的动力，因此彼得一世去世后改革陷于停滞。

2. 18 世纪中期

这一时期，俄国教育史上最突出的成就是莫斯科大学的创立。这所大学是在俄国科学家罗蒙诺索夫的倡导下设立的，具有世俗性和民主化的特点。这所大学打破传统的惯例，只设法律、哲学、医学三个系，而不设神学系。此后，莫斯科大学一直保持着俄国最高学府和世界著名大学的崇高地位，源源不断地为俄国社会的近现代化建设提供大批人才。

考点 2　《国民学校章程》　3min搞定

18 世纪后半叶，叶卡捷琳娜二世上台后，开始了教育改革，设立国民学校委员会，并颁布了《国民学校章程》，这是俄国历史上最早发布的关于国民教育制度的法令。

1. 内容

（1）各地设立国民学校，由当地政府领导，聘请校长进行管理。

（2）办学经费由当地政府、贵族、商人共同承担。

（3）在县设置两年制的免费初级国民学校，在省城设置五年制的免费中心国民学校，也可同时设置初级国民学校。

（4）初级国民学校与中心国民学校的前两年课程相同，有读、写、算及文法课。中心国民学校的后三年设有机械、建筑、物理、自然、地理、历史等学科。同时，宗教、人与公民的义务是两种学校学生都必须学习的课程。想升入文科中学和大学的学生，可以在中心国民学校的后三年学习拉丁文及其他外语。

2. 评价

此章程并未规定适龄儿童必须入学，但它已经奠定了近代俄国国民教育的基础。

考点 3　建国初期的教育管理体制改革　3min搞定

1. 建国初期的教育改革

1917年列宁领导了著名的十月革命，建立了世界上第一个社会主义国家。政权初创时期，苏维埃政府主要采取了以下教育改革措施：(1) 改革教育管理体制，建立无产阶级的教育领导机构，实行民主化、非宗教化的国民教育原则。(2) 建立统一劳动学校制度。(3) 改进学校的教育、教学工作，改革教学内容和方法，编写教材。(4) 团结、教育和改造教师。(5) 开展大规模扫盲运动。

2. 教育管理体制改革的内容及成效

十月革命后，苏维埃政府成立了国家教育委员会，作为苏联教育的领导机构，它同时颁布法令，提出"教会与国家分离，学校与教会分离"，禁止在一切普通学校中讲授宗教教义和举行宗教仪式，清除教会对学校的影响。

考点 4　《统一劳动学校规程》　3min搞定

1918年，国家教育委员会制定《统一劳动学校规程》和《统一劳动学校宣言》，建立新的学校教育制度——统一劳动学校。

（1）**内容**。

①**阶段划分**：共九年，分为两级，第一级学校的学习期限为五年（8～13岁），第二级学校的学习期限为四年（13～17岁），各级学校相互衔接。

②**"统一"原则**表现为学校类型是统一的，高、低两级是相互衔接的，没有等级性。

③**"劳动"原则**表现为学校是进行综合技术劳动教育的，劳动是学生认识世界的途径，所有儿童都要参加体力劳动。

（2）**评价**：劳动学校是针对学校理论脱离实际、脱离生产劳动等缺点提出的。这是苏联教育史上第一个重要的教育立法，是世界教育史上第一个贯彻了非宗教的、民主的、社会主义的教育原则。

考点 5　20世纪20年代的学制调整和教学改革实验　5min搞定

1. "综合教学大纲"

1921—1925年，苏联公布了《国家学术委员会教学大纲》（通称"综合教学大纲"或"单元教学大纲"）。

（1）**特点：** 取消学科界限，将指定要学生学习的全部知识，按自然、劳动和社会三个方面的综合形式来编排，并以劳动为中心。

（2）**评价：** 新大纲力图打破学科界限，加强教学与生活的联系。出发点虽好，但破坏了各学科之间的内在逻辑，削弱了基础理论知识的学习，导致教学质量下降。综合大纲虽未普遍实行，但对苏联的教育产生了深远影响。

2."劳动教学法"

1921—1925年，在实施新大纲的同时，苏联的学校相应地改变了教学方法，采取了劳动教学法。

（1）**劳动教学法：** 在自然环境、劳动和其他活动中进行教学，废除教科书，广泛推行"工作手册""活页课本""杂志课本"等。

（2）**教学组织形式：** 主张取消班级授课制而代之以分组实验室制（道尔顿制）和设计教学法等。

考点 6　20世纪30年代的《关于小学和中学的决定》　3min搞定

为了满足国家建设的需要并解决教育发展中存在的问题，1931年苏联通过了《关于小学和中学的决定》。该决定成为20世纪30年代苏联教育改革与发展国民教育的纲领性文件。

（1）**内容：** 该决定指出，普通教育阶段一定要使学生有足够的读、写、算的能力，授予学生各种科学的基本知识，要求学校依据规定的教育计划和教学大纲等严格进行各科教学，并恢复班级授课制。

（2）**评价：** 苏联在第二次世界大战前基本上完成了扫除文盲的任务，各级教育都得到了很大的发展。它纠正了20世纪20年代所出现的各种弊病，提高了教育质量，使苏联教育取得了很大的成就。但这一决定又过分强调知识教育，忽视劳动教育，走上了另一个极端。

凯程助记

俄国教育发展总结表

	17—18世纪	"二战"前
初等、中等、高等教育	彼得一世的教育改革： （1）初：俄语学校、计算学校。 （2）中：实科学校、专门学校。 （3）设想建立科学院。 （4）建立莫斯科大学。 叶卡捷琳娜二世的教育改革： 《国民学校章程》：俄国最早的关于国民教育制度的法令	（1）10-20年代偏重劳动。 机构：统一劳动学校。 内容：综合教学大纲。 方法：劳动教学法。 （2）30年代偏重知识。 《关于小学和中学的决定》
教育管理	自上而下、教育近代化、国民教育制度化	国家教育委员会：集权、国家掌握教育权

经典真题

›› 简答题　简述彼得一世的教育改革。（22 湖南师大）

第五节　美国的近现代教育制度

17世纪初，欧洲刚刚经历了如火如荼的宗教改革运动，基督教形成了众多的派别，有的水火不容。这一时期又是欧洲资本原始积累继续蓬勃发展的时期，对海外资源的渴求成为新兴阶级进军世界的强大动力。此时，原始美洲的发现恰为人们提供了取之不尽的物质资源宝库，又为人们提供了逃避宗教或政治迫害的避难所，还给那些衣食无着的社会下层人民带来了新的希望。各种宗教和政治势力也都力图扩展到美洲。这一系列情况带来的结果就是从17世纪起，欧洲移民大量进入北美，相继在大西洋沿岸建立了13个相对稳定的殖民地管辖区。自那以后，北美有组织的教育就发展起来了。

考点1　殖民地普及义务教育　3min搞定

1. 马萨诸塞州制定强迫教育法令

在初等教育方面，为了培养儿童的宗教观念和阅读能力，使其长大后能很好地履行社会义务，1642年和1647年，马萨诸塞州制定了强迫教育法令，要求家长和师傅们对自己的孩子或学徒进行教育，要求各乡镇居民点的居民共同出资兴办初等和中等学校等，否则处以罚款。结果在各殖民地出现了一些公办的初等读写学校，也称乡镇学校。总之，17世纪北美殖民地的教育事业以移植欧洲教育模式为主。

2. 富兰克林建立第一所文实中学

1751年富兰克林在费城创办了第一所文实中学。19世纪上半叶，文实中学成为中等教育的主体。19世纪下半叶，公立中学逐渐取代文实中学。文实中学用现代语言教学，不偏重拉丁语而重英语；男女合校，为就业做准备；开设适应经济和政治需要的学科，不偏重古典课程而重实用课程；不仅以富家子弟为教育对象，而且照顾到中产子弟；使中等教育走向大众化，促进了中等教育从古典向现代发展。

此外，1779年杰斐逊提出的《知识普及法案》是18世纪美国普及教育和公共教育制度的典型。

考点2　贺拉斯·曼与公立学校运动　6min搞定　（名、简、论：5+ 学校）

1. 贺拉斯·曼

贺拉斯·曼是19世纪美国杰出的教育家，他终生投身美国的公立教育事业，被誉为"美国公立学校之父"。（第八章有对贺拉斯·曼的详细介绍。）

2. 公立学校运动

杰斐逊的《知识普及法案》是18世纪美国建国后倡导普及教育和公共教育制度的典型。杰斐逊关于实行普及免费的初等教育和建立单轨制免费公立学校系统的理想，是十分清晰、具体、前所未有的，成为19世纪公立学校运动的先声。从19世纪20年代起，随着人们受教育的呼声越来越强烈，美国工人阶级掀起了为设立免费公立学校运动的斗争，贺拉斯·曼是主要的推动者。

（1）**内容**：公立学校运动主要是指依靠公共税收维持，由公共教育机关管理，面向所有公众的免费的义务教育运动。在这一运动的呼声下，从1852年美国第一部强迫义务教育法颁布到1919年，美国各州陆续通过了义务教育法，普及了义务教育，现代教育体制终于形成。

（2）**特点**：①建立地方税收制度，兴办公立小学。②颁布义务教育法，实行强迫入学。③采用免费教育的手段促进普及义务教育运动的开展。

（3）**评价**：公立学校运动促使美国各州均通过义务教育法，实施免费的教育制度，以促进低收入阶层的子弟入校学习。同时，随着学校的普及，师范教育也得到了很大发展。

> **凯程助记**
>
> 内容：公共税收维持 + 公共教育机关管理 + 面向公众 + 免费义务教育 ＝ "三公一免"
> ↓　　　　　　↓　　　　　　↓　　　　　　↓
> 特点：建地方税收制度　教育立法强迫入学　促进普及需要免费手段

考点 3 《莫雷尔法案》★★★★★ 5min搞定　（名：15+ 学校；简：17南宁师大，21成都）

1862 年，林肯总统批准了议员莫雷尔提议的《莫雷尔法案》（也称《赠地法案》）。

(1) 内容。

①该法案规定联邦政府按各州在国会的议员人数，拨给每位议员三万英亩土地，各州应将赠地收入用来开办或资助农业和机械工艺学院，又称赠地学院。

②康奈尔大学、威斯康星大学等就是在这一法案的影响下创办或壮大起来的。

③赠地学院主要是进行农业与机械工艺教育，此外还有军事训练和家政教育等。

(2) 评价。

①**在农工知识方面，**确立了农业与工艺学科及与之相关的应用科学研究在美国高等学校中的地位。

②**在高等教育方面，**促进了美国高等教育的民主化和大众化。

③**在教育管理方面，**打破了美国联邦政府不过问教育的传统，使高等学校与联邦政府的关系进入一个新时期。

> **凯程提示**
>
> 《莫雷尔法案》是非常重要的知识点。美国近代教育改革具有典型性和特殊性，对世界教育发展的影响很大，考生应当重点识记，最好结合其发展的背景展开复习，同时将本部分知识和美国现代教育改革相比较，以加深理解。

考点 4 "六三三"学制 ★★★ 5min搞定

(1) 背景：20 世纪以来，美国民众反对中学教育只为学生升学做准备，很难适应快速发展的美国对职业人才的要求，改组中等教育的呼声日益高涨。于是，美国重新研究中等教育的职能和目的问题，以提高中等教育的社会效益。1918 年《中等教育的基本原则》的报告应运而生，专门肯定了美国的"六三三"学制。

(2) 内容。

①**教育原则：**民主原则。按照民主社会的教育目的，促使每一个成员在为他人和为社会服务的活动过程中实现自我个性的发展。

②**中等教育的七项目标：**健康，掌握基本的方法，道德品格，适宜地使用闲暇，高尚的家庭成员，职业能力，公民资格。其中后三项是主要目标。

③**中等教育的学制改革：**改组"六三三"学制。初等教育（6～12岁）六年，中等教育（12～18岁）六年，中等教育由初级和高级两个阶段组成，每阶段 3 年。初中的任务是帮助学生认识自己的能力倾向，让学生对未来从事的工作做出选择；高中的任务是帮助学生在所选定的领域进行训练。

④**中等教育的课程：**中学课程要实现必修和选修的结合，实行课程统一性和多样性的统一，中等教育应当在组织统一、包容所有课程的综合中学进行。

⑤**中等教育的机构：**使综合中学成为美国中学的标准模式，使中等教育面向所有适龄青少年。

(3) 评价:《中等教育的基本原则》在美国教育史上是一份很有影响力的报告,它不仅肯定了美国的"六三三"学制和综合中学的地位,还提出了中学是面向所有学生并为社会服务的机构的思想。这一时期美国中学的改革,对美国乃至其他国家的教育都产生了重要影响。

凯程拓展

综合中学　(论:22 云南师大)

(1) **简介**:20 世纪以来,在社会民主化和追求平等教育的趋势下,在初等教育和高等教育发展的双重推动下,欧美各国注重改革中等教育结构,综合中学也随之应运而生。它是面向所有民众招生,以普通课程与职业课程的综合性为特色,兼顾升学和就业,加强学生个性选择的中学类型。它旨在反对造成教育不平等的双轨制,促使综合中学在课程、招生对象、分组等方面更加综合、全面和平等,以便有效地改变中等教育机构的分类、选拔和分流等制度结构。

(2) **西方部分国家的综合中学运动发展**。

①**美国**:1918 年颁布的《中等教育的基本原则》认为应该使"综合中学"成为美国中学的标准模式,指出中等教育应当在统一组织的包容所有课程的综合中学进行,肯定了综合中学的地位。

②**英国**:1938 年《斯宾斯报告》明确提出建立具有综合性质的多科性中学,这是关于综合中学最早的实践性建议。"二战"后英国工党主张设立综合中学,以体现教育机会均等。

③**法国**:1937 年,法国出现了改革中等教育的新设想,即在中学一年级设立一批定向实验班,通往普通综合中学,但因为"二战"开始而停滞。

(3) **特点**。

①**广泛性**。综合中学运动作为教育发展到一定阶段的必然趋势,是各个国家都必须经历的过程。其教育对象是全体国民,带来的影响涉及西方发达国家和其他发展中国家。

②**综合性**。综合中学的课程编排和教育内容都体现了一种全面、综合、优化选择的特性,它把古典、现代、技术和职业等知识融合,向学生提供更丰富的课程选择和教育内容。

③**平等性**。综合中学运动的根本目的体现出来的平等性,总体上是为了打破西方国家中等教育传统中的不平等的双轨制,通过消除中等教育机构之间的地位差别、建立新的平等教育机构以达到教育平等的目的。

④**科学性**。综合中学运动发展过程是建立在科学研究成果之上的,如对社会分层和流动与教育的关系的实证研究等,为综合中学运动提供了科学理论基础。

⑤**民主性**。综合中学运动体现了教育本身的民主性,也体现了社会民主性。

⑥**功利性**。综合中学的建立,是为了解决传统教育与社会经济发展所需要的人才之间的矛盾,进而达到社会和谐。

(4) **意义**:"二战"之后,在民主思想的推动下,西方各国反对造成教育不平等的双轨制,强力推进综合中学的实施,实现中等教育的民主化。

八年研究[①]★★★★　(名:22 陕西师大;论:14 云南师大、江苏)

自 20 世纪 30 年代起,进步主义教育也开始关注高中的发展及其存在的问题。1930 年美国进步教育协会成立了"大学与中学关系委员会"。委员会制订了一项为期八年的大规模的高中教育改革实验研究计划("八年研究"计划),专门研究大学与中学的关系问题。

(1) **实验内容**。

委员会从当时美国全国推荐的 200 所中学中选出 30 所中学,故该实验也称"三十校实验"。委员会又与 300 所学院签订协议,要求参加实验的学院对接受实验的中学毕业生不进行升学考试,完成规定学分后申请进入学院,但必须有校长的推荐信。实验对 1 475 对大学生从年龄、性别、种族、学术倾向、职业兴趣、家庭、社会背景,尤其是在大学的学习成绩与进步等方面做详细比较。

---

① 这个实验非常著名,333 大纲中没有这一知识点,但个别 333 院校考查了这一知识点,因此特地在凯程拓展栏目进行补充。

根据结果，艾肯建议如果大学想招收到优秀的学生，应该鼓励中学继续摆脱传统课程模式的束缚。于是，有的大学修改其入学考试的要求，从侧重死的书本知识转而侧重中学生在班上的等第（排名）、智商、英语写作能力和校长的推荐信；有的大学则无变化，仍坚持要求进行入学考试。

(2) **主要特点**：①参与实验的学校面广，有代表性。②实验研究以进步主义教育思想为指导。③实验学校具有较大的自主权。④实验主要围绕教育目的、教育管理、课程和方法等问题展开，揭示了中等教育的许多问题，对美国教育改革的发展提供了有益的借鉴。

(3) **实验涉及的主要问题**。
①**教育目的**：高中除了顾及升学，还要顾及个人发展及个人与社会的关系。
②**教育管理**：对学校的管理最有效的方式是全体教师共同参与对教学大纲的再评价和再计划。
③**课程和方法**：采用综合课程，也称核心课程。
④**评估**：重视教育过程和促进学生多元化发展的评价目标。

(4) **评价**："八年研究"通过对高中教育和高等教育关系的实验，研究了高中教育发展中过去没有涉及的许多问题，推动了美国教育改革向纵深发展。

考点 5　初级学院运动

（名：16 浙江师大，18 深圳；辨：23 南京师大；简：19 山西，23 宝鸡文理学院）

19 世纪末至 20 世纪初兴起的初级学院运动，创立了一种新的教育形式，有力地促进了美国高等教育的普及和发展。芝加哥大学率先改革。初级学院是一种从中等教育向高等教育过渡的教育。

(1) **发展**。
①初级学院的开始。1892 年，芝加哥大学校长哈珀提出把四年制大学分为"初级学院"和"高级学院"两个阶段的设想。同年，加利福尼亚大学规定学生在完成第一阶段的学习并取得"初级证书"后，才能进入第二阶段的学习。
②初级学院的发展。在哈珀的初级学院思想的影响下，一些州建立了新的初级学院；一些四年制大学改为两年制的初级学院；部分中学、师范学校和职业技术学校，或增设大学 1～2 年级的课程，或改为初级学院。
③初级学院的成熟。1920 年，联邦教育署成立"美国初级学院协会"。"二战"后，为满足地方经济发展的需要，公立初级学院改称社区学院。

(2) **特点**。
①**招生要求**：招收高中毕业生，学制 2 年。
②**课程内容**：普通教育知识＋职业教育知识，课程设置灵活多样。
③**办学主体**：私人、教会、地方社区是办学主体→不收费或收费较低。
④**求学过程**：就近入学，走读制，无年龄限制，无入学考试。
⑤**就业升学**：办学形式灵活，学生可以直接就业，也可以转入四年制大学的三年级继续学习。

(3) **评价**：美国初级学院运动的产生和发展是美国高等教育大众化和民主化进程的产物，适应了美国社会政治、经济和文化发展的需要，成为美国高等教育的重要组成部分，构成了美国高等教育体系中的一个重要层次。第二次世界大战以后，美国初级学院的发展速度加快，并影响其他发达国家，有力地推动了高等教育的普及。

凯程助记　如何记住初级学院的主要特色？——招生课程谁办学，求学就业与升学。

考点 6　20 世纪 50 年代的《国防教育法》 ★★★★★ 5min搞定

(名：25+ 学校；辨：16 重庆师大；简：20+ 学校；论：11 沈阳师大、北京航空航天，13 江苏师大，21 安徽师大)

20 世纪 50 年代以后，随着国际形势的发展，美国教育被批评的焦点是质量差。1957 年，苏联卫星上天后，美国改革教育的呼声更为强烈。1958 年，美国国会颁布《国防教育法》。

（1）内容。

①**加强普通学校的自然科学、数学和现代外语（"新三艺"）的教学**。为提高这些学科的教学水平，要求大力更新教学内容，设置实验室、视听设备、计算机等现代教学手段，提高师资的质量。

②**加强职业技术教育**。要求各地区设立职业技术教育领导机构，有计划地开展职业技术训练。

③**强调"天才教育"**。鼓励有才能的学生完成中等教育，攻读考入高等教育机构所必需的课程并升入该类机构，以便培养拔尖人才。

④**增拨大量教育经费**。该法规定，从 1959 年到 1962 年，由联邦政府拨款八亿多美元作为对各级学校的财政援助。

（2）评价：《国防教育法》旨在改变美国教育水平的落后状况，使美国教育能够适应现代科学技术的发展并满足国际竞争的需要。它的颁布有利于美国教育的发展，有利于教育质量的提高，有利于科技人才的培养。

凯程助记　加强知识育天才，加强职业要经费。

考点 7　20 世纪 60 年代的教育改革[①] ★★★★★ 10min搞定

美国 20 世纪 60 年代的教育改革主要在三个方面进行：一是中小学的课程改革；二是继续解决教育机会不平等的问题；三是发展高等教育，提高高等教育的质量。

1. 中小学结构主义课程改革 ★★★★★

(名：21 杭州师大；论：10、11 东北师大)

20 世纪 60 年代，美国心理学家布鲁纳发表了《教育过程》一书，引领了 20 世纪 60 年代结构主义课程改革。

（1）观点：①重视早期教育。②逐级下放科学技术课程。③以结构主义教育思想指导编制课程结构。④鼓励学生采用发现式方法进行学习。⑤加强教师引导学生的作用。

（2）评价：布鲁纳教育改革历经十年，但以失败而告终。因为课程内容难度加大，教师缺乏教学经验，多数学生难以接受，发现法难以设计，不能发挥教师的主导性，导致改革没有达到预期效果。但这场改革倡导的知识结构和发现法为各国教育改革提供了经验。

2. 教育平等方面的黑白人合校——《中小学教育法》 ★★★

为了解决教育机会不平等的问题，1965 年，美国国会通过了《中小学教育法》。该法案肯定了自 20 世纪 50 年代末开始的教育改革，重申了黑人和白人学生合校教育的政策，制定了对处境不利儿童的教育措施。

（1）内容。

①**提升中小学教育质量**。《中小学教育法》指出，小学目标是加强普通文化科学知识的教

[①] 美国 20 世纪 60 年代的教育改革参考相关论文以及旧版教材汇集而成。333 大纲要求掌握《中小学教育法》，但考试时经常考查美国 20 世纪 60 年代的课程改革或整个教育改革，内容比《中小学教育法》宽泛。凯程建议考生要了解 20 世纪 60 年代美国教育改革的所有内容。

育，为将来接受专业教育打好基础；中学目标是使学生学习各种科学知识技能，扩大知识范围，同时学会钻研科学的方法，为高等学校输送合格生源做好准备。

②**促进黑白人学生合校**。《中小学教育法》要求政府拨巨款奖励推动黑人和白人学生合校的工作，这在一定程度上改变了黑人教育的面貌，也促进了整个中小学教育的发展。

（2）**评价**：该法案取消种族隔离，强硬规定黑白人学生合校，这一措施改变了黑人教育的面貌，也促进了教育公平。总之，该法案在提高教育质量、推动教育公平方面有重要作用。

3. 高等教育方面的《高等教育设施法》

该法案强调培养科技人才，增加对高等院校的拨款，更新高校教学与科研设施，提高学生的贷款和奖学金额度，改革课程和教学，提高教学质量，这些内容促进了美国高等教育的迅速发展。

考点 8　20 世纪 70 年代的教育改革："生计教育"和"返回基础" 8min搞定

1. "生计教育" （名：51学校）

（1）**简介**："生计教育"为美国教育总署署长马兰于 1971 年所首倡。他提出，"生计教育"的实质在于以职业教育和劳动教育为核心，引导帮助人们一生学会许多新的知识和技能，以在适应瞬息万变的社会的过程中，实现个人生存与社会发展的双重目的。

（2）**内容**："生计教育"出现后，1974 年美国国会通过了《生计教育法》。许多州也相继颁布了法令，采取实际步骤推行"生计教育"。中小学是"生计教育"的重点实施阶段，分为三个阶段。1～6 年级为学生了解和选择职业阶段，将社会上两万多种不同的职业归并为 15 个职业群，供学生了解和选择。7～10 年级为探索和学习阶段，学生对所感兴趣的职业进行钻研和学习。11～12 年级为职业决定阶段，学生详细了解某种职业知识与技能，为将来从事某种职业做准备。

2. "返回基础"教育运动 （简：18杭州师大、温州，20沈阳师大、江西科技师大；论：22湖南科技）

20 世纪 70 年代，由于公众对公立学校的教育质量普遍不满，美国掀起了"返回基础"教育运动，主要是针对中小学校基础知识教学和基本技能训练薄弱的问题而言的。

（1）内容。

①**小学阶段**：强调阅读、写作和算术教学，学校教育应将精力集中于这些方面的基本技能训练上。

②**中学阶段**：应把精力主要集中于英语、自然科学、数学和历史等科目的教学上。

③**教师作用**：教师应当在教学过程中起主导作用。

④**教学方法**：应当涵盖练习、背诵、日常家庭作业以及经常性测验等。

⑤**考试制度**：经过考试证明学生确已掌握所要求的基本知识和技能后，方可升级或毕业，取消只凭学满课程所要求的时间就予以毕业或升级的做法。

⑥**课程设置**：取消选修课，增加必修课。

⑦**班级管理**：严明纪律等。

（2）**评价**："返回基础"教育运动曾在美国教育界引起一场激烈的争论。提倡者和赞同者甚至把这场运动视为拯救美国基础教育的"灵丹妙药"，但也有许多人对其严厉指责。这场运动从实质上讲是一种恢复传统教育的思潮。

凯程助记　中小教师要纪律，考试方法与课程。恢复传统是核心，赫尔巴特最靠谱。

考点 9　20世纪80年代的教育改革:《国家处在危险之中：教育改革势在必行》

⭐⭐⭐⭐⭐ 6min搞定　（名：13北师大，20湖南师大；论：12渤海，13华南师大，21赣南师大，23福建师大）

20世纪80年代初期，美国中小学教育质量问题成为社会关注的中心。1983年，美国中小学教育质量调查委员会提出《国家处在危险之中：教育改革势在必行》的报告。这个报告也是"二战"后美国第三次课程改革的开端。

1. 内容

（1）加强中学五门"新基础课"的教育，中学必须开设数学、英语、自然科学、社会科学、计算机课程，这些课程构成了现代课程的核心。

（2）提高教育标准和要求，对学生的成绩和行为表现采取更严格的和可测量的标准。

（3）改进对教师的培养，提高教师的专业训练标准、地位和待遇。

（4）各级政府加强对教育改革的领导和实施。

2. 意义

（1）**教育质量**：该报告以提高美国教育质量为中心，是美国20世纪80年代教育改革的重要纲领性文件。

（2）**课程设置**：恢复和确立了学术性学科在中等教育课程结构中的主体地位，进一步加强了课程结构的统一性。

（3）**学生要求**：提高学生的教育标准和要求，对学生的成绩和行为表现采取更严格的和可测量的标准。

（4）**公众方面**：增强了公众对教育的信心，重新激发了公众对教育的关注和资助的热情。

（5）**教育管理**：加强联邦政府对教育的管理，即加强集权。

3. 局限

该运动也引起了一些新的问题，例如，因过分强调标准化的测试成绩，导致忽视学生个性的培养；因教学要求过于统一，导致缺乏灵活性；因强调提高教育标准和要求，使潜在的辍学人数迅速增加。

凯程助记

助记1：内容——基础课教学、教育高标准、教师有提高、政府有作为。

助记2：美国教育发展总结

	17—18世纪	19世纪	"二战"前	"二战"后
初等教育	马萨诸塞州的强迫教育法令	贺拉斯·曼与公立学校运动	进步教育改革公立学校	50年代：《国防教育法》；60年代：结构主义课程改革；70年代："生计教育""返回基础"；80年代：《国家处在危险之中：教育改革势在必行》
中等教育	文实中学	建立公立中学	《中等教育的基本原则》与"六三三"学制；"八年研究"	
高等教育	—	《莫雷尔法案》	初级学院运动	
教育管理	分权制	分权制—州教育领导体制	分权制	分权制，但在加强集权

经典真题

选择题

被称为"美国公立学校之父"的是（D）。(14、16 重庆师大)

A. 杜威　　　　　B. 杰斐逊　　　　　C. 富兰克林　　　　　D. 贺拉斯·曼

名词解释

1. 公立学校运动（14 浙江师大，17 重庆三峡学院）
2. 《莫雷尔法案》（10 华东师大，14 苏州，14、18 辽宁师大，15 闽南师大、赣南师大，17 延安、江苏、东北师大，19 沈阳师大，20 福建师大、重庆三峡学院，21 华中师大、江西师大、山东师大、四川师大、南京信息工程、江汉，22 西北师大，23 青海师大、曲阜师大）
3. 初级学院运动（16 浙江师大，18 深圳）
4. 美国的《国防教育法》（10 渤海、湖南师大，10、21 西北师大，11、23 辽宁师大，11 鲁东师大，12 江苏师大，13 内蒙古师大，13、19 河南师大，15 中央民族、温州，16 陕西师大、沈阳师大，17 苏州、赣南师大，17、18 福建师大，18、22 海南师大，19 山东师大、四川师大，20 江西科技师大、临沂、浙江海洋，22 济南，23 山西）
5. 生计教育（14 扬州，15 华东师大，18 中央民族、南宁师大，20 中国海洋，21 江苏师大、苏州）
6. 《国家处在危险之中：教育改革势在必行》（13 北师大，20 湖南师大）
7. 布鲁纳的《教育过程》（21 杭州师大）
8. 《雷佩尔提教育方案》（14 湖北）
9. 特朗普制（18 江苏、杭州师大）
10. 八年研究（22 陕西师大）

辨析题

1. 美国的《国防教育法》遵循了儿童身心发展的规律。（16 重庆师大）
2. 贺拉斯·曼将师范教育视为提高公立学校教育质量的重要手段。（22 南京师大）
3. 美国初级学校是初等教育向中等教育的过渡。（23 南京师大）

简答题

1. 简述公立学校运动。（10 天津师大，11 四川师大，15 渤海，17 河北，22 福建师大）
2. 简述《莫雷尔法案》。（17 南宁师大，21 成都）
3. 简述美国《国防教育法》的背景/内容/意义。（10 曲阜师大，11、16 陕西师大，13、17 山西，14 华东师大、杭州师大，14、20 西北师大，14、23 山东师大，15 鲁东、贵州师大，16 福建师大，16、19 东北师大，17、23 哈师大，19 重庆师大，20 广西师大、苏州、浙江师大、华南师大、天津外国语，21 江南，23 云南师大、内蒙古师大、信阳师范学院、齐齐哈尔）
4. 简述美国"返回基础"教育运动及其历史影响。（18 杭州师大、温州，20 沈阳师大、江西科技师大）
5. 简述初级学院运动。（19 山西）
6. 简述美国的"八年研究"。（13 天津师大）

论述题

1. 在欧美教育思想"六三三"学制的影响下，分析我国教育制度改革的经验与不足，说说其对我国现代教育改革的启示。（16 杭州师大）

2. 论述《国防教育法》的内容及影响。(11 沈阳师大、北京航空航天、内蒙古师大，21 安徽师大)

3. 述评 20 世纪 60 年代美国的课程改革。(10、11 东北师大)

4. 论述《国家处在危险之中：教育改革势在必行》。(12 渤海，13 华南师大，21 赣南师大，23 福建师大)

5. 试论述 1957 年"人造卫星事件"与西方教育改革的关系。(13 江苏师大)

6. 论述美国的"八年研究"。(14 云南师大、江苏)

7. 论述美国公立学校运动内容及影响。(22 东北师大)

8. 论述"返回基础"教育的优缺点及对现代教育改革的启示。(22 湖南科技)

9. 论述 20 世纪初欧美综合中学运动的发展及其特征。(22 云南师大)

第六节　日本的近现代教育制度 (简：10、13 湖北)

考点 1　明治维新时期的教育改革 ★★★★★ 20min搞定 (简：5+ 学校；论：14 西北师大，20 江苏师大)

1868 年倒幕派推翻德川幕府统治，建立了资产阶级联合执政的明治政府。这个政府为抵御外患、富国强兵，实施了一系列改革，史称"明治维新"，其指导思想是"文明开化"和"和魂洋才"。在此期间，日本否定封建教育，积极兴办西式近代教育，进行了全面系统的改革，涉及各级各类教育。明治政府和中国洋务运动时期一样，向西方派遣留学生，聘请洋教习，开办西式近代学校。此外，还有一些不一样的措施。

1. 建立中央集权式教育管理体制，废除封建教育体制，建立资产阶级的新体制

（1）文部省。1871 年明治政府在中央设立文部省，统一管理全国的文化教育事业，并兼管宗教事务。

（2）《学制令》。1872 年颁布的《学制令》(日本近代教育史上第一个新学制)，提出在确立教育领导体制的基础上，建立全国的学校教育体制，规定全国实行中央集权式的大学区制。

2. 初等教育

明治维新时期，政府开始重视初等义务教育的普及。1872 年颁布的《学制令》，废除了先前的寺子屋与乡学，全国共设小学 53 760 所。1879 年颁布的《教育令》，将普及初等教育的年限缩短为四年。1886 年颁布的《小学令》，又根据国力承受水平把初等教育受教育年限规定为八年，分两段实施。前四年为寻常小学阶段，实施义务教育；后四年为高等小学阶段，实行收费制。同时在一些贫困地区设三年制简易小学。

在课程的设置上，小学一般开设修身、国语、作文、算术、几何、物理初步、化学、史地知识、体操、图画和唱歌等课程。高等小学除这些常设科目之外，加设一至两门外国语课程。

3. 中等教育

《学制令》的颁布催生了日本近代中等学校。为进一步规范中等教育的发展，1886 年的《中学校令》为中等教育的发展做了具体的规定，认为中学应当承担两大任务：实业教育及为学生升入高等学校做准备而实施的基础教育。将中学分为寻常中学和高等中学两类：寻常中学修业 5 年，由地方设置及管理，属于普通教育学校，其毕业生大部分直接就业；高等中学修业 2 年，每学区设 1 所，全国仅设 5 所，属于大学预科性质。

4. 师范教育

明治维新后,日本依据《师范学校令》建立了完善的师范教育体制,大力培养师资。《师范学校令》为日本师范教育的发展提供了政策支持,将师范学校分为寻常师范学校与高等师范学校两类。1874 年,在东京设立女子师范学校。1875 年,文部省又命令各地县、府设立师范养成所,用短期速成的办法培养小学师资。另外,规定师范为公费制,同时在教师待遇方面做了一些改进。

5. 高等教育

1877 年,日本建立东京大学,成为日本新大学的开端。1886 年颁布《帝国大学令》。之后,明治政府又分别在京都、九州、北海道等地建立了另外几所帝国大学。这一批大学为日本工业化的发展培养了大批科技人才和管理人才。

6. 评价

日本通过颁布《学制令》在内的一系列教育改革法令,成功实现了对封建教育的改造,使日本从一个落后的封建国家转变为新型的资本主义国家。但明治维新时期,日本教育也表现出了浓厚的军国主义色彩。

> **凯程提示**
>
> 考生需重点复习的内容为《学制令》(日本教育史上第一个新学制)。此外,考生还要进一步思考我国洋务运动教育改革与日本明治维新教育改革的异同。

> **凯程拓展** 　　　　　　　　**明治维新教育改革与洋务运动教育改革的异同比较** ★★★★★
>
> **1. 不同点**
>
> (1) **指导思想方面**:日本明治维新的指导思想为"文明开化,和魂洋才",主张学习西方以求自强,否定本国封建制度;而中国洋务运动的指导思想为"中体西用",更多的是强调本国文化,维护本国的封建制度。
>
> (2) **教育管理方面**:日本明治维新确立了以文部省为首的中央集权式的教育管理体制,通过政府动员全国力量进行改革,力量雄厚;中国的洋务运动中,兴办教育的主体是小部分具有危机和开放意识的洋务派官员,未能获得全国统一教育领导机构的有力支持,力量薄弱。
>
> (3) **改革措施方面**:日本明治维新使教育改革与社会改革同步进行,且对教育进行了全面而系统的改革,涉及各级各类的教育;洋务运动则未能使教育改革与社会改革同步,洋务教育也只是中国教育体系中的一小部分,主要集中于专门教育。
>
> (4) **领导人方面**:日本明治维新中最高统治者明治天皇本人已经蜕变为具有资产阶级思想的领袖,进行了大刀阔斧的改革;而洋务运动只是热心的洋务派官员在主导,其以维护封建统治为目的。
>
> **2. 相同点**
>
> (1) **时代背景方面**:两国都是在遭受列强欺侮、签订不平等条约的情况之下进行的教育改革,都在谋求自强与求富。
>
> (2) **指导思想方面**:都重视引进和兴办西方近代教育,又希望不丢掉本国文化传统的根本。
>
> (3) **改革措施方面**:都采用了向海外派遣留学生的措施,都聘请洋教习执教、兴办西式近代学校。

考点 2　军国主义教育体制的形成与发展 　2min搞定

1926 年,日本裕仁天皇即位后,大肆鼓吹军国主义和对外扩张的思想,日本教育开始军国主义化,主要表现为:(1) 加强对师生民主进步运动的控制和镇压。(2) 加强学校的军国主义教育。(3) 军事训练学校化和社会化。自此，日本教育成为战争的工具和机器。

考点3　20世纪40年代的教育改革——《教育基本法》和《学校教育法》
⭐⭐ 10min搞定

第二次世界大战在东方战场以日本帝国主义的彻底失败而告终。"二战"后，日本的改革最初是在盟军司令部的敦促下进行的，采取了经济兴邦的战略。为发展经济，日本继承了明治时期优先发展教育的传统，及时酝酿并推出了教育发展蓝图。第二次世界大战后，为了改革教育，1947年日本颁布了《教育基本法》和《学校教育法》。

1.《教育基本法》 （名：16河南师大）

《教育基本法》主要说明教育发展的宗旨和原则。其主要内容包括：(1) 教育必须以陶冶人格为目标，培养和平国家及社会的建设者。(2) 全体国民接受九年义务教育。(3) 尊重学术自由。(4) 培养有理智的国民，不搞党派宣传。(5) 国立、公立学校禁止宗教教育。(6) 教育机会均等，男女同校。(7) 尊重教师，提高教师的地位。(8) 家庭教育和社会教育应得到鼓励和发展。

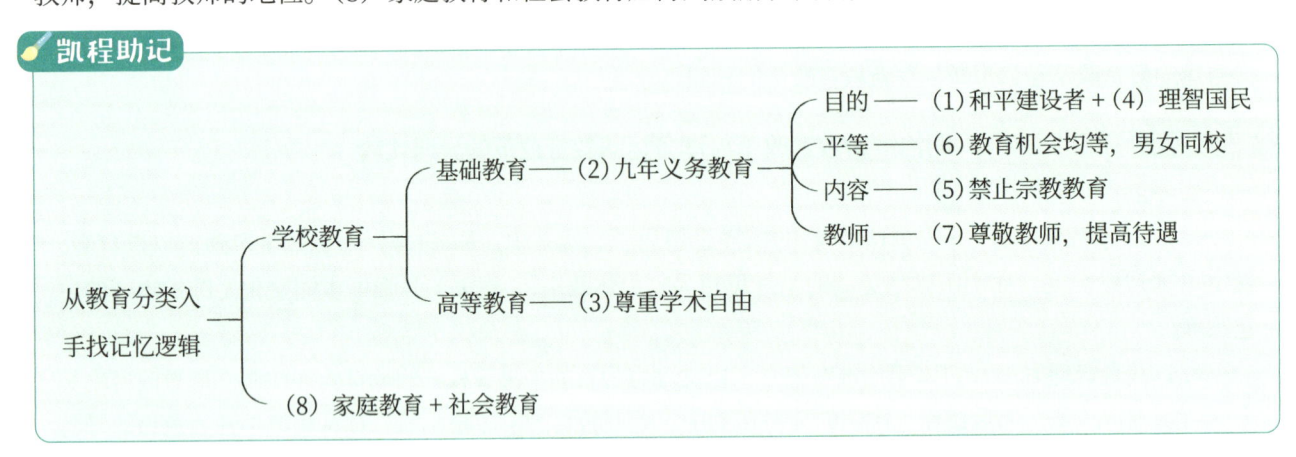

凯程助记

从教育分类入手找记忆逻辑
- 学校教育
  - 基础教育——(2) 九年义务教育
    - 目的——(1) 和平建设者 + (4) 理智国民
    - 平等——(6) 教育机会均等，男女同校
    - 内容——(5) 禁止宗教教育
    - 教师——(7) 尊敬教师，提高待遇
  - 高等教育——(3) 尊重学术自由
- (8) 家庭教育 + 社会教育

2.《学校教育法》

《学校教育法》是《教育基本法》的具体化，主要内容有：(1) 废除中央集权制，实行地方分权。(2) 采取"六三三四"单轨学制，延长义务教育年限。(3) 高中以实施普通教育和专门教育为目的。(4) 将原来的多种类型的高等教育机构统一为单一类型的大学。大学以学术为中心，传授和研究高深学问，培养学生研究和实验的能力。

3. 评价

(1)《教育基本法》和《学校教育法》的颁布，否定了战时军国主义教育政策，为"二战"后日本教育指明了发展的方向。

(2)《教育基本法》被视为日本教育史上划时代的教育文献，它首次以立法的形式确定了日本教育和平与民主的性质，以法律主义取代敕令主义。

(3)《学校教育法》为"二战"后日本教育的系统化改革提供了有力的法律保证。

考点4　20世纪70年代的教育改革　4min搞定

1971年，日本中央教育审议会提出《关于今后学校教育综合扩充、整顿的基本措施》的咨询报告，主要涉及中小学教育和高等教育方面的改革。

1. 在中小学教育上，日本提出了 3 个基本目标

（1）为每一个人的终生成长与发展打下基础。

（2）政府有责任提高公立学校课程的内容水平，提供均等的教育机会，制定长期的、经过充分论证的教育政策。

（3）对教育改革发挥巨大威力的是教育者本身，应保证教育者具备较高水平和特长，对教育工作充满自信和荣耀。

为实现上述目标制定了十项具体措施。（具体内容略）

2. 在高等教育方面，报告提出了 5 个方面的要求和 12 项具体措施（具体内容略）

3. 评价

该报告是日本 20 世纪 70 年代以来教育改革的纲领性文件，也是日本继明治维新和《教育基本法》两次重大改革之后的所谓"第三次教育改革"的主要依据。

考点 5 20 世纪 80 年代的教育改革

1984 年，日本成立了"临时教育审议会"（简称"临教审"）。1987 年，日本文部省成立了"教育改革推进本部"。二者成为推进日本 20 世纪 80 年代以来日本教育改革的领导机构。"临时教育审议会"提出：

（1）**教育目的**：培养青年一代具有广阔的胸怀、强健的体魄和丰富的创造力，具有自由、自律的品格和公共精神，成为面向世界的日本人。

（2）**改革原则**：提出教育改革应重视个性原则、国际化原则、信息化原则和向终身教育体制过渡的原则。

（3）**改革建议**：完善终身教育体制；改革中小学教育体制，强调按照灵活、多样、柔性化的观点改革学制；加强道德教育和体育；推进高等教育和师资培训等。

凯程助记

日本教育法案总结表

	19 世纪明治维新	"二战"后至 20 世纪 80 年代
初等教育	《小学令》；寻常（四年义务教育）；高等（收费制）；简易小学	第二次教育改革： 40 年代：《教育基本法》《学校教育法》。 第三次教育改革： 70 年代：《关于今后学校教育综合扩充、整顿的基本措施》 80 年代："临时教育审议会"（教育目的、改革原则和改革建议）
中等教育	《中学校令》规范中等教育的发展：实业中学与普通中学	
高等教育	《帝国大学令》：新大学的开端——东京大学。 《师范学校令》：完善师范教育体制	
教育管理	中央集权；1872 年文部省颁布的《学制令》促进日本教育近代化（第一次教育改革）	

凯程拓展

各国近代教育总趋势：义务化、公立化、世俗化、实科化。

各国现代教育总趋势：民主化、法制化、国际化、科学化、终身化。

经典真题

▶▶ 名词解释

1. 《学制令》（12 东北师大）　　　　2. 《教育基本法》（16 河南师大）

▶▶ 简答题

1. 简述明治维新时期的教育改革。（15 山东师大，16 闽南师大，18 吉林师大，19 华南师大，21 中央民族、宁波、鲁东）

2. 简述日本教育的发展。（10、13 湖北）

▶▶ 论述题　　论述日本明治维新时期的教育改革措施。（14 西北师大，20 江苏师大）

第八章　近现代主要的教育家

考情分析

第一节　英国的近现代教育家
考点1　洛克论教育
考点2　斯宾塞论教育

第二节　法国的近现代教育家
考点1　爱尔维修论教育
考点2　狄德罗论教育
考点3　拉夏洛泰论教育

第三节　美国的近现代教育家
考点1　贺拉斯·曼的教育思想

第四节　俄国（苏联）的近现代教育家
考点1　马卡连柯的教育思想
考点2　凯洛夫教育学体系
考点3　赞科夫的教学理论
考点4　苏霍姆林斯基的教育理论

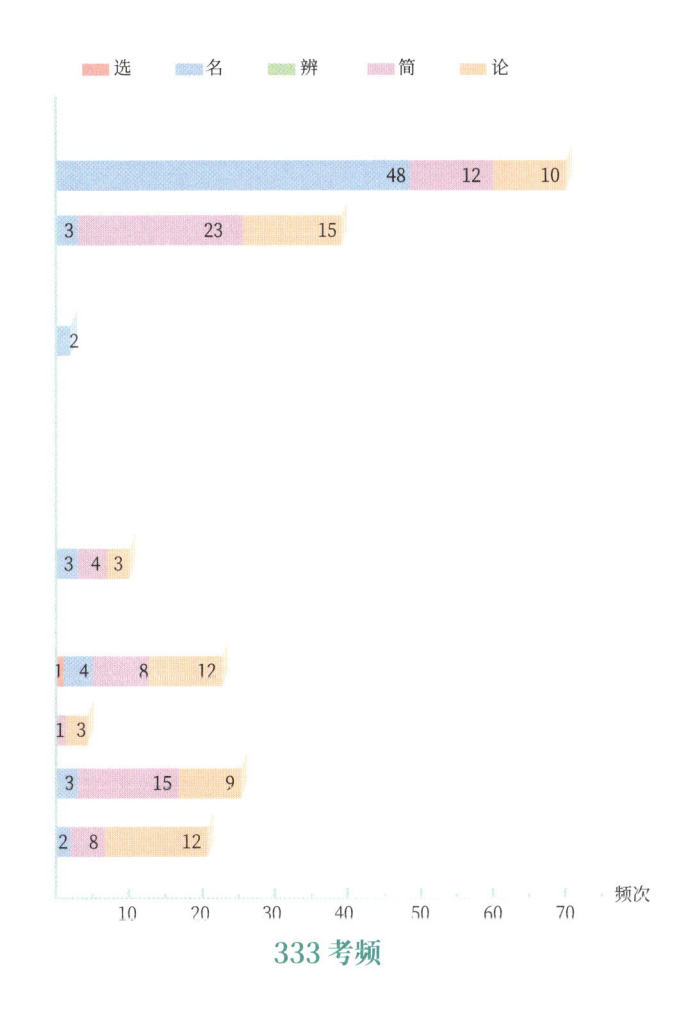

图例：选　名　辨　简　论

洛克论教育：48（名）、12（简）、10（论）
斯宾塞论教育：3（名）、23（简）、15（论）
爱尔维修论教育：2
贺拉斯·曼的教育思想：3、4、3
马卡连柯的教育思想：1、4、8、12
凯洛夫教育学体系：1、3
赞科夫的教学理论：3、15、9
苏霍姆林斯基的教育理论：2、8、12

333 考频

① 本章全部参考吴式颖、李明德的《外国教育史教程》（第三版）第十、十五、二十到二十四章。

知识框架

近现代主要的教育家
- 英国
  - 洛克论教育 ★★★★★
  - 斯宾塞论教育 ★★★★
- 法国
  - 爱尔维修论教育 ★
  - 狄德罗论教育 ★
  - 拉夏洛泰论教育 ★
- 美国
  - 贺拉斯·曼的教育思想 ★★★
- 俄国（苏联）
  - 马卡连柯的教育思想 ★★★★
  - 凯洛夫教育学体系 ★
  - 赞科夫的教学理论 ★★★★
  - 苏霍姆林斯基的教育理论 ★★★★

考点解析

第一节 英国的近现代教育家 （名：21福建师大）

考点1 洛克论教育 ★★★★★ 10min搞定（名：17海南；简：17南宁师大，23西安外国语；论：21天水师范学院）

洛克是英国著名的实科教育和绅士教育的倡导者。《教育漫话》是其代表作。

1. 教育的认识论基础——白板说（名：20+学校；简：11中南，16华南师大，20赣南师大，23广东技术师大；论：18中南）

洛克同培根一样，反对流行的"天赋观念论"，提倡"白板说"，认为人出生后心灵如同一块白板，一切知识都建立在经验的基础上。

2. 教育的作用和意义

（1）**作用**：从"白板说"出发，洛克高度评价教育在人的形成中的巨大作用，认为人之好坏，或有用或无用，"十分之九都是由他们的教育所决定的"。

（2）**意义**：教育的社会意义则在于它关系到国家的幸福与繁荣。不过洛克更注重的是教育对个人幸福、事业、前途的影响，这显示出鲜明的功利主义和个人主义色彩。

3. 教育目的与途径

教育的目的是培养绅士。洛克注重贵族子弟的教育，主张把他们培养成为身体强健，举止优雅，有德行、智慧和实际才干的事业家。绅士教育的培养途径是家庭教育。

4. 绅士教育的内容和方法（名：10+学校；简：5+学校；论：5+学校）

（1）**体育**：洛克认为"健康的精神寓于健康的身体中"，体育是全部教育的前提，健康的身体是绅士事业成功、生活幸福的首要条件。在西方教育思想史上，洛克是第一个提出并制订健康教育计划的教育家。他关于体育的建议：①身体的锻炼要从幼儿开始，反对娇生惯养。②对儿童建立起合理的生活制度和多样的体育活动。③要预防疾病，保持儿童的健康。洛克关于体育的具体意见更多的是针对当时贵族家庭对子女的过度娇养的风气，他认为身体强健的主要标准是能忍耐劳苦。

（2）**德育**：洛克认为道德观念来自教育和生活环境，他把德行放在比知识更重要的位置。洛克把听从理性的指导、克制自己的欲望看成一切道德与价值的重要标准及基础。他还提出了德育的方法，认为道德教育的方法首先要重视理性的指导，其次要重视榜样和示范的作用，强调德育中的早期教育、行为习惯，主张尽可能不使用体罚。

（3）**智育**：洛克尤其强调两点，一是德行重于学问。所以，洛克更多的是从获得个人的利益与幸福的角度来看待智力教育的。他认为学问应该使儿童感到愉快，而不是强加的负担。二是学问的内容必须是实际有用的广泛知识。所以，洛克提出了一个以实用科目为基础的广泛的课程内容体系，包括阅读、书写、绘画、外语等。此外，他还强调要培养学生良好的学习态度，提高他们的能力，使学生采用正确的方法求知。

5. 评价

洛克在《教育漫话》中提出了一个包括体育、德育、智育在内的绅士教育体系，旨在满足英国新兴工商业阶层的实际需要，同时也反映了科学技术进步的时代潮流对教育的迫切要求，体现出鲜明的实用性、功利化特征。其思想成为17世纪英国文实中学的理论支柱，是18世纪法国启蒙思想的先导，也是19世纪斯宾塞实科教育思想的前驱。但他的教育思想局限于绅士教育，缺乏夸美纽斯那样的民主性。

> **凯程提示**
>
> 考生要记住洛克的代表作——《教育漫话》，洛克的培养目标——绅士，洛克的"白板说"和他的功利主义倾向，这是理解洛克教育观点的几个关键词。洛克的思想是在资产阶级兴起的背景下产生的。

考点2 斯宾塞论教育 （简：10+ 学校；论：5+ 学校）

斯宾塞是19世纪英国著名的哲学家、社会学家和教育家，其代表作是《教育论》。他提出了"教育准备生活说""科学知识最有价值"等一系列著名论断。他的教育主张体现在以下几个方面：

1. 教育目的论（教育准备生活说）
（选：18陕西师大；名：12沈阳师大，16安徽师大；简：14河南师大，18北师大，19湖南师大，20西北师大）

斯宾塞提出教育的目的是"为完满生活做准备"，呼吁教育应从古典主义的传统束缚中解放出来，适应社会生活、生产的需要，应当教授有价值的知识。

2. 知识价值论：科学知识最有价值 （简：5+ 学校，论：17中南）

斯宾塞认为科学知识最有价值。由于时间有限，我们应该力求把我们的时间拿去做最有意义的事情。他把人类生活分为五种主要活动，并与五类课程相互对应。

3. 课程设置 （简：12辽宁师大，17渤海，20福建师大；论：14、16渤海，20浙江）

根据教育准备生活说和知识价值论，斯宾塞提出学校应该开设以下五种类型的课程：

（1）**生理学和解剖学**，是直接保全自己的知识，是合理教育中最重要的一部分。

（2）**逻辑学、力学、数学等**，是间接保全自己的知识，是使文明生活成为可能，一切过程都能够正确进行的基础。

(3) **生理学、心理学和教育学，**是父母履行责任所必需的知识。

(4) **历史学，**有利于人们调节自己的行为，成功履行公民的职责。

(5) **文学、艺术等，**能够满足人们闲暇时休息与娱乐的需要。

4. 教学原则与方法

(1) 教学应符合儿童心智发展的自然顺序，具体表现为从简单到复杂、从不准确到准确、从具体到抽象。(2) 儿童所接受的教育必须在方式和安排上同历史上的人类教育一致。（类似"复演说"）(3) 教学的每个部分都应该从实验到推理。(4) 引导儿童自己进行探讨和推论。(5) 重视学生的学习兴趣。(6) 重视实物教学。

5. 评价

斯宾塞反对传统教育照本宣科、死记硬背等忽视学生身心健康的教学方法，主张重视学生心理规律、兴趣和实验等，表现出鲜明的历史进步性。斯宾塞的科学教育主张是教育发展史上的一次大变革，斯宾塞和其他提倡科学教育的思想家们不仅直接冲击了英国古典教育传统，他们的影响还扩展到其他国家，推动了世界科学教育的发展。

> **凯程提示**
>
> "教育准备生活说""教育即生活"一直是教育界争论的话题。其中"教育准备生活说"是由斯宾塞提出的，这部分内容与教育学原理中的教育目的理论重合，考生可结合起来复习。

> **凯程助记**
>
> **助记1：**斯宾塞关于人类五类活动与五类课程关系小结
>
> | 人类活动 | 课程 |
> | --- | --- |
> | 直接保全自己的活动 | 生理学、解剖学 |
> | 间接保全自己的活动 | 逻辑学、力学、数学等 |
> | 抚养和教育子女的活动 | 生理学、心理学、教育学 |
> | 与维持正常的社会、政治关系有关的活动 | 历史学 |
> | 闲暇时休息、娱乐的活动 | 文学、艺术等 |
>
> **助记2：**洛克与斯宾塞教育思想的对比
>
> | 人物 | 洛克：17世纪 | 斯宾塞：19世纪 |
> | --- | --- | --- |
> | 观点 | (1) 白板说；(2) 绅士教育；(3) 实际有用的知识 | (1) 教育准备生活说；(2) 科学知识最有价值；(3) 实科教育的课程设置 |
> | 相同点 | 都主张实科教育思想 ||
> | 不同点 | 斯宾塞坚定支持和落实实科教育；洛克忙着搞绅士教育，顺带落实实科教育 ||

经典真题

名词解释

1. 绅士教育（11、13 沈阳师大，11、18、23 江苏师大，12、16 华东师大，15、23 天津师大，16 江苏，17 苏州，19 贵州师大、海南师大、湖南师大，20 上海师大、佛山科学技术学院，22 曲阜师大，23 鲁东）
2. 白板说（11 苏州、山西师大，12 扬州，12、16 四川师大，13 北师大、华中师大，13、23 辽宁师大，15、18 江苏，16 广西师大、湖南师大、中国海洋，17 南京师大、沈阳师大、宁波，18 中南民族，20 中央民族，20、21 曲阜师大，21 华东师大、山西，22 江西师大）
3. 《教育漫话》（13 云南师大，14 内蒙古师大，15 宁波，16 湖南师大，19 渤海）
4. 斯宾塞的"教育准备生活说"（12 沈阳师大，16 安徽师大）
5. 英国功利主义思想（21 福建师大）

简答题

1. 简述洛克的体育教育思想。（16 西北师大）
2. 简述洛克的绅士教育思想。（12 上海师大，17 鲁东，20 集美，21 石河子）
3. 简述洛克的教育思想。（17 南宁师大，23 西安外国语）
4. 简述"白板说"。（11 中南，16 华南师大，20 赣南师大，23 广东技术师大）
5. 简述斯宾塞的"教育准备生活说"的主要观点。（14 河南师大，18 北师大，19 湖南师大，20 西北师大）
6. 简述斯宾塞的智育论。（18 安徽师大）
7. 简述斯宾塞科学教育思想的主要观点及其影响。（12 江西师大，13 江苏师大，14 云南师大、延边，16、17 西北师大，17 江苏，18 广西师大，21 山东师大、浙江，22 集美）
8. 简述科学知识的价值。（10、23 四川师大，12 西华师大，14 闽南师大）
9. 简述斯宾塞的课程论思想。（12 辽宁师大，17 渤海，20 福建师大）

论述题

1. 论述洛克的绅士教育思想。（19 杭州师大，20 北师大、石河子，21 湖北，22 上海师大，23 华南师大）
2. 试论述斯宾塞的主要教育思想及其影响。（13 河南师大）
3. 试论述斯宾塞的教育科学化思想。（12 湖北，13 杭州师大，14 哈师大，16 延边）
4. 论述科学知识的价值。（17 中南）
5. 论述斯宾塞的知识价值观和课程思想。（14、16 渤海，20 浙江，23 上海师大）
6. 英国教育思想家洛克认为，教师对儿童进行体罚，进行奴隶式的管制，只能养成儿童的奴性。请结合其绅士教育的思想，评析这一观点。（21 湖北）
7. 论述洛克。(具体题干略）（21 天水师范学院）
8. 论述"白板说"。（18 中南）
9. 论述斯宾塞的科学教育理论及其价值与意义。（23 江西师大）

第二节 法国的近现代教育家

考点 1 爱尔维修论教育 2min搞定 （名：14 湖南，23 苏州）

爱尔维修是法国启蒙运动中提倡唯物主义的重要成员之一。爱尔维修把人的成长归因于教育与环境，但他在这个问题上走入极端，提出"教育万能"的口号，否定遗传因素的影响。爱尔维修表达了人人智力天生平等和教育民主化的主张，直接抨击了以人的天赋不平等论证社会及教育的等级制度合理性的贵族理论。

考点 2 狄德罗论教育 2min搞定

狄德罗是法国启蒙运动和百科全书派的领袖人物。恩格斯说他是为了真理和正义而"献出整个生命"的人。其主要观点有：（1）高度评价教育在个性发展和社会变革中的重大作用，但否认爱尔维修的教育万能论。（2）主张国家管理教育并推行强迫义务教育。（3）主张在初等教育中重视公民道德课程，在中等教育中重视自然科学课程。（4）主张观察、思考、实验等教学方法，认为思维能力的培养也是教育的一项重要任务。

考点 3 拉夏洛泰论教育 2min搞定

拉夏洛泰是18世纪中期法国驱逐耶稣会运动的主要倡导人，他的《论国民教育》系统地阐述了国家办学的教育思想。其主要观点有：（1）从知识和教育的巨大作用角度说明了国家办教育的必要性。（2）法国国民教育的目的应该是培养良好的法国公民，教育首先应该考虑的是国家。（3）教育的任务是使人民心智完善、道德高尚、身体健康。（4）对教师提出了严格要求，要求教师严谨、有道德、会教书，提倡自然教育。（5）强调优秀课本的重要性。

关于国家办学的论证，拉夏洛泰走在了时代的前列，为后来法国中央集权教育领导体制的形成提供了思想启示。

凯程助记

时间	人物	观点
18世纪启蒙运动时期	爱尔维修	①教育万能；②教育民主化
	狄德罗	①国家管理教育；②教育内容世俗化
	拉夏洛泰	

经典真题

>> 名词解释

1. 爱尔维修（14 湖南）
2. 教育万能论（23 苏州）

第三节　美国的近现代教育家

考点1　贺拉斯·曼的教育思想　★★★ 10min搞定

（名：14 浙江师大、渤海；简：10 天津师大，11 四川师大，15 渤海；论：12、13 西北师大，14 山西）

贺拉斯·曼是19世纪美国杰出的教育家，他终生投身于美国的公立教育事业，被誉为"美国公立学校之父"。

1. 论教育的作用与目的

（1）**教育的作用：**①用建立免费学校的办法实施普及教育是共和政府存在的必不可少的条件，是培养理想的国家公民的途径。②教育是维持现存社会安定的重要工具。③教育是使人民摆脱贫困的重要手段。

（2）**教育目的：**教育应当培养社会需要的各类专业工作者。

2. 论教育内容

（1）**体育方面：**贺拉斯·曼认为健康和体力是做一切工作的基础，人们应养成体育锻炼的习惯。

（2）**智育方面：**教学科目应该是语文、生理学、历史、地理等实用科目，不应传授过广、过深的知识，以致脱离实际。

（3）**政治教育：**向学生讲授所在州宪法和美国宪法，直到学生能够较好地理解，为将来更好地履行公民职责奠定基础。

（4）**德育方面：**教师应该竭尽全力地教育儿童牢记虔诚、正义，尊重真理，热爱祖国，热爱全人类的观念，并养成仁慈、庄重、勤勉、节俭、节制的美德，最终为人类社会进步奠定坚实的道德基础。

（5）**宗教教育：**反对教派控制学校和狭隘的教派教育，但也不主张从学校中完全排除宗教教育。

3. 论师范教育

贺拉斯·曼重视对教师的培养，认为师范教育是提高公立学校教育质量的重要手段。在他的宣传和领导下，马萨诸塞州建立了美国第一批公立师范学校。

4. 评价

贺拉斯·曼为推动美国公立学校的发展做出了杰出贡献。他的普及教育、师范教育思想不仅对美国的教育理论和实践影响深远，在国际教育界也产生了巨大反响。

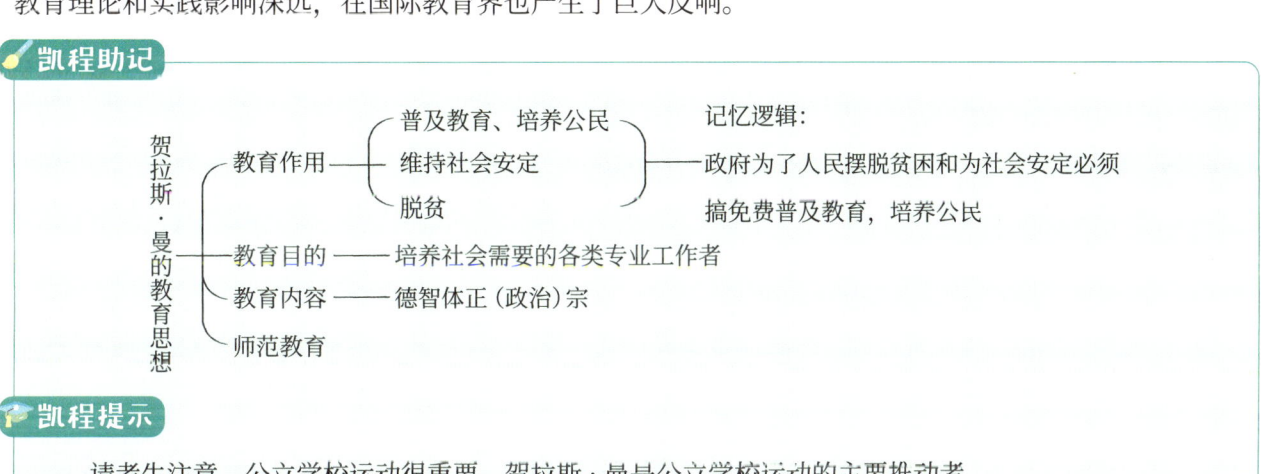

凯程助记

贺拉斯·曼的教育思想
- 教育作用
  - 普及教育、培养公民
  - 维持社会安定
  - 脱贫
- 教育目的——培养社会需要的各类专业工作者
- 教育内容——德智体正（政治）宗
- 师范教育

记忆逻辑：
政府为了人民摆脱贫困和为社会安定必须搞免费普及教育，培养公民

凯程提示

请考生注意，公立学校运动很重要，贺拉斯·曼是公立学校运动的主要推动者。

经典真题

>> **名词解释** 贺拉斯·曼（14 渤海）

>> **论述题** 论述贺拉斯·曼的教育思想。（12、13 西北师大，14 山西）

第四节 俄国（苏联）的近现代教育家

考点1 马卡连柯的教育思想 ★★★★★ 20min搞定 （简：15 鲁东；论：13 鲁东，17 云南师大，18 江西师大）

马卡连柯是苏联早期著名的教育实践活动家和富有创新精神的教育理论家。他的教育实践和教育思想，不仅促进了苏联教育事业的发展，也对世界教育产生了深远影响。

1. 教育实践活动

马卡连柯出生于乌克兰一个铁路工人的家庭。十月革命胜利后，他以极大的热情投入到社会主义教育事业，开始探索新的教育方法。

（1）1920 年，**马卡连柯负责组织和领导少年违法者工学团（也叫高尔基工学团）**。经过几年的努力，他把高尔基工学团建设成为一个模范的教育机构，将这些少年违法者改造成"真正的苏维埃人"。

（2）1928 年，**马卡连柯转任捷尔仁斯基公社的领导**。这是为纪念捷尔仁斯基专门为流浪儿童建立的教育机构。在这里，他继续运用和发展高尔基工学团的经验，并取得了很好的成绩，使公社很快成为闻名遐迩的教育机构。

（3）1935 年，**马卡连柯通过写书宣传自己的教育思想**。他脱离教育实践工作第一线，在莫斯科专门从事文学创作活动，系统地总结和宣传自己的教育经验。他的主要著作有《教育诗篇》《塔上旗》和《父母必读》等。

2. 论教育目的

马卡连柯认为教育过程的目的乃是教育工作的主要基础和教育事业成功的首要条件。从当时苏联的社会现实出发，马卡连柯主张教育的目的应该是把青年一代培养成为真正有教养的苏维埃人、劳动者，一个有用、有技术、有学识、有政治修养和高尚道德、身心健康的公民，他能够自觉地、有毅力地并且有成效地参加社会主义建设。

3. 集体教育思想 ★★★★★ （简：5+ 学校；论：20 渤海、济南，23 西北师大）

（1）**教育宗旨**。集体教育是马卡连柯教育理论的核心。他的集体教育理论可以概括为"在集体中、通过集体、为了集体"的教育体系。他明确指出，教育工作的基本对象是集体。教育的主要任务是培养集体主义者，而教育工作的主要方式是集体教育。

（2）**教育方法**。马卡连柯认为，在进行集体教育时，我们要注意防止两种危险的倾向，即防止抹杀个性特点和防止消极跟随个体。所谓"抹杀个性特点"，即把所有的人都看成一样的，硬套进同一个标准的模型里，培养一系列同类型的人；所谓"消极跟随个体"，即消极地跟着每个人跑，教师总想用单独对付每一个人的办法来对付千千万万的学生。他认为，只有创造一种方法，它既是总的和统一的方法，又是使每一个单独的个体能发挥自己的特点，保持自己个性的方法，这样的组织任务才无愧于我们的时代，无愧于我们的革命。

(3) 集体教育的原则。 (简：20河北)

①尊重与严格要求相结合原则。马卡连柯说："教育要尽可能多地要求一个人，也要尽可能多地尊重一个人。"这句话就是强调对学生既要尊重，也要严格要求。

②平行教育影响原则。即教育个人与教育集体的活动应同时进行，每一项针对集体开展的教育活动，应收到既教育集体又教育个人的效果。也就是说以集体为教育对象，通过集体来教育每个个体。教育者对集体和集体中的每个成员的教育影响是同时的、平行的。这一原则充分发挥了学生集体的教育作用。(名：17山西，20浙江海洋，21杭州师大、吉林师大；论：23安徽师大)

③前景教育原则。马卡连柯要求教师不断地向集体提出新的奋斗目标来刺激集体的活力，这种新的目标就是前景，是人们对美好前途的希望。

④优良的作风和传统。马卡连柯认为，培养优良的作风和传统，对于美化集体和巩固集体具有非常重要的意义。他说："一所学校如果没有传统，当然就不会是好学校。"因此，培养集体的优良作风和传统，既是苏维埃教育的主要任务，又是进行集体主义教育的重要方法。

⑤论纪律教育。马卡连柯认为纪律、纪律教育和集体、集体教育密不可分，纪律是达到集体目的的最好方式，也是良好的教育集体的外部表现形式。

4. 论劳动教育 (论：20安徽师大)

(1) **劳动教育的重要性**。马卡连柯非常重视年轻一代的劳动教育。劳动教育就是人的劳动品质的教育，也是公民将来生活水平及其幸福的教育。劳动教育的目的是要发展儿童的体力、智力，培养他们从事生产劳动的技能技巧，尤其重要的是要使学生在道德上和精神上得到良好的发展。

(2) **劳动教育的方法：安排复杂的劳动任务，并非单纯消耗体力**。马卡连柯不赞成学员从事消耗体力的单一的劳动，他主张安排比较复杂的劳动任务。在他看来，劳动任务越复杂，越具有独立性，教育意义也就越大。在各种劳动中，他认为，最理想的是组织学员参加现代化的大工业生产。这种生产有很复杂的生产过程，能广泛地满足儿童的各种兴趣爱好，充分发挥他们的聪明才智，使他们掌握高度熟练的生产技术，并且还能培养多方面的性格特点和管理能力。

(3) **劳动教育必须与道德思想教育同时进行**。马卡连柯要求在让儿童从事体力劳动的同时，对他们进行思想政治教育，注意培养他们对待劳动的态度，以及对劳动者的尊敬等思想情感。在他看来，在任何情况下，劳动教育如果没有与其并行的知识教育、政治教育和社会教育等相结合，就不会收到良好的教育效果。

总结：劳动不仅是劳动教育必不可少的措施，而且是集体教育中不可缺少的手段。

5. 论家庭教育 (简：23内蒙古师大)

(1) **家庭教育的重要性**。马卡连柯断言，儿童早期的家庭教育对儿童的成长影响极大。儿童将来成为什么样的人，主要取决于五岁以前的教育，家庭教育的好坏不仅关系到儿童的未来，也关系到社会和国家的未来。因此，马卡连柯一再提醒家长注重对子女的教育。

(2) **家庭教育的基本条件：要建立一个完整和团结一致的家庭集体**。如果家庭结构不完整、不健全，生活不和谐，就很难进行真正的教育工作。所谓不健全的家庭，一种是父母不和或者离异的家庭，会让孩子形成孤独、冷漠的性格或产生被遗弃感；另一种是独生子女家庭，会使儿童成为家庭的暴君和利己主义者。当然，他断言独生子女很难教育好，这是没有实际根据的。

(3) **家庭教育的方法**。①注意掌握分寸和尺度，遵循中庸之道，这是家庭教育的重要原则之一。②父母在对待子女的态度上，既要亲近子女，又不能溺爱子女。③父母要特别注重自身的言行在家庭教育中的示范作用。④在正确指导之下，吸引儿童参与家庭经济管理，并从事一些力所能及的劳动，组织各种游戏活动。

6. 评价

马卡连柯的教育理论是在全面总结苏联社会主义教育实践和自己的教育实践的基础上，逐渐形成和发展起来的，因而具有极其重要的实践意义和理论意义。

（1）理论意义： 他关于教育目的的论述，实际上反映了对人的全面发展的要求。他的社会主义的人道主义教育的基本原则、劳动教育思想，特别是集体教育的理论和方法，反映了教育的客观规律，因而不仅适用于少年违法者和流浪儿童的教育，而且具有普遍的意义。这正是他的教育理论对苏联普通学校的工作和教育科学的发展产生巨大影响的原因所在。

（2）实践意义： 马卡连柯的教育思想对世界也产生了一定影响，他的著作被翻译成多种文字在许多国家广泛流传。我国在 20 世纪 50 年代就已将《马卡连柯文集》翻译出版，称之为《马卡连柯全集》。

凯程助记

马卡连柯的教育思想	
教育实践	（1）高尔基工学团；（2）捷尔仁斯基公社；（3）写书宣传自己的教育思想
教育目的	社会主义建设者
集体教育	（1）教育宗旨："在集体中、通过集体、为了集体"。 （2）教育方法：防止抹杀个性特点和防止消极跟随个体。 （3）教育原则：尊重要求相结合，前景平行新说法，作风传统和纪律
劳动教育	（1）劳动教育的重要性。 （2）劳动教育的方法：安排复杂的劳动任务，并非单纯消耗体力。 （3）劳动教育必须与道德思想教育同时进行
家庭教育	（1）家庭教育的重要性。 （2）家庭教育的基本条件：要建立一个完整和团结一致的家庭集体。 （3）家庭教育的方法：分寸尺度要拿捏，亲近子女不溺爱，言行示范很重要，参与家庭多干活

考点 2　凯洛夫教育学体系 15min搞定 （简：23 湖南师大；论：21 江西师大、成都，23 深圳）

凯洛夫是 20 世纪 40—50 年代苏联教育界最主要的代表人物，其代表作是《教育学》。

1. 教育作用

教育产生于劳动，是劳动经验的传递。凯洛夫充分肯定了教育在人的发展中的重大作用。他批判教育万能论和教育决定论，主张教育要顺应人的天性。

2. 关于教学过程本质的论述

（1）教学过程的本质。 凯洛夫的《教育学》指出，教学首先是指教师在学生自觉与自动参与下以知识、技能和熟练技巧的体系武装学生的过程，但它还承担着以科学原理和共产主义世界观武装学生与有计划地发展学生智力、培养学生道德品质的任务，因此，"教学在整个复杂的教育过程中，乃是主要的一面。教学，是教育的基本途径"。

（2）教学过程的特点。 ①通过教学使学生获得前人已获得的知识。②在教师领导下获得对现实的认识。③在教学过程中，一定要有巩固知识的工作。④教学过程要包括发展儿童德、智、体的工作。

（3）教学过程的六个环节。 ①使学生感知具体事物并在此基础上形成学生的表象。②分清事物之间的各种关系。③形成概念，认识定理、定律、规划等。④掌握事实和概括性的工作。⑤养成技能和熟练的技巧。⑥在实践中检验知识，把学到的知识应用于各种课业。

3. 凯洛夫的《教育学》中的教学原则

根据教学过程的基本环节，凯洛夫提出了五条指导教学工作的原则，即直观性原则、自觉性与积极性原则、巩固性原则、系统性与连贯性原则、通俗性与可接受性原则。

4. 论教养和教学的内容

（1）**教学大纲是重要的指导文件**。教学大纲在有系统的形式中包括一切构成教学科目内容的问题和题目的纲要，是教师的基本指导文件，它必须体现教学的教育性、科学性、系统性、可接受性、理论与实际的联系等原则。

（2）**教科书是学生获得知识的主要源泉之一**。它包括基本原理和学生独立学习的材料，加深和巩固教师上课时所讲授的知识，还包括学生必须领会的知识。

5. 教学工作的基本组织形式

凯洛夫强调班级授课制应是教学工作的基本组织形式，主张把学生按年龄和程度分成班级，对各种科目按固定的课表由教师进行讲授。

6. 德育论

（1）**德育的目的**是把学生培养成全心全意为社会主义事业服务的新人。

（2）**德育的任务**主要包括培养苏维埃爱国主义精神、社会主义的人道主义精神、集体主义精神、对劳动和社会公共财产的社会主义态度、自觉纪律以及布尔什维克的意志和性格特征六个方面。

（3）**德育的原则**有共产主义的目的性和思想性相结合原则、长善救失原则、在集体中进行教育原则。

（4）**德育的方法**是说服法、练习法、儿童集体组织法以及奖惩法。

7. 评价

凯洛夫的《教育学》系统地总结了苏联20世纪20—30年代的教育经验，是当时苏联师范学院的教科书。他的教育学思想是苏联特定历史时代的产物，系统全面地总结了苏联普通教育的实践经验，具有强烈的政治色彩。由于他的教育思想以传统教育理论为基础，未能跟上苏联社会的变化，又带有浓厚的滞后性和封闭性，缺乏创造性，甚至有些学术观点过于绝对化和机械化，缺乏辩证的思维。其教育思想曾在东欧和中国产生过较大的影响。我国曾一度掀起学习凯洛夫教育思想的热潮，多次印刷他的《教育学》，该书对我国师范院校教育学教材的编写体系和内容产生了深远影响。

考点 3　赞科夫的教学理论 （简：12 山西师大；论：21 东北师大、华南师大）

赞科夫是20世纪六七十年代苏联最有影响力的教育家，其代表作是《教学与发展》《和教师的谈话》，他通过"教育与发展关系问题"的实验提出了他的发展性教学理论。

1. 发展性教学理论的内涵 （名：15 重庆师大；简：12 山西，17 内蒙古师大，20 陕西理工；论：11 闽南师大，11、12 华中师大，17 天津师大）

赞科夫认为"教学要在学生的一般发展上取得尽可能大的效果"。所谓一般发展，既不同于特殊发展（数学、语言、音乐等方面的发展），也有别于智力发展。一般发展包括智力的发展、道德情感的发展、意志的发展、身体的发育等各个方面。

2. 赞科夫的"发展教学论"的教学原则 （名：13 湖南，23 河南师大；简：5+ 学校；论：14、16 西华师大，23 重庆师大）

（1）**以高难度进行教学的原则**。以高难度进行教学，旨在引起学生的思考，促进学生特殊的心理活动过程的发展,并不在于无限度的难。"难度的分寸"限于"最近发展区"。

(2) **以高速度进行教学的原则**。以高速度进行教学的原则要求教学不断引导学生向前运动,不断用各方面的内容丰富学生的智慧,为学生越来越深入地理解所学知识创造条件。高速度绝不意味着"越快越好",也有一个分寸的问题,即根据能否促进学生的一般发展来决定速度。

(3) **理论知识起主导作用原则**。这条原则是对高难度原则的补充和限定,它要求高难度必须体现在提高理论知识的比重上,而不是追求一般抽象的难度标准。

(4) **使学生理解学习过程的原则**。赞科夫的这条原则着眼于学习活动的内部机制,要求学生理解的对象是学习过程、掌握知识的过程,即让学生通过自己的智力活动去探索获得知识的方法和途径,掌握学习过程的特点和规律。

(5) **使班上全体学生(包括最差的学生)都得到一般发展的原则**。这条原则是前面四条原则的总结,是大面积提高教学质量的有力保证。

> **凯程助记** 高难度高速度,理论知识起主导,促进理解很重要,一般发展才获得。

3. 评价

赞科夫的发展性教学理论的一些观点被苏联教育理论界所接受,并且被吸收到20世纪70—80年代出版的教育著作和教科书中。但是他的研究工作和理论成果仍有较大的局限性,这表现在他的研究主要是从儿童心理的角度进行的,很少考虑建立教学过程的社会政治与道德要求。

> **凯程拓展**
>
> **赞科夫的"教学与发展的实验"**
>
> 赞科夫是较早关心教育和发展关系研究的教育家,他的教育实验从1957年开始到1969年基本结束,期间分为三个阶段。
>
> **第一阶段(1957—1961年):** 实验只在莫斯科一所小学一年级的一个班进行,另设两个对照班,对第一阶段的实验结果,赞科夫在《论小学教育》一书中进行了总结,反映了他关于小学教育新体系的初步设想,这也是他第二阶段的实验方案。
>
> **第二阶段(1961—1965年):** 这一阶段实验班增多,而且发展到外地。学制改为三年,编出了俄语、数学、劳动教学、唱歌等课程的实验教学大纲初步方案,在小学一、二年级提前开设了新的课程。这就是说,在实验的第一阶段已经有了新的教学结构,并且证明了它广泛的适应性。
>
> **第三阶段(1965—1969年):** 这时已经为实验编写了专用教科书和教学指导书——《小学教学新体系》。此时,共有1 034个实验班,分布于俄罗斯联邦共和国的52个边疆区、州和自治共和国以及8个加盟共和国。实验在1966—1967年达到最大规模(开设1 281个实验班)后,实验逐步结束。
>
> **总结:** 赞科夫的教育实验目的明确、计划周全、实验班分布广。其实验方案是以矛盾论和系统论为指导制定的。在实验进程中,还引入实验心理学和心理分析方法,对学生在他的实验教学体系中取得的发展水平,进行年复一年的研究,以获得最新的科学数据,并坚持对两种体系——实验教学体系和传统教学体系的做法和效果进行对照研究,赞科夫的发展性教学理论也是在实验过程中逐渐形成的。

考点 4　苏霍姆林斯基的教育理论 ★★★★★ 10min搞定

（名：19山西师大，20宁波；简：5+学校；论：10+学校）

苏霍姆林斯基是"二战"后苏联最有影响力的教育家，曾担任帕夫雷什中学的校长，在这里积累了许多教育教学经验，形成了独具特色的教学思想体系，其中最著名的是个性全面和谐发展的教育理论。

其主要教育代表作有：《给教师的一百条建议》（苏联师范学生入学必读）、《把整个心灵献给孩子》《帕夫雷什中学》《公民的诞生》《失去的一天》《学生的精神世界》《致女儿的信》《妈妈，我不是最弱小的》。这些教育专著收录在《苏霍姆林斯基选集》（五卷本）中。

1. 个性全面和谐发展的含义

个性全面和谐发展，即意味着人在品性上以及同他人相互关系上的道德纯洁，意味着体魄的完美、审美需求和趣味的丰富以及社会和个人兴趣的多样化。个性全面和谐发展的人是社会物质生产领域和精神生活领域中的创造者，是物质和精神财富的享用者，是有道德和文化素养的人，是人类文化财富的鉴赏者和细心的保护者，是积极的社会活动者、公民，也是树立于崇高道德基础之上的新家庭的建立者。

2. 个性全面和谐发展教育的内容

苏霍姆林斯基认为，个性全面和谐发展教育由体育、德育、智育、美育和劳动教育组成。

（1）**体育**：苏霍姆林斯基十分重视身体健康发展在个性全面和谐发展中的作用。他把体育看作健康的重要因素、生活活力的源泉。

（2）**德育**：苏霍姆林斯基指出，和谐全面发展的核心是高尚的道德，因此，在个性全面和谐发展的教育中，德育应当居于首位且应当及早开始。

（3）**智育**：智育包括获取知识，形成科学世界观，发展认识和创造能力，养成脑力劳动的技能，培养对脑力劳动的兴趣和要求，以及对不断充实科学知识和运用科学知识于实践的兴趣和要求。

（4）**美育**：感知美、认识美和创造美的能力是个性全面和谐发展不可或缺的组成部分，因此，美育也成为个性全面和谐发展教育的有机组成部分。

（5）**劳动教育**：苏霍姆林斯基认为劳动教育的任务就是要让劳动渗入学生的精神生活，使学生在少年时期和青少年早期就对劳动产生兴趣并热爱它。

3. 评价

苏霍姆林斯基被誉为"教育思想的泰斗"。他的教育理论研究成果非常丰富。

（1）**苏霍姆林斯基的理论研究是与教育教学实践紧密结合的**。实践本身要求他在研究某个具体问题的同时，不可能忽视教学和教育的其他问题。这样一来，为深入分析各种教育现象的本质、相互联系、相互依存和相互制约创造了极为有利的条件。

（2）**苏霍姆林斯基在结合教育实际进行理论研究的时候，注意总结历史经验**，并得出了比较正确的结论，这也是他所说的历史思维问题。如他在研究人的全面发展教育思想的时候，对其历史沿革做了很多考察，从中吸取了思想营养，又总结了自己的教育经验，并且丰富了人的全面发展的思想体系，既有继承又有发展。

（3）**对辩证唯物主义方法论与马克思列宁主义教育思想基本原理的深入掌握和运用，使他在教育理论研究和教育实践中取得了辉煌成就**。

凯程助记

人物	观点
马卡连柯	(1) 集体教育；(2) 劳动教育；(3) 家庭教育
凯洛夫	撰写《教育学》，论述教育作用、教学过程的本质、教学原则、教养和教学的内容、教学组织形式和德育
赞科夫	发展性教学理论与教学原则
苏霍姆林斯基	个性全面和谐发展教育，包括德、智、体、美、劳"五育"

经典真题

》选择题

马卡连柯教育思想体系的核心是（A）。（12 重庆）
A. 集体主义教育　　　B. 社会主义教育　　　C. 爱国主义教育　　　D. 自然主义教育

》名词解释

1. 发展性教学理论（原则）（15 重庆师大，21 内蒙古师大，23 河南师大）
2. 苏霍姆林斯基的劳动教育法（20 宁波）
3. 苏霍姆林斯基（19 山西师大）
4. 平行教育影响原则（17 山西，20 浙江海洋，21 杭州师大、吉林师大）

》简答题

1. 简述赞科夫的发展性教学原则。（12 山西、山西师大，17 北师大、内蒙古师大、西华师大，20 陕西师大、陕西理工，21 苏州、渤海、济南，23 重庆师大、河南科技学院）
2. 简述苏霍姆林斯基的个性全面和谐发展教育观及意义。（11 扬州，15 中央民族，16 闽南师大，18 湖南农业，21 扬州，23 中国海洋、天津外国语）
3. 简述马卡连柯的集体主义教育思想观点。（10 陕西师大，15 鲁东，17 江苏，20 河北，22 宁波、苏州）
4. 简述马卡连柯的"平行教育思想"理论。（10 曲阜师大）
5. 简述苏霍姆林斯基的和谐发展教育实施的基本途径。（22 内蒙古师大）
6. 简述凯洛夫的教育思想。（23 湖南师大）
7. 马卡连柯对家庭教育的贡献很大，他的主要观点有哪些？（23 内蒙古师大）

》论述题

1. 论述马卡连柯的集体主义教育思想的主要观点和现实意义。（13 鲁东，17 云南师大，18 江西师大，20 渤海、济南，23 西北师大、阜阳师大）
2. 论述赞科夫的发展性教学理论及其现实意义。（11 闽南师大，11、12 华中师大，13、16 中央民族，14、16 西华师大，17 天津师大，21 华南师大、东北师大，23 沈阳师大）
3. 试论述苏霍姆林斯基的个性全面和谐发展教育观及影响。（10 华中师大，12 扬州，16 北师大、吉林师大，17 中央民族，18 浙江师大、沈阳师大，19 山西师大，20、23 天津师大，21 延安，22 聊城）
4. 论述凯洛夫的教育思想。（21 江西师大、成都）

5. 苏联教育思想主要体现在哪几位教育家身上？任选其中两位来介绍他们的教育思想。(15 江西师大)

6. 论述马卡连柯的平行教育影响原则及对当下的意义。(23 安徽师大)

7. 论述凯洛夫的教育过程的思想，结合实际谈谈现实意义。(23 深圳)

8. 论述第斯多惠的教学论。(14 哈师大，23 宝鸡文理学院)

凯程拓展

第斯多惠论教育 (陕西师大 333 大纲知识点；论：14 哈师大，23 宝鸡文理学院)

第斯多惠是 19 世纪德国著名的资产阶级民主主义教育家，被人们尊称为"德国师范教育之父"。他的主要教育观点和主张表现为以下几点：

(1) 论影响人的发展的因素。

①**天资、教育和自由自主。** 第斯多惠认为，在个人的发展过程中，有三个因素影响着人的发展：天资、教育和自由自主。天资是指个人本身能力和活动可能性的基础，是个人发展能力和力量的胚胎。人的发展取决于天资和激发这两个条件。天资为人的发展提供可能性，激发则使这种可能性变为现实性，教育就是一种激发。

②**天资、教育和自由自主的关系。** 第一，第斯多惠非常重视主动学习，认为人必须主动掌握知识；第二，教育必须遵循人的天资，教师不能过早或过晚地激发学生的天资。天资的发挥与教育的实施均须注意个人自主自由的发挥，为此必须注意个人自主学习的进行。

(2) 教育的目的。 教育的最高目标或最终目的是激发学生"为真、善、美服务"的主动性，培养学生的独立性，使之达到自我完善，实现和谐发展。

(3) 教学论的问题。

①**形式教学与实质教学。**

a. 第斯多惠在教育史上第一次明确提出了形式教学与实质教学的概念。第斯多惠指出"课堂教学往往产生两种倾向：一种是教师通过教会学生一种知识或技能，提高学生的理解能力；另一种是教师通过教学培养学生的实际能力。前一种是以实质教育为目的，后一种是以形式教育为目的"。

b. 第斯多惠认为，二者是相辅相成的，不能把它们截然分开。一方面，学生要掌握知识必须依靠自身学习能力的提高；另一方面，学生学习能力以及其他方面的智力的发展离不开知识的学习。教学既是形式的，又是实质的。但二者有主次之分，形式目的应占首位，因为发展能力是最后的目的。

②**教学原则。** 第斯多惠提出了教学的四个原则：a. 遵循自然原则。b. 遵循文化原则。c. 遵循连续性与彻底性原则。d. 遵循直观教学原则。其中，遵循自然原则是一切课堂教学的最高原则，当遵循自然原则和遵循文化原则发生冲突时，遵循文化原则应该让位于遵循自然原则。遵循文化的教学原则仅次于遵循自然的教学原则。

(4) 论教师。 第斯多惠十分重视教师的地位和作用，他竭力提倡形成尊师重教的社会风尚，并对教师提出了一些要求。这些要求是：①要进行自我教育。②要有崇高的责任感。③要具备良好的教育素养和教学技能。

(5) 评价： 第斯多惠的教育思想具有鲜明的时代进步意义，推动了资产阶级民主主义和人道主义思想的传播和发展。其思想运用于教师培训的实践中，推动了德国师范教育的发展，对我们今天的教学仍有指导意义。

涂尔干论教育　（选：13 华中师大）

涂尔干（又译迪尔凯姆）是近代法国著名的社会学家和教育家，西方教育社会学的奠基者。其教育思想体现在《教育与社会学》《道德教育》《教育思想的演进》三部著作中。

(1) 教育的功能。教育的基本任务是培养儿童，使其具备作为社会成员与特定群体成员所必须具备的身体、智识与道德状态。在此基础上，他提出教育主要承担着三项主要功能：①教育在于使年轻一代实现系统的社会化，由"个体我"向"社会我"转变。②教育在于促进个人的潜能得以显示与发展，培养个体遵守社会秩序、服从政治权威等品质。③教育还可以将个体适应社会生活所必需的各种能力进行代际传递。

(2) 道德教育非宗教化。涂尔干主张宗教教育与道德教育相分离。他反对仅仅简单地把宗教因素从道德纪律中剔除出去，他要让学生接受一种纯粹世俗的道德教育。

(3) 论教育学的社会学依赖。①教育受社会各系统的制约，因此教育学对社会学具有明显的依赖性。社会学对教育目标发挥着支配性的作用，同时还决定着教育手段的选择。②教育的根本目的在于塑造人，使其"社会化"。③在研究教育问题时必须经常回过头来研究社会，从中发现自己思考教育的原则，将社会学的指导性观念转化为教育实践的核心，并赋予教育活动以社会意义。

(4) 评价：涂尔干的突出贡献在于他对社会学研究的科学性的确立，使社会学超出个人因素的困扰，使道德摆脱宗教的束缚，变为一门可以通过科学研究而实现的学科。但他同时也忽视了社会事实的主观性和生成性，片面强调道德中的理性因素。

乌申斯基的教育思想　（陕西师大 333 大纲知识点；名：12 湖南；论：18 西北师大）

乌申斯基是 19 世纪俄国著名的教育家，俄国国民学校和教育科学的奠基人。他的著作是《师范学校草案》，他被誉为"俄国教师的教师"和"俄国教育科学的创始人"。

(1) 论教育的本质和目的。教育的本质是一门艺术，一门需要耐心、天赋的才能和本领以及专门知识的艺术。教育所关注的主要问题不应该是学校的教学科目、教学论或体育规则等，而应该是人的精神和人生问题。教育的目的是培养全面和谐发展的个人。这种人除了德、智、体全面发展以外，还应该具有劳动的习惯和爱好，把民族利益和个人利益结合起来的爱国主义情感。

(2) 论教学。①教学要适应学生的心理特点。②他批判形式教育论和实质教育论的片面性，认为知识和能力是相互联系、不可分割的。③他主张开设实科课程。④他所提倡的基本教学原则有直观性原则、自觉性与积极性原则、连贯性原则和巩固性原则。

(3) 论道德教育。乌申斯基十分重视道德教育的作用，认为最重要的德育内容是培养爱国主义情感。爱国主义情感的培养，能够将个人身上的最强烈的感情、利益与祖国的利益结合起来，为培养个人具有爱国主义情感，必须向其进行祖国语言、文学、祖国历史、地理的教育。同时，也要培养学生追求真理、公正、诚实、谦逊、尊重他人、信仰上帝等道德品格，这些品格的培养要与学生知识的掌握和日常活动结合起来。

(4) 论教育学及师范教育。①乌申斯基把教育学分为广义和狭义两类。广义的教育学是教育学者所必需的或有用的知识的汇集；狭义的教育学是教育活动规则的汇集。②教育学要从一切方面去教育人，首先要从一切方面去了解人。③培养一批教育学者的最好途径就是创办教育系。教育系的目的在于研究人和人性的一切表现及其在教育艺术上的专门应用。

福泽谕吉的教育思想　（陕西师大 333 大纲知识点；简：14 宁波）

福泽谕吉是日本近代著名的启蒙思想家、教育家，其主要著作为《劝学篇》《文明论概略》等，主要思想如下：

(1) **论教育作用**：知识富人，教育立国。

(2) **论智育**：修习学问，唯尚实学。**智育的目标**：提高学习者的智慧水平，进而提高个人思考、分析、理解事物的能力。**智育的具体实施**：应向学生传授一些与社会生产实际紧密联系的经世致用之学。

(3) **论德育**：培养国家观念和独立意识。一个国家文明水平的高低，不仅反映在国民的智慧水平上，也反映在道德水平状况上。在德育实施中，福泽谕吉竭力反对向学生灌输封建伦理道德，反对用忠臣、孝子、义士、节妇等故事向学生传授封建伦理观念。道德教育在学校实施的同时，还必须由学校协同家庭、社会的方方面面来共同实施。

(4) **论体育**：造就健康国民。体育锻炼旨在使人健壮无病，精神活泼、愉快，从而克服社会上的各种艰难而独立生活。他认为体育锻炼无固定的方式，应列为必修课。

康德论教育　（选：19 南京师大；辨：18 南京师大）

康德是 18 世纪德国古典唯心主义哲学的奠基人，著名的哲学家和教育家。他的教育思想集中于由他的学生整理出版的《论教育》一书中。

(1) **教育与人的关系**。教育是人类文化发展的结果，是人为的创造性活动，只有人才能对人实施教育。教育必须是有目的、有标准、有计划的，要灵活地运用恰当的方法。

(2) **教育的认识论基础**。康德与卢梭一样，高度推崇人性、人的尊严，充分肯定人的价值。但卢梭认为人性本善，康德认为人性中既有善又有恶，教育要去恶扬善。所以，教育要给儿童更多的管束和指导，这又与卢梭的"消极教育"迥然不同。

(3) **论道德教育**。康德认为教育的最终目的在于培养有道德的人。关于道德教育，康德认为既要注意让儿童自然而自由地成长，又要让他们自觉地接受理性的引导。他提出虽然自由是道德教育的最高目的，但要使儿童服从，不可避免地需要一定的强制。

(4) **教育的内容和方法**。

康德在《论教育》中把全部教育分为体育、管束、训育和道德陶冶四个部分。

①**关于体育**：强调有益的体育运动对发展儿童体力和感官的重要作用。

②**关于管束**：管束带有强制性，要求儿童遵守规则。

③**关于训育**：重要内容包括判断力、注意力、记忆力、理解力、推理力、思考力等的培养。康德主张游戏应该与功课并重，他还提出女子也应具有教养和社会交往的能力，应担负起延绵种族、影响男性、促进社会进步的责任。

④**关于道德陶冶**：就是培养具有后天教养的"道德人"。

(5) **评价**：康德认为，婴儿的养育应由家长负责，这是家庭教育的重点，但其他方面则必须由公共教育来实施。康德关于公共教育的观点以及教育几个部分的划分，是对洛克、卢梭等的教育思想的修正，在教育思想上给人们留下了多方面的思考。

第九章　近现代超级重量级教育家[1]

考情分析

第一节　夸美纽斯的教育思想

- 考点1　夸美纽斯的简介与著作
- 考点2　论教育的目的与作用
- 考点3　论教育适应自然的原则
- 考点4　论普及教育和泛智学校
- 考点5　统一学制与统一管理
- 考点6　学年制和班级授课制
- 考点7　论教学原则、论道德教育、论健康教育
- 考点8　夸美纽斯教育思想的历史地位与影响

第二节　卢梭的教育思想

- 考点1　卢梭的简介与著作
- 考点2　自然教育理论及其影响
- 考点3　公民教育理论
- 考点4　卢梭教育思想的历史地位与影响

第三节　裴斯泰洛齐的教育思想

- 考点1　裴斯泰洛齐的简介与教育实践活动
- 考点2　论教育目的
- 考点3　和谐教育论
- 考点4　论教育心理学化
- 考点5　要素教育论
- 考点6　建立初等学校各科教学法
- 考点7　教育与生产劳动相结合
- 考点8　裴斯泰洛齐教育思想的历史地位与影响

第四节　赫尔巴特的教育思想

- 考点1　赫尔巴特的简介与教育实践活动
- 考点2　教育思想的理论基础

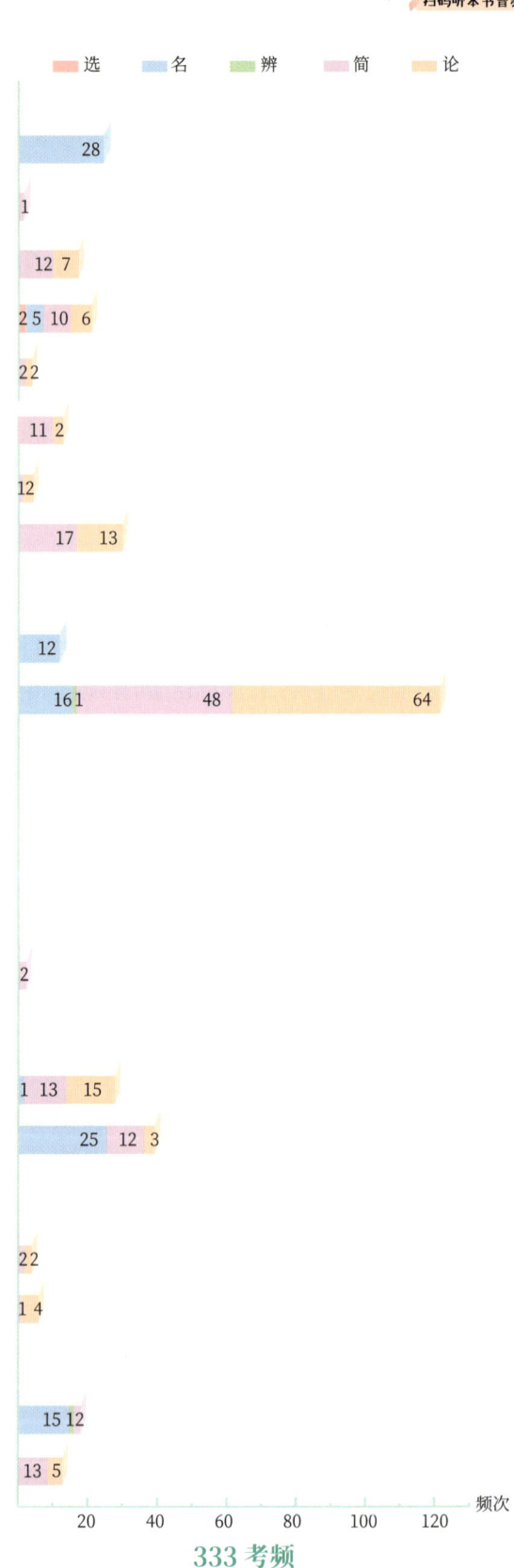

[1] 本章全部参考吴式颖、李明德的《外国教育史教程》（第三版）第九、十一、十二、十三、十四、十六章。

第九章 近现代超级重量级教育家

图例：选　名　辨　简　论

考点	内容	选	名	辨	简	论
考点3	道德教育理论	6	6			16
考点4	课程理论	4				17
考点5	教学理论	51			24	22
考点6	赫尔巴特教育思想的传播与影响				6	14

第五节　福禄培尔的教育思想

考点	内容	频次
考点1	福禄培尔的简介与创办幼儿园	2
考点2	万物有神论与适应自然原则	
考点3	幼儿园教育理论	1　11
考点4	恩物与作业	22　2
考点5	福禄培尔教育思想的传播与影响	3　1

第六节　马克思和恩格斯的教育思想

考点	内容	频次
考点1	马克思和恩格斯的简介	
考点2	对空想社会主义教育思想的批判继承	
考点3	论教育与社会的关系	
考点4	论教育与社会生产	
考点5	论人的本质和个性形成	
考点6	论人的全面发展和教育的关系	1　3
考点7	论教育与生产劳动相结合的重大意义	2
考点8	马克思和恩格斯教育思想的历史地位与影响	1

第七节　蒙台梭利的教育思想

考点	内容	频次
考点1	儿童心理发展与遗传、环境的关系	
考点2	论幼儿的发展	
考点3	自由、纪律与工作	
考点4	幼儿教育的内容	1
考点5	蒙台梭利教育思想的历史地位与影响	1　7

第八节　杜威的教育思想

考点	内容	频次
考点1	杜威的简介与教育实践活动	6　11　50
考点2	论教育的本质	1　21　23　48
考点3	论教育的目的	18　16
考点4	论课程与教材	2　6　8
考点5	论思维与教学方法	2　15　12
考点6	论道德教育	2　1
考点7	杜威教育思想的历史地位与影响	12　57

频次：10　20　30　40　50　60　70　80

333考频

知识框架

- 近现代超级重量级教育家
  - 夸美纽斯的教育思想
    - 夸美纽斯的简介与著作
    - 论教育的目的与作用
    - 论教育适应自然的原则
    - 论普及教育和泛智学校
    - 统一学制与统一管理
    - 学年制和班级授课制
    - 论教学原则、论道德教育、论健康教育
    - 夸美纽斯教育思想的历史地位与影响
  - 卢梭的教育思想
    - 卢梭的简介与著作
    - 自然教育理论及其影响
    - 公民教育理论
    - 卢梭教育思想的历史地位与影响
  - 裴斯泰洛齐的教育思想
    - 裴斯泰洛齐的简介与教育实践活动
    - 论教育目的
    - 和谐教育论
    - 论教育心理学化
    - 要素教育论
    - 建立初等学校各科教学法
    - 教育与生产劳动相结合
    - 裴斯泰洛齐教育思想的历史地位与影响
  - 赫尔巴特的教育思想
    - 赫尔巴特的简介与教育实践活动
    - 教育思想的理论基础
    - 道德教育理论
    - 课程理论
    - 教学理论
    - 赫尔巴特教育思想的传播与影响

第九章　近现代超级重量级教育家

近现代超级重量级教育家
- 福禄培尔的教育思想
  - 福禄培尔的简介与创办幼儿园
  - 万物有神论与适应自然原则
  - 幼儿园教育理论
  - 恩物与作业
  - 福禄培尔教育思想的传播与影响
- 马克思和恩格斯的教育思想
  - 马克思和恩格斯的简介
  - 对空想社会主义教育思想的批判继承
  - 论教育与社会的关系
  - 论教育与社会生产
  - 论人的本质和个性形成
  - 论人的全面发展和教育的关系
  - 论教育与生产劳动相结合的重大意义
  - 马克思和恩格斯教育思想的历史地位与影响
- 蒙台梭利的教育思想
  - 儿童心理发展与遗传、环境的关系
  - 论幼儿的发展
  - 自由、纪律与工作
  - 幼儿教育的内容
  - 蒙台梭利教育思想的历史地位与影响
- 杜威的教育思想
  - 杜威的简介与教育实践活动
  - 论教育的本质
  - 论教育的目的
  - 论课程与教材
  - 论思维与教学方法
  - 论道德教育
  - 杜威教育思想的历史地位与影响

考点解析

第一节 夸美纽斯的教育思想

（简：5+ 学校；论：10+ 学校）

考点1 夸美纽斯的简介与著作 15min搞定

1. 夸美纽斯的简介（名：5+ 学校）

夸美纽斯是17世纪捷克伟大的爱国者、教育改革家和教育理论家。1592年，夸美纽斯出生于一个捷克兄弟会（捷克的一个民主教派）的家庭，他在12岁时失去双亲，16岁时在兄弟会的资助下进入拉丁学校学习，毕业后去德国上大学。1614年，夸美纽斯回国担任兄弟会一所拉丁文法学校的校长。之后，他以极大的热情探索教育改革，编写简易拉丁文课本，传授实用的自然科学和社会科学知识，致力于实现教育普及和使教育为现实生活服务的理想。

总的来说，他所在的时期是欧洲封建主义和资本主义交替的历史时期，他继承了文艺复兴以来人文主义教育思想的成果，总结了自己40余年丰富的教学实践经验，系统地论述了教育的理论和实际问题。他所写的《大教学论》是近代教育学的开端，他对世界教育的发展做出了巨大的贡献，因此在世界教育史上占有特别重要的地位。

2. 夸美纽斯的著作

夸美纽斯是一位多产的教育著作家，下面介绍其最重要的几本著作。

(1)《大教学论》。（名：10+ 学校）

《大教学论》是夸美纽斯最重要的代表作之一，也是西方近代以来第一本教育学著作。《大教学论》重点阐释了教学理论问题，认为教学就是"把一切事物教给一切人的普遍的艺术"，这是一种"教得准、有把握""教得使人感到愉快""教得彻底"的艺术。

①内容：在书中，他热情地赞美教师这一职业，认为这是世界上最具自豪感的职业，并论证了国家建制建学的宏观设想，也阐述了学校应该保证教学有序进行的一系列教学制度、教学原则和方法。如他提出并论述了各种教学方法（包括一般的教学方法和分科的教学方法），拟订了各级学校的课程设置，确立了学校教学工作的基本组织形式，制订了编写教科书的原则和要求，甚至对教师如何上好一堂课也都做了具体的规定。《大教学论》还论述了道德教育、宗教教育、艺术教育和体育等内容。

②评价：有的教材认为《大教学论》标志着教育学成为一门独立形态的学科（如吴式颖、李明德的《外国教育史教程》），有的教材认为这本书理论论证采用的具体方法是自然类比，不太具有科学论证的严谨性，因而认为这本书不是独立形态的教育学的开端，更愿意称之为第一本近代教育学著作（如很多教育学原理的教材与全国教育学统考试卷）。但无论如何，《大教学论》都是教育史上一本极其重要的著作。

> **凯程提示**
>
> **(1) 什么是自然类比的论证方法？** 自然类比就是用大自然中的事物的变化规律比喻人们受教育的过程。
>
> 举例：夸美纽斯在"自然遵守合适的时机"这一法则下，列举了鸟类是在气候温暖适宜的春天而不是在寒冬或者炎夏孵化小鸟，园丁和建筑师也选择在适宜的季节进行种植和建造房屋等，说明适应自然的教育应该从人类的春天——儿童时期开始，而在一天的学习时间里，早晨又是最适合学习的。

（2）我国最早的教育教学论著是什么？西方最早的教育教学论著是什么？世界上最早的教育学论著是什么？

《学记》是我国及世界上第一本关于教育教学问题的论著。

《雄辩术原理》是西方第一本关于教育教学问题的论著。

《大教学论》是世界上第一本近代教育学论著，一些学者认为它是独立形态教育学的开端。

请考生不要把世界上最早的教育教学论著和教育学论著混淆。

（2）《母育学校》。《母育学校》是西方教育史上第一本学前教育学著作，对学前教育做了开创性的研究。

（3）《世界图解》。《世界图解》是欧洲第一部儿童看图识字课本，被翻译成欧亚各国十几种文字，保持其教科书地位近200年。

此外，夸美纽斯还写了《语言学入门》《泛智学校》《论天赋才能的培养》等著作。

考点 2 论教育的目的与作用 ⭐5min搞定

（1）教育的目的。

①**宗教性的教育目的：**使人为来世的生活做好准备。

②**现实性的教育目的：**教育应该培养具有"学问、德行、虔信"的人，通过教育要使人认识和研究世界上的一切事物，以便享受现世的幸福。这种现实性是他的民主主义思想的反映。

（2）教育的作用。（简：16鲁东）

①**教育对社会的作用：**教育是改造社会、建设国家的手段。

②**教育对个人的作用：**夸美纽斯高度评价教育对人的作用，他认为只要接受合理的教育，任何人的智力都能够得到发展，不同等级的人接受教育的目的是不一样的。

③**教育对宗教的作用：**教育对宗教有很大的作用，教育是"人类得救的主要手段"。这一说法具有局限性，它夸大了教育的作用。

考点 3 论教育适应自然的原则 ⭐⭐⭐⭐3min搞定 （名：14湖南，15吉林师大，19华中师大；简：5+学校；论：5+学校）

教育适应自然的原则是夸美纽斯整个教育理论体系的一条根本的指导性原则，它贯穿于《大教学论》的始终。

（1）**内容：**①教育适应自然原则的中心思想是教育应当服从"普遍秩序"，即教育必须遵循自然界的普遍规律（客观规律）。②根据人的自然本性和儿童年龄特征进行教育是教育适应自然原则的另一个重要内容。

（2）**评价：**①把教育理论研究从神学束缚中解放出来，迈向科学的道路，实现了教育理论的突破性进展。②他引证自然，采用与自然或社会现象类比的方法来论述教育问题，不免存在片面性。

凯程提示 凡是本书提到的具有教育适应自然思想的教育家，考生都需要重视。

考点 4　论普及教育和泛智学校　★★★ 15min搞定

1. 普及教育　（简：10闽南师大，21沈阳师大；论：12闽南师大，15赣南师大，17扬州，22江西师大）

（1）普及教育的核心思想： 夸美纽斯认为普及教育就是人人都可以接受教育。普及教育的核心是泛智思想。这种普及教育的思想是夸美纽斯教育思想的核心主题。

（2）普及教育的原因： 夸美纽斯论述了普及教育的可能性。他认为应从儿童的身心特点出发进行教育，所有儿童都具备接受普及教育的心理素质。因此，普及教育具有可能性。普及教育有利于掌握对人类来说必需的一切知识，这些知识可为所有人和所有阶层掌握。

（3）普及教育的实践： 广设泛智学校；采用班级授课制；实行学年制；编写统一的"泛智"教材；建立全国统一的学制；设立督学等。

（4）普及教育的评价。

①**夸美纽斯首次提出普及教育思想的基础是人们对儿童身心发展特点的认识。**

②**理论体系比较完整。** 他对全国建制建学体系有完整的描述。

③**关心贫民子弟。** 夸美纽斯的普及教育思想闪烁着民主的光芒，所有人不论贫富均可接受教育。

④**教育内容丰富。** 夸美纽斯在教育内容上提出泛智思想，主张学习内容广泛而丰富。

⑤**具有宗教色彩。** 由于夸美纽斯在认识上的局限性，导致其对普及教育中一些重要问题的认识仍有不足；另外，他的思想带有宗教色彩。

2. 泛智学校　（名：5+学校；简：5+学校；论：18合肥师范学院，22长江）

普及教育的核心是泛智思想，泛智思想表现为开办泛智学校。下面为大家详解泛智学校，了解了泛智学校，也就了解了泛智思想，也就更深入地了解了普及教育的内涵。

泛智思想是夸美纽斯教育体系的又一指导原则，也是其教育理论的核心，是他从事教育实践和研究教育理论的出发点和归宿。所谓"泛智"，用夸美纽斯的话来说，就是"把一切事物教给一切人"，并且认为"一切儿童都可以教育成人"。它包含两个方面的内容：

①**教育内容泛智化。** 掌握对于人类来说必需的一切知识。他认为人们所受的教育应当是周全的，要"学会一切现世与来生所必需的事项"。

②**教育对象普及化。** 夸美纽斯指责当时的学校只是为富人、贵人设立的，穷人等被排斥在校门之外。他要求学校向全体人民敞开大门，不论富贵贫贱，"所有（一切）男女儿童都应该上学"。

泛智学校是实行泛智思想的场所，也是面向所有人实行的一种周全的百科全书式的教育。在泛智学校里，采用班级授课制，实行学年制，编写统一的"泛智"教材。

> **凯程提示**
>
> 夸美纽斯说过的四个"一切"，考生一定要记住，即"把一切事物教给一切人""一切儿童都可以教育成人""一切男女儿童都应该上学"。

> **凯程拓展**
>
> 宗教革命领袖路德的普及教育和夸美纽斯的普及教育含义一样吗？答案是他们的普及教育的内涵是不一样的。
>
> 路德主张的仅仅是普及识字教育，目的是人人都能阅读《圣经》，并直接与上帝沟通，心灵免受旧教牧师的愚弄，可见它的普及教育主张直接为宗教和教派利益服务，标准十分低下。而夸美纽斯主张的泛智思想的普及教育则是"把一切事物教给一切人"，其目的是使每个人都成为理性的造物，成为万

物的主宰。因此，尽管夸美纽斯在《大教学论》中引用了不少路德的论述，但其普及教育的新主张却是路德难以企及的。

考点5 统一学制与统一管理（国家建设教育）★★★★ 15min搞定

（简：18云南师大，19广东技术师大；论：12沈阳师大，15安徽师大）

1. 统一学制

（1）**内容：** 为了便于管理全国的学校，使所有儿童都有上学机会，夸美纽斯主张建立全国统一学制。他把儿童从出生到青年分为四个阶段，每个阶段都有与之相适应的学校。

① 1～6岁：婴儿期—母育学校—春季—每个家庭。
② 6～12岁：儿童期—国语学校—夏季—每个村落。
③ 12～18岁：少年期—拉丁语学校—秋季—每个城市。
④ 18～24岁：青年期—大学—冬季—每个王国。

（2）**评价：** 夸美纽斯基于泛智思想，第一次提出了统一的学校体系。这种建立全国统一的、既分段又相连的学校制度的思想，对西方教育的发展影响很大，各国建立公立学校的制度正是在此基础上逐步发展起来的。

凯程拓展

夸美纽斯不仅提出了统一的学制，而且为各级学校规定了广泛的百科全书式的教学内容，如下表所示：

阶段	学校	教学内容
婴儿期	母育学校	涉及胎教、体育、智育、德育和游戏
儿童期	国语学校	读、写、算，教义问答，自然科学知识，用国语教学，反对用拉丁语教学
少年期	拉丁语学校	"七艺"、神学与自然科学知识
青年期	大学	广博而周全的课程

2. 统一管理（夸美纽斯的教育与教学管理思想）★★★★★

夸美纽斯在教育史上的另一个重大贡献是他提出了一套比较系统、完整、有独创性的教育与教学管理思想。

（1）**国家对教育的管理。**

①**国家要承担设立学校的责任。** 夸美纽斯认为教育对改造社会和建设国家，对人的发展都起着巨大的作用。因此国家应该重视教育，应该普遍设立学校。

②**国家要承担督学的责任。** 夸美纽斯认为国家应设置督学，对全国的教育进行监督，以保证全国教育的统一发展。他是最早提倡国家设置督学的教育家。

（2）**国家对学校体系的建构。**

国家要采用统一学制的思想建制建学。为了使所有的儿童都有上学的机会，夸美纽斯根据教育适应自然的原则提出了建立全国统一学制的主张。按照统一学制的设想，他希望使每个家庭有一所母育学校，每个村庄有一所国语学校，每座城市有一所文科中学，各个王国或每个省有一所大学。各国的普及教育及公立学校制度正是在此基础上逐步发展起来的。

（3）**建立学校的教学管理制度。**

夸美纽斯提出采用学年制和班级授课制以及匹配的考试制度来进行学校管理，以此来提高教学效率，促进学生集体的形成，也为学校教学管理的制度化、标准化提供了可能。

（4）管理学校各类人员。

①**明确校长的职责。**校长是全校的核心和支柱，有教学、监督、培训教师、管理学校各种材料等职责。

②**重视纪律在学校管理中的作用。**他制定了各种规章制度来管理学校的各类人员和各项工作，对教育管理学的形成做出了很大的贡献，在教育管理思想的发展史上占有一席之地。

👉 考点 6 学年制和班级授课制（学校建设教育）⭐⭐⭐⭐⭐ 5min搞定（简：5+学校；论：14北师大，15安徽师大）

（1）学年制。

为了改变当时学校教学活动缺乏统一安排的无序状况，夸美纽斯在《泛智学校》中制定了学年制度。所谓学年制度，就是所有学校各个年级在一年之中只招一次学生，同时开学，同时放假。学年结束时，同年级学生通过考试同时升级。这样便于同一年级的学生统一学习进度。此外，学校工作应按月、按周、按日、按时安排妥切。

（2）班级授课制。（简：22首师大、湖南科技）

为了实现普及教育，提高教学效率，夸美纽斯提出并全面系统地论述了班级授课制。他认为班级授课制是最有教学效率的教学组织形式，要求用班级授课制来代替个别教学。所谓班级授课制，就是把不同年龄、不同知识水平的儿童，分成不同班级，通过班级进行教学。

夸美纽斯提出的班级授课制为彻底改革个别教学提供了理论基础，对普及教育的发展起到了很大的推动作用，同时，促进了学校教学管理的制度化、标准化。班级授课制是他对世界教育做出的重大贡献，但他过分强调集体教学，忽视了个别指导，而且认为每个班的学生越多越好，这是不科学的。

👉 考点 7 论教学原则、论道德教育、论健康教育（教师建设教育）（补充知识点）[①]
⭐⭐⭐⭐⭐ 15min搞定

（1）论教学原则。⭐⭐⭐⭐⭐ （简：19苏州；论：22信阳师范学院，23新疆师大）

夸美纽斯在历史上第一次系统地总结了教学原则，这些教学原则主要是关于智育的原则。

①**直观性原则。**夸美纽斯的功绩在于第一次从感觉论出发论证了直观教学的重要性和实施方法。直观教学应从观察实际事物开始，在不能进行直接观察时则应利用图片或模型。自然科学知识的教学则应多采用参观、实验的方法。夸美纽斯认定直观性原则是教学工作的一条"金科玉律"，是一切教学的基础。

②**激发学生求知欲原则（自觉、主动原则）。**夸美纽斯认为求知的欲望是人的天然倾向，是人的自然本性。针对当时学校普遍存在的强迫孩子们去学校学习功课的现象，他提出在传授知识之前，父母、教师、学校和国家必须采取一切可能的方式激发孩子们的求知欲，引导他们自觉、主动地学习。

③**巩固性原则。**第一，应教给学生真正有用的科目、有价值的知识；第二，要循序渐进，真正打好基础。

④**量力性原则。**夸美纽斯从教育适应自然的理论出发，在教育史上首次提出量力性原则，不仅击中时弊，而且反映了教学工作的客观规律。

⑤**系统性和循序渐进原则。**夸美纽斯要求教学工作要依据儿童的年龄特点和理解能力，循序渐进地进行。循序渐进是与系统性紧密联系的。他认为教学必须按照一定的秩序和阶段逐渐发展，给予学生系

[①] 333大纲中没有要求掌握这一考点，但它是夸美纽斯教育思想中非常重要的内容，建议考生重点学习。

统的、有联系的知识。

⑥**启发诱导原则**。夸美纽斯将儿童的心理比作种子或者谷米，认为儿童具有极大的发展可能性，其发展是由内向外的，故儿童的教育应当循循诱导，实际上也就是要调动儿童学习的自觉性、积极性。所以，他坚决反对强迫学生学习，而认为必须启发学生热爱学习的愿望。

除教学原则外，夸美纽斯对各门学科，如自然科学、艺术和语言等，也有许多教学原则和方法上的新见解。这同样是他在教学理论方面所做出的重要贡献。

凯程助记 直观启发求知欲，巩固量力还系统。

（2）论道德教育（补充知识点）。★★★

夸美纽斯的贡献在于他突破了宗教桎梏，把世俗道德的培养从宗教教育中分离出来，成为一个独立的部分。

①**德育的重要性：** 夸美纽斯非常重视道德教育，认为德育比智育更重要，提出"把道德教育放在首位"和"先学德行，然后学智慧"。

②**德育内容：** 他把谨慎、节制、刚毅、正义作为道德教育的基本内容，还在德育中纳入一个崭新的概念——劳动教育。

③**德育方法：** a. 尽早开始正面教育。b. 从行动中养成道德行为的习惯。c. 榜样。d. 格言与行为规则。e. 择友。f. 纪律。

凯程助记

助记1： 德育内容方面，按照古希腊四大美德（智慧、勇敢、正义、节制）的方式去记忆会更简单一些，把智慧换成谨慎、把勇敢换成刚毅，那么夸美纽斯完整的德育内容是：古希腊四大美德＋劳动教育。

助记2： 德育方法方面，择友与榜样选择尽早受教育的有纪律的人，他们有良好的行为规则与习惯。即把几个德育方法的关键词串成一句话。

（3）论健康教育（补充知识点）。★

①**倡导提高生命的质量，并以辩证的观点看待人生寿命的长短**。他认为只要能正当利用生命，"短促的生命也足够达到最高的目标"。其中，最主要的就是要抓紧一点一滴的时间，使自己的知识和工作积少成多，最终成就伟大的事业。

②**注意身体的保养和锻炼**。他认为除了尽量避免危害生命的偶然事件外，最重要的就是营养、锻炼和休息，三者不可或缺，也不可过量，学校应当据此恰当地安排学习和休息时间。

③**强调儿童的健康培养始于母亲的胎教，胎教也是学前教育的起点**。

考点 8 夸美纽斯教育思想的历史地位与影响 ★★★★ 15min搞定（简、论：20＋学校）

（1）在理论上，夸美纽斯为近代资产阶级教育理论的发展奠定了基础。

①**夸美纽斯是一位民主主义的教育理论家**。首先，他的教育作用和目的体现了民主性。他主张把民众培养成具有"道德、学问、虔信"的人。其次，他基于自然主义的身心发展规律谈教育。教育适应自然的原则是贯穿夸美纽斯整个教育理论体系的一条根本的指导性原则，他据此提出了依据人的自然本性和儿童年龄特征进行教育的要求。最后，他的泛智教育和普及教育思想都体现了民主性。

②夸美纽斯是一位探索国家建制建学的教育实践家。他第一次提出国家建立分段又衔接的学制体系；他第一次建立标准化、制度化的教育管理制度；他第一次创造性地提出学年制、班级授课制等新型学校制度；他第一次完善地总结教学原则。

③夸美纽斯是一位多产的教育著作家。《大教学论》是西方近代以来第一本教育学著作；《母育学校》是西方教育史上第一本学前教育著作；《世界图解》是欧洲第一部儿童看图识字课本；此外还有《泛智学校》《语言学入门》等一系列著作。

（2）**在实践上，夸美纽斯致力于教育普及和使教育为现实生活服务。**他开设泛智学校并编写统一的泛智教材，践行教育适应自然原则、泛智教育和普及教育思想；他创立了西方教育史上第一个从学前教育到大学教育的单轨学制，系统地论述了班级授课制和学年制，并在学校中进行倡导与实践；他提出了教学原则、道德教育、健康教育、学校制度等方面的设想，并努力应用于教育实践。

（3）**在传播上，夸美纽斯是对人类做出伟大贡献的世界级教育家。**夸美纽斯的建制建学的教育思想成为国际通行的学校教育制度的基本结构，为后来欧美乃至世界各国掌管教育权、建立公立学校、颁布教育法、实施学校制度提供了理论支持；他力图探讨教学工作的规律，提出了改革旧教育课程体系及教学工作的原则和方法，奠定了近代教学理论的基础。

（4）**局限性：一方面，夸美纽斯的教育思想具有浓厚的宗教色彩。**夸美纽斯认为人是上帝的造物和自然的一部分，其宗教思想时刻体现在他的教育著作中。**另一方面，方法论上有局限性。**夸美纽斯引证自然，采用与自然或社会现象类比的方法论述教育问题，不免片面、呆板，一些结论显得有些牵强附会。

综上所述谈地位：夸美纽斯是奠定欧洲近代教育理论体系基础的伟大教育家。他继承了文艺复兴以来人文主义教育思想的成果，总结了自己四十余年丰富的教育实践经验，系统地论述了教育的理论和实际问题。他所著的《大教学论》享誉世界，他对世界教育的发展做出了巨大的贡献，在世界教育史上占有特别重要的地位。

凯程助记

夸美纽斯的教育思想

教育著作	《大教学论》《母育学校》《世界图解》等
教育思想	（1）教育目的与作用。 （2）指导原则：教育适应自然原则；普及教育与泛智思想。 （3）兴办教育，建制建学： ①国家建设教育：统一学制；统一管理（教育与教学管理思想）。 ②学校建设教育：学年制；班级授课制。 ③教师建设教育：智育——论教学原则；德育——论道德教育；体育——论健康教育

凯程提示

提示1：考试时有可能考查夸美纽斯教育思想中的一部分内容，也有可能考查夸美纽斯所有的教育思想，如"请论述夸美纽斯的教育影响"，这就需要考生将他所有的教育思想一一写明。这样考查的可能性较小，但是详细考查其中一个知识点的可能性比较大。所以，考生要把夸美纽斯教育思想的基本理论按条理记清楚。

提示2：333大纲知识点的顺序为论教育的目的与作用；论普及教育、泛智学校、统一学制及其管理实施；论学年制和班级授课制；论教育适应自然的原则。请考生核对，凯程打乱333大纲知识点顺序，以更合乎逻辑的方式编写了夸美纽斯的教育思想，帮助考生更好地把握其教育思想的内在逻辑，同时没有遗漏333大纲任何一个知识点，考生可以放心使用此书进行学习和背诵。

经典真题

名词解释

1. 《大教学论》（10、11沈阳师大，10、11、15内蒙古师大，11安徽师大，12杭州师大，13、17、19西华师大，17四川师大，18渤海、山西，20合肥师范学院、深圳，21河南师大，23宁夏）
2. 夸美纽斯（12、15江苏师大，15宁波，18郑州，19浙江，20集美）
3. 泛智教育（13山西，14西北师大，17江西师大，17、23贵州师大，18云南师大、合肥师范学院，21齐齐哈尔，22海南师大，23华中师大、湖州师范学院、石河子、聊城）

简答题

1. 简述夸美纽斯的教育思想。（12浙江师大，13苏州，16云南师大，16、17广西，17山东师大，18曲阜师大，19、20贵州师大，21江苏、湖南理工学院，22广西师大）
2. 简述夸美纽斯普及教育的思想。（10闽南师大，21沈阳师大）
3. 简述夸美纽斯的泛智教育思想/泛智学校的基本观点。（10、22山西师大，17江西师大、贵州师大，18广西民族，20湖南师大，22大理，23合肥师范学院、西北师大）
4. 简述夸美纽斯统一学制及统一管理。（18云南师大，19广东技术师大）
5. 简述夸美纽斯的学年制和班级授课制。（15集美、辽宁师大，17中央民族，18中国海洋、湖南农业，19、20内蒙古师大，20华东师大，22湖南）
6. 简述夸美纽斯班级授课制的理论及其意义。（22首师大、湖南科技）
7. 简述教育适应自然的原则。（13、16云南师大，16聊城，17北华，19宁波、云南，20湖州师范学院，21杭州师大、上海师大、湖南科技，23苏州科技、浙江）
8. 简述夸美纽斯的教育贡献。（11山东师大，12河南师大，13延安，15西北师大）
9. 简述夸美纽斯的感觉实在论教育思想。（23闽南师大）

论述题

1. 论述夸美纽斯教育思想的主要观点。（10湖北，12、19辽宁师大，13湖南科技，13、16扬州，15曲阜师大，16浙江师大、哈师大，18宝鸡文理学院，22中央民族、东北师大，23天水师范学院）
2. 论述夸美纽斯关于班级授课制的基本观点。（14北师大，21同济）
3. 试述夸美纽斯的学校改革思想及其对近代教育的影响。（12沈阳师大，15安徽师大）
4. 论述夸美纽斯的教育适应自然原则及其对我国基础教育的启示。（12西南、湖南师大，15湖南科技，17福建师大，20河南师大）
5. 论述夸美纽斯普及教育的思想及其历史贡献。（12闽南师大，15赣南师大，17扬州，22江西师大）
6. 论述夸美纽斯的泛智论。（18合肥师范学院，22长江）
7. 论述夸美纽斯关于教学原则的主要内容及其现实意义。（22信阳师范学院，23新疆师大）

第二节 卢梭的教育思想

(辨：21南京师大；简：22青海师大，23广西师大；论：15云南师大，17延边，19曲阜师大)

考点1 卢梭的简介与著作 5min搞定 (名：19湖北)

1. 卢梭的简介

卢梭是18世纪法国启蒙运动中最激进的伟大思想家，被视为法国大革命的导师和旗手。在世界教育发展的历史中，卢梭更是一名扭转乾坤的勇猛战士。卢梭教育思想的基本特征是高度尊重儿童的天性，倡导自然教育和儿童本位的教育观。他充满浪漫色彩的教育理想和对封建教育的激烈批判，不仅在当时的法国引起了强烈反响，而且对整个欧洲，对后世的教育也产生了深远的影响。卢梭又是一个对新的社会制度充满幻想的教育家，主张在新的社会中建立国家教育制度和培养良好的公民。

然而，如此伟大的思想家和教育家却一生坎坷。母亲早逝，父亲也因诉讼失败而被迫离开他，卢梭自小失去家庭，开始了漂泊的人生之路。他唯一的一次正规学习是在波塞接受的两三年教育。后来，卢梭迫于生计，来往于欧洲多地，从事过各种下层职业，广泛接触了城市和乡村的各种社会阶层，他一直保持着对劳动者的同情和对恶势力的憎恨。

幸运的是，年轻的卢梭在其他启蒙运动思想家的帮助下走向了法国文坛，卢梭凭借着自己的天赋，创作了一系列引起轰动的著作，如《论人类不平等的起源和基础》《社会契约论》《新爱露伊斯》《爱弥儿》等。下面，为大家详细介绍他的教育类著作《爱弥儿》。

2.《爱弥儿》 (名：10+学校)

作为专门的教育论著，《爱弥儿》不仅包含了卢梭此前的革命思想，而且将这些思想运用于教育问题的思考，总结成自然主义教育思想。

（1）**内容**：该书是一本夹叙夹议的教育小说，书中以富家孤儿爱弥儿为主人公，论述了男子的教育改革，批判了欧洲旧教育的荒谬腐朽，并提出了新教育的原则和理想。并且借爱弥儿未来妻子苏菲的教育，论证了女子教育的革新。全书反映了自然主义教育思想，阐述了性善论。其思想对后世许多教育家都有启发和影响。

（2）**评价**：该书在西方教育史上首次系统提出了新的儿童教育观，从而在教育史上掀起了一场"哥白尼式的革命"。但教育历来是欧洲教会势力盘根错节的重要领地，捅了这个马蜂窝，立即给卢梭带来了铺天盖地的迫害。巴黎大主教亲自出面焚烧《爱弥儿》，高等法院下令通缉卢梭，报纸、杂志则推波助澜，一些原来的朋友也与他反目成仇。致使卢梭以其50岁之身躯，先后逃亡于欧洲各地，最后隐姓埋名于法国乡村，1778年，卢梭在贫病之中与世长辞。

考点2 自然教育理论及其影响 30min搞定 (简：30+学校；论：40+学校)

1. 理论基础：性善论与感觉论

（1）**性善论**。

在人的天性方面，卢梭推崇性善论。他认为在人的善良天性中，包括两种先天存在的自然感情，即自爱心和怜悯心。怜悯心可以使人的自爱心扩展到爱他人、爱人类，教育应顺从这种天性。

卢梭还特别强调"良心"的作用。他认为"良心"也是自然天赋，其不仅能指导人们判断善恶，而且能指引人弃恶从善。不过"良心"虽人人有，但由于世间的污浊、偏见，"良心"难以起作用。要使"良心"起作用，最好的办法是让儿童离开乌七八糟的城市社会，去接近自然的农村生活。

凯程助记 卢梭的性善论表现为"三心"：自爱心、怜悯心、良心。

（2）感觉论。

卢梭不仅认为人性本善，而且深信人的心灵中存在着认识世界的巨大能量，人生来就具有学习能力，那就是人的感觉。卢梭承认感觉是知识的来源。他认为所有一切都是通过人的感官进入人的头脑的。所以人最初的理解是一种感性的理解，正是有了这种感性的理解做基础，理智的理解才得以形成。理性认识事物的前提是感觉器官的成熟，所以要加强儿童的感官训练。

2. 自然教育理论

（1）自然教育的基本含义。（名：5+学校；辨：13南京师大；简：20+学校）

①**教育应遵循自然天性**。自然教育理论是卢梭教育思想的主体，自然教育的核心是"回归自然"。善良的天性存在于纯洁的自然状态中，教育要顺应人的自然本性。

②**儿童受到自然的教育、人为的教育、事物的教育三方面的影响**。应该以自然的教育为中心，使事物的教育和人为的教育服从于自然的教育。只有这三方面教育相互配合并趋于自然的目标，才能使儿童享受到良好的教育。

③**发挥儿童在自身成长中的主动性，主张"消极教育"与"自然后果法"**。

所谓"消极教育"，是指成人不干预、不灌输、不压制，并让儿童遵循自然，率性发展。如果以成人的偏见加以干涉，只会破坏自然的法则，从根本上毁坏儿童。教师的作用只是要防范不良环境的影响。

所谓"自然后果法"，是指让孩子体验到自己的选择产生的自然而然的后果，用直接的体验取代说教或者惩罚，从而促使他们吸取教训的方法。

（2）自然教育的培养目标。

自然教育的目的是培养"自然人"，即完全自由成长、身心调和发达、能自食其力、不受传统束缚、能够适应社会生活的一代新人。相对于专制国家的公民来说，自然人就是独立自主、自由平等、道德高尚、能力和智力极高的人。

（3）自然教育的方法原则。（名：18沈阳师大）

①正确看待儿童，这是自然教育的一个必要前提。

②给儿童以充分的自由，进行"消极教育"，即遵循自然天性的教育。

③具体要求就是教育要符合儿童发展的年龄特征，尊重个体差异，因材施教。

（4）自然教育的实施。（名：15河南师大；论：20合肥师范学院、苏州）

根据年龄阶段的分期，卢梭提出教育者要按照学生的不同年龄特点进行教育。

阶段	主要发展任务	具体内容
第一阶段：婴儿期（0～2岁）	身体的养育和锻炼	这一时期，教育的主要任务是促进儿童身体的健康发育。因为健康的体魄是智慧的基础，是儿童接受自然教育的条件
第二阶段：儿童期（2～12岁）（"理性的睡眠期"）	感官教育和身体发育	在教育方法上，应该用"自然后果法"，即让儿童承受由于自己的过失而招致的后果，从而自觉纠正错误行为

续表

阶段	主要发展任务	具体内容
第三阶段：青年期① （12～15岁）	智育和劳动教育	在学习内容上，卢梭主张选择有用且能增进人的聪明才智的知识。 在智育方法上，主张让儿童主动地学习。 卢梭重视对这一时期的儿童进行劳动教育，在各种劳动中，他最看重手工劳动
第四阶段：青春期（15～20岁）	道德教育	卢梭认为在培养了儿童个人良好的行为习惯之后，进而就要培养善良的感情、道德判断能力以及坚强的道德意志。道德教育应从发展人的自爱自利开始，把"爱"作为道德的中心内容

3. 自然教育理论的影响 ★★★★★

卢梭的教育思想高度尊重儿童的天性，倡导的是自然主义和儿童本位的教育观，是现代教育思想的重要来源。

（1）积极影响。

①**理论价值：** 自然主义教育思想丰富了教育理论，为西方近代教育理论的科学化奠定了必要的基础。

②**教育对象：** 自然主义教育思想重视儿童的研究，确立了儿童在教育中的主体地位，主张解放儿童的天性，具有划时代的意义。

③**教育实践：** 自然主义所提出的适应自然的教育原则、直观教学方法等丰富了近代教学理论和实践。

④**历史影响：** 自然主义教育家反对和控诉封建专制制度对儿童个性和自由的摧残与压制，反对经院主义教育强迫儿童死记硬背、学习宗教教义的各种劣行，具有反宗教、反封建的历史影响，促进了教育近代化的发展，对后来新教育、进步教育以及杜威的教育思想都有一定的影响。

（2）局限性。

①**理论缺陷：** 自然主义教育的核心概念——"自然"不清晰，缺乏严谨性。

②**实践弊病：** 一些自然主义教育家用自然现象类比教育现象，缺乏一定的科学依据，使自然教育理论简单化和理想化。于是，在实践中过度放纵儿童，可行性小。

③**价值取向：** 忽视了教育的社会属性。

④**研究方法：** 一些自然主义教育家运用类比论证、思辨演绎、经验推理、天才设想等论述儿童教育和教育方法，缺乏科学依据。

> **凯程提示**
>
> 1. 卢梭的"消极教育"体现了把教师在教育中的中心地位让位于儿童的自主发展的思想，儿童不再被动受教，教师也不再主导一切。卢梭革新了儿童观和教育观。
>
> 2. 考生要注意"自然教育"的含义。卢梭是自然主义教育的代表人物和集大成者。自然主义教育源远流长，请考生思考：古希腊时期哪些教育家倡导过自然教育？卢梭的教育理论建立在人性论的基础上，主张性善论。请问中国教育史上谁是主张性善论的？考生需要自己总结对比一下。
>
> 3. 教育家的主张并不代表绝对正确，但是他们的思想启发着后人的智慧。在记住他们思想、理解他们主张的前提下，考生可以适当地评析这些教育家。如果自己实在无话可说，不妨找一些相关论文启发思路，也可以顺便学习一下如何答题。

---

① 在吴式颖、李明德的《外国教育史教程》（第三版）中，第三阶段是青年期，第四阶段是青春期。但在一些教材中，按照现在最新的心理学研究成果，翻译者主动将第三阶段改编为青春期，第四阶段改编为青年期。凯程建议依据吴式颖、李明德的《外国教育史教程》（第三版）来记忆，这本书是外国教育史的权威教材。

考点 3　公民教育理论 ⭐5min搞定

卢梭在《爱弥儿》中所表达的自然主义教育思想，是在封建制度发生危机，资产阶级革命时代已经来临，但封建专制制度尚未倒台的政治前提下提出的革命主张，这只是卢梭教育思想的一个方面。另一方面，卢梭是一个对新的社会制度充满幻想的思想家。他在设想新制度建立后的教育问题时，特别主张建立国家教育制度和培养良好的国家公民。这一思想主要表现在其于1773年写的《关于波兰政治的筹议》第四章专论教育中。

(1) 公民教育理论的主要内容。

①**教育管理：**在资本主义社会民主制度建立后，国家应该管理教育，实现人人平等的普及教育制度。

②**促进平等：**帮助贫民子弟入学。当学校教育由国家掌管时，不能按教育对象的贫富分设学校和课程，而是要求儿童接受同样的教育，尽可能免费，如果不能免费，那么就尽可能以最低的学费使贫民子弟入学。

③**教育目的：**理想国家的教育目的是培养忠诚的爱国者。

④**教师任用：**国家负责管理和任用教师，教师需由本国公民担任。

⑤**教育内容：**体育是教育里最重要的部分，"不仅是为了使儿童健康而强壮，尤其是为了对道德的影响"。此外，德智并重，尽早施教，这与"爱弥儿"12岁以后才接受知识教育，15岁以后才接受道德教育很不相同。

⑥**教育方法：**即使在民主、平等的理想国度，也要尊重孩子的天性与自由，教育要以儿童为中心，也要通过"消极教育"和"自然后果法"实施教育。

(2) 评价：从卢梭的公民教育思想里可以看出其对封建社会的痛恨，对理想社会的期待和憧憬。他认为未来的理想国家能够照顾贫苦大众，尤其是能够建立平等的教育制度，当社会制度更优越时，普及教育的任务当然就要交给国家。

> **凯程提示**
> 卢梭的自然主义教育思想和公民教育思想并不矛盾。在封建社会里，卢梭主张自然主义教育；在新生的资本主义民主社会里，卢梭主张公民教育。

考点 4　卢梭教育思想的历史地位与影响 ⭐⭐⭐⭐ 8min搞定

(1) 在理论上，卢梭倡导自然教育和儿童本位的教育观，其教育思想在西方教育史上被视为新旧教育的分水岭。卢梭教育思想的基本内容是高度尊重儿童的善良天性和自由，把儿童放在教育过程的中心。他提出的研究学生、研究儿童的号召，已经成为教育研究的永恒课题。不论他的自然主义教育理论还是公民教育理论，其本质都是儿童中心论。

(2) 在实践上，卢梭的教育思想促使德国巴西多开办了自然主义性质的泛爱学校。"泛爱学校"既是卢梭精神的产物，也是发展卢梭思想的成果。不过，卢梭主张的是家庭教育，巴西多创立的却是学校；卢梭反对儿童读书，巴西多及其助手却编出了图文并茂的教科书和儿童文学读本等。

(3) 在传播上，卢梭的自然教育思想对当时和后世产生了超越教育领域的重大影响。

①**在当时，卢梭的自然主义教育思想从教育界到政治文化界均产生了反封建、反宗教的划时代意义。**卢梭的教育学说包含着相当激进的思想，充满了新兴资产阶级自由、平等和博爱的精神，他深刻地批判

封建社会和封建教育，给天主教教育以沉痛的打击，对新社会和新教育提出设想。

②对后世，卢梭的自然主义教育思想走向全世界，奠定了自然主义教育思潮、实用主义哲学和进步教育的理论基础。卢梭不仅影响了近代巴西多、康德、裴斯泰洛齐等人的思想，形成了19世纪的自然主义教育思潮，还影响了20世纪的杜威，杜威在批判继承卢梭的教育思想的基础上形成了实用主义教育思想。卢梭还对后来的新教育运动、进步教育运动都有一定的影响。

（4）局限性：虽说卢梭为教育的发展做出了突出贡献，但是他本身也是一位备受争议的教育家，其教育思想也有不足之处。他对儿童天性的看法过于理想化，过于强调儿童在活动中的自然成长，忽视社会的影响和人类文化传统的教育作用，过高估计儿童直接经验的作用，忽视学习系统的书本知识。

综上所述谈地位：卢梭是18世纪法国启蒙运动中最激进的伟大思想家，被视为法国大革命的导师和旗手，他在教育思想和实践中带来了"哥白尼式的变革"。他首次完整总结了自然主义教育理论体系，对封建教育的批判和对新教育所提出的设想有着划时代的意义。这不仅在当时的法国引起过强烈反响，而且对整个欧洲、对后世的教育也产生了深刻的影响。

凯程助记

卢梭的教育思想

著作	《爱弥儿》
自然主义教育	（1）理论基础：性善论与感觉论。 （2）自然教育理论。 ①基本含义：自然教育的核心是"回归自然"。 ②培养目标："自然人"。 ③方法原则：正确看待儿童；给儿童以充分的自由；教育要符合儿童发展的年龄特征。 ④实施阶段。 第一阶段：婴儿期（0～2岁），主要发展任务为身体的养育和锻炼。 第二阶段：儿童期（2～12岁），又称"理性的睡眠期"，主要发展任务为感官教育和身体发育。 第三阶段：青年期（12～15岁），主要发展任务为智育和劳动教育。 第四阶段：青春期（15～20岁），主要发展任务为道德教育。 （3）自然教育理论的影响
公民教育	在新生的资本主义民主社会里，卢梭主张公民教育，特别主张建立国家教育制度和培养忠诚的爱国者
历史地位与影响	"哥白尼式的变革"：理论上，西方新旧教育的分水岭；实践上，推动泛爱学校的开办；传播上，反封建、反宗教的划时代意义（在当时），自然主义教育思潮、实用主义哲学和进步教育的理论基础（对后世）；局限性上，备受争议的教育家，教育思想有不足之处

经典真题

›› 名词解释

1. 《爱弥儿》（11、12、16云南师大，13苏州，15内蒙古师大，17杭州师大、宁波，19河南师大、上海师大，20山东师大、湖南科技）

2. 卢梭（19湖北）

3. 自然教育（15陕西师大，17安徽师大、鲁东，17、21西安外国语，19江苏师大、重庆师大）

4.自然后果律（23中国海洋）

>> **辨析题** 卢梭把认识过程分为判断和接纳两个过程。（21南京师大）

>> **简答题**

1.简述卢梭的教育思想。（22青海师大，23广西师大）

2.简述卢梭的自然教育理论。（10苏州，10、11渤海，11南京师大，11、20广西师大，12中南，12、19江苏师大，13延安、鲁东，14哈师大、四川师大、内蒙古师大，15福建师大、中国海洋、湖南师大，15、16湖南科技，15、17华南师大，16天津师大、安徽师大，16、18、19上海师大，17广西民族，18南京航空航天，19辽宁师大、西北师大、石河子，20山西师大、大理、浙江海洋、天水师范学院，21海南师大、湖北、云南师大、江汉，22齐齐哈尔，23华中师大、淮北师大、温州、三峡）

>> **论述题**

1.论述卢梭的自然教育理论及其影响。（11中南、西南、广西师大、南京师大，11、14、16、17、19辽宁师大，12江苏师大、延安、中山，12、14哈师大，12、18杭州师大，12、23华东师大，13重庆师大，13、15苏州、聊城，13、19江西师大，14华中师大、河北、上海师大，14、20、23扬州，15湖南师大、山东师大，15、17吉林师大，16东北师大、内蒙古师大，17北华、江苏、南京航空航天，18赣南师大、南宁师大，18、23集美，19西北师大、石河子、贵州师大、浙江师大、四川师大，20湖南科技、中国海洋，21河南师大、深圳、温州、山西师大、佛山科学技术学院、宝鸡文理学院，21、22新疆师大，23海南师大、信阳师范学院、曲阜师大）

2.试论述卢梭自然教育的阶段及任务。（20苏州、合肥师范学院）

3.比较夸美纽斯和卢梭的自然主义思想。（21山西师大，22浙江师大）

第三节 裴斯泰洛齐的教育思想

（简：21广西师大；论：13湖北，16北华，21广西师大，22河南师大）

考点1 裴斯泰洛齐的简介与教育实践活动 10min搞定

1.裴斯泰洛齐的简介

裴斯泰洛齐是18世纪末19世纪初享有世界盛誉的瑞士著名教育家。他一生热爱儿童，他对教育事业的奉献精神，对教育革新的执着追求和坚毅实践，在教育理论上的潜心探索和独创见解，不仅为世界教育理论和实践的发展做出了重要贡献，也为教育工作者树立了一个令人十分崇敬的教育家形象。他最重要的代表作是《林哈德和葛笃德》，他毕生有四次教育实验：建立新庄、创办斯坦兹孤儿院、改革布格多夫国民学校和建立伊佛东学校。这四次实验串联了他的教育生涯。

2.教育实践活动

(1) 1768年，建立"新庄"。

1768年，裴斯泰洛齐购置了一块荒地，取名诺伊霍夫，即"新庄"。1774年起，他将"新庄"逐渐变成一所"贫儿之家"，收留了几十名孤儿和乞儿，传授他们劳动技能，使之能够独立生活。由于经费问题，"贫儿之家"最后停办了。此后的十多年间，裴斯泰洛齐主要从事教育理论的研究与写作，《林哈德和葛笃德》

这部教育小说便是在这个时期完成的。

(2) 1798 年，创办斯坦兹孤儿院。

1798 年，裴斯泰洛齐受政府之托，创办了斯坦兹孤儿院。他与孤儿们相依为命。同时，他努力对孤儿进行"心的教育—手的教育—头的教育"，使儿童在智力、身体和道德方面都得到发展。他在已有的教育经验的基础上，继续探索读、写、算的知识教学和学习工农业技艺，以及参加与劳动相结合的教育途径。只可惜因为战争，孤儿院改为医院，裴斯泰洛齐只能惋惜地又一次终止了他的教育实验。

(3) 1799 年，改革布格多夫国民学校。

离开斯坦兹后，裴斯泰洛齐在布格多夫的一所小学任教。不久又应邀负责领导另一所小学的工作，这是一所公立学校，也是近代欧洲初等学校诞生的标志。在这里，裴斯泰洛齐正式开始了他的初等教育改革试验。他探讨如何在初等学校根据人的心理发展规律组织合适的教学内容，运用简化的教学方法对儿童进行全面的和谐发展教育。经过几年的努力，师生之间形成家庭式的融洽关系，学生身心得到了和谐发展，而且逐渐形成了一套新型的教育和教学原则与方法体系，从而受到国内外的极大关注。

(4) 1805 年，建立伊佛东学校。

1805 年，裴斯泰洛齐带领部分师生迁到伊佛东城，建立了伊佛东学校，并设立了小学、中学和师范部。在此，裴斯泰洛齐更系统地继续开展他的教育革新实验和教育理论探索。1825 年，由于各种矛盾和困难相继出现，裴斯泰洛齐停办了伊佛东学校，此后，他拖着疲惫和衰老的身体回到早年创办的"新庄"，并写了《天鹅之歌》和《生活命运》，以总结他一生的教育活动。

为纪念这位伟大的教育家，瑞士人民在他的墓碑上铭刻着这样的颂词：新庄平民的救星、斯坦兹孤儿之父、布格多夫国民学校的创办人、伊佛东的人类教育家——毫不利己，专门利人！

考点 2　论教育目的（简：23 大理）

裴斯泰洛齐认为教育的首要功能是促进人的发展，尤其是人的能力的发展。教育的作用不在于传授专门的知识或技能，而在于发展人类的基本能力。这一思想的基本内涵是：

(1) **每个人生来都有天赋的潜能，都要求并尽可能得到发展。**
(2) **人的发展必须通过教育。**
(3) **教育意味着完整的人的发展。** 教育应该使儿童德、智、体各方面的能力得到均衡、和谐的发展。
(4) **通过教育完美地发展人的能力，提高人民的素质。**

裴斯泰洛齐关于教育目的和作用的观点，尽管带有浓厚的人道主义和理想主义色彩，在当时的社会条件下是不现实的，但是其中积极进步的、民主的思想仍然是十分珍贵的。

考点 3　和谐教育论[①]（补充知识点）（论：23 四川师大）

裴斯泰洛齐在初等学校中根据人性的发展规律组织合适的教学内容。他认为，在人的本性中，存在人的心、脑和手的能力的均衡性，并构成人的整体性和统一性，教育也就应使儿童德、智、体诸方面的能力得到均衡、和谐的发展。《天鹅之歌》反映了他的和谐教育思想，主要体现在以下几点：

(1) **受教育机会平等。** 他认为人人都应该受教育。所谓平等的受教育权利，就是要求每个人都必须获得符合他的天性和社会地位的教育。
(2) **教育适应自然。** 教育应适应儿童能力的发展，遵循儿童发展的自然顺序。
(3) **教育必须培养完整的人性。** 在裴斯泰洛齐看来，每个人生来都有全面发展的要求和可能，教育

[①] 和谐教育论参考多篇论文汇集而成。

应尽可能使儿童的德、智、体等方面获得和谐的发展。

(4) **教育应该适应不同个体的需要**。完美的教育是体现学生差异性的教育，每个人都接受了适合自己的教育，教育就真的成了和谐的教育。

考点4　论教育心理学化 ★★★★ 7min搞定　(名：14 天津师大；简：15+ 学校；论：10+ 学校)

在西方教育史上，裴斯泰洛齐是第一个明确提出"教育心理学化"口号的教育家。他确信存在一种人的基本心理规律，教育心理学化就是要找到这种规律，把教育提高到科学的水平，将教育科学建立在人的心理活动规律的基础上。专制主义、经院主义的弊端就在于其不符合儿童的本性，采用了不合适的灌输法，应当根除。

1. 教育心理学化的主要内容

(1) **教育目的的心理学化**。教育要适应儿童心理的发展，将教育的目的和教育的理论指导置于儿童本性发展的自然法则的基础上。

(2) **教学内容的心理学化**。为了使教学内容的选择和编制适合儿童的学习心理规律，他提出了要素教育理论。

(3) **教学原则和教学方法的心理学化**。教学要遵循自然规律，教学程序、教学原则和教学方法要和学生的认识活动规律相协调，并把直观性和循序渐进看作心理学化的基本原则。

(4) **教育者要适应儿童的心理，让儿童成为他自己的教育者**。教育者要调动儿童学习的主动性，培养儿童独立思考和自我教育的能力。

2. 评价

(1) 教育心理学化思想说明人的心理发展是实施教育的基础。所以，裴斯泰洛齐的教育心理学化思想是其和谐发展教育论、要素教育论、初等学校各科教学法的重要理论依据。

(2) 裴斯泰洛齐的教育心理学化思想对19世纪欧洲教育心理学化的思潮产生了重大的影响。

(3) 局限性：由于时代的局限，裴斯泰洛齐对人的心理的理解和解释基本上是感性的，尚未清晰地揭示心理学的基本规律，并不十分科学。

> **凯程提示**
> 裴斯泰洛齐是第一个提出"教育心理学化"口号的教育家，赫尔巴特则把教育学建立在心理学的基础上。二者不可混淆。

考点5　要素教育论 ★★★★ 7min搞定　(名：10+ 学校；简：5+ 学校；论：18 福建师大，19 山西，20 成都)

要素教育论是裴斯泰洛齐基于教育心理学化理论对初等教育内容和方法的重要论述，也是他为初等教育革新所从事的开创性实践的结晶。

1. 要素教育论的理解

按照裴斯泰洛齐的观点，任何事物都是由最基本的要素构成的，儿童掌握了这些要素就能够很到位地学习。教育也应从最基本、最简单的要素开始，由易到难，循序渐进，适应儿童的接受能力。裴斯泰洛齐详细论述了智育、体育及德育中的要素问题。

2. 要素教育论的内容

(1) **智育**。初等学校的智育主要是算术教学、测量教学和语言教学。裴斯泰洛齐把数目、形状和语言确定为教学的基本要素，通过掌握这三个要素可以实现智育的目的。要认识这三个要素，必须具备和发展算术、测量和言语这三个方面的能力，即通过算术来掌握数目，通过测量来认识形状，通过言语（说话）来掌握语言。培养这三种能力的学科是算术、几何与语文。

（2）体育。体育的主要任务是促进儿童身体力量和（劳动）技巧的发展。裴斯泰洛齐认为，体育的基本要素是关节活动。打击与搬运、刺戳与投掷、拖拉与旋转、绕圈与摆动等是最简单的体力表现形式。体育训练就是要从这些基本动作的训练开始，并随着年龄的增长逐渐进行较复杂的动作训练，以发展他们身体的力量和各种技能，也可以锻炼儿童的劳动技能。

（3）道德教育。道德教育的任务就是要遵循道德自我发展的基本原理，培养和发展儿童的德行。在裴斯泰洛齐看来，儿童对母亲的爱，是道德教育最基本的要素。然后由爱母亲扩展到爱双亲、爱家人、爱周围的人，乃至爱全人类。道德教育任务的实现，首先在于家庭教育，然后是学校中的教育，二者应该密切联系。德育是裴斯泰洛齐整个教育思想的核心。

3. 评价

裴斯泰洛齐强调要改进初等学校的教学科目和教学内容，但所有科目和教学内容都要从最基本的要素开始教学。总之，裴斯泰洛齐的要素教育论为初等学校各科教学法打下了基础。

考点 6　建立初等学校各科教学法 ★★★★★ 5min搞定

裴斯泰洛齐从要素教育和教育心理学化的观点出发，分析了初等学校各学科的教学方法。他认为，教学艺术首先要培养人最基本的说话能力、计算能力和测量能力。因此，他对初等学校的语言、算术和测量教学十分重视。

1. 主要内容

（1）语言教学。语言教学最基本的要素是词，而词最基本的要素是发音。语言教学应当分三步进行：首先是发音教学，其次是单词教学，最后是语言教学。

（2）算术教学。在教学中，首先要让儿童对数目形成感觉印象，数字"1"是最基本的要素。学生可以利用手指、石子、豆子等实物学习计数。在掌握了初步加法之后，再学习乘法、除法、减法。裴斯泰洛齐指出，以感觉印象为基础，算术教学就会变得异常容易。

（3）测量教学。测量教学的基本要素是直线。首先要认识直线，然后认识角，接着学习各种图形。测量教学应当充分利用各种实物和图形，先让儿童形成直观的印象，然后再进行测量，最后通过绘画表现出来。

2. 评价

裴斯泰洛齐为科学地建立初等学校各科教学法开创了基础，被誉为"现代初等学校各科教学法的奠基人"。

凯程助记

天赋	三种教育	各科教学法	最基本要素	过渡到复杂要素
脑——智慧	智育	语言教学	语言——音词	发音→单词→语言
		算术教学	数目——1	数字→运算→混合运算
		测量教学	形状——直线	图形测量→绘画、绘图
手——身体	体育	体育教学	各关节活动	各种技能
心——道德	德育	道德教学	对母亲的爱	爱他人→爱祖国→爱世界

考点 7　教育与生产劳动相结合　★★★ 7min搞定　（简：19 西北师大，21 湖州师范学院；论：20 沈阳师大、四川师大）

裴斯泰洛齐虽不是第一个提出教育与生产劳动相结合思想的人，但却是西方教育史上第一个将这一思想付诸实践的教育家，并在自己的实践活动中推动和发展这一思想。

（1）**初步实验：新庄"贫儿之家"时期**。

裴斯泰洛齐认为这是帮助未能进入学校接受教育的农村贫民子弟提高劳动能力、学会谋生本领、改善生活状况的最好途径。但此时裴斯泰洛齐主要重视生产劳动的经济价值，这只是一种单纯的、机械的外部结合，他认为教学与劳动之间无内在意义的联系。

（2）**成功实验：斯坦兹孤儿院时期**。

①**教育与生产劳动要相互结合**。斯坦兹孤儿院使学习与手工劳动相联系、学校与工场相联系，意味着将教育与生产劳动相结合视为探讨新教育的一个重要方面。

②**学习为主，手工劳动为辅**。他主张以学习为主，以参加手工劳动为辅，强调二者的联系与结合。

③**在学习和手工劳动能够结合之前，二者必须分别打好基础**。即重视学习基础性文化知识，掌握基本的手工劳动技能。

④**他深信教育与生产劳动相结合对培养和谐发展的人具有重大的教育意义，并认为这是他基于教育心理学化的教育途径**。

（3）**评价**。

①裴斯泰洛齐关于初等教育与生产劳动相结合的实践和有关论述，主要反映了资本主义工场手工业时代对教育与生产劳动之间的关系的新要求。

②他在一定程度上看到了教育与生产劳动相结合对人的和谐发展和社会改造的重要意义。

③他把教育与生产劳动相结合的思想付诸实践，并从理论认识上加以发展，为教育理论的发展做出了重要贡献。

④由于时代限制，他未能真正找到教育与生产劳动相结合的内在联系，更未能做出全面的历史分析。

考点 8　裴斯泰洛齐教育思想的历史地位与影响　★★★★ 8min搞定　（论：13 湖北，16 北华）

（1）**在理论上，裴斯泰洛齐的教育理论具有鲜明的民主性和科学性，反映了时代的要求和教育自身的规律**。

①**裴斯泰洛齐的教育思想具有鲜明的民主性**。首先，裴斯泰洛齐的教育目的观具有民主性，他强调培养完人与和谐发展；其次，他的教育顺应自然观体现了民主性，主张尊重儿童的身心发展规律和特点；最后，他的教育对象论具有民主性，他的教育思想针对所有民众，尤其包含贫民。

②**裴斯泰洛齐的教育思想具有鲜明的科学性**。第一，他主张教育学与心理学相结合。教育心理学化就是促进教育向着科学性的方向发展，最终希望教育者要适应儿童的心理，让儿童成为他自己的教育者。第二，他主张课程编制与教学过程科学化，如要素教育论、初等学校各科教学法。他也由此而获得教育史上"现代初等学校各科教学法的奠基人"的称号。

（2）**在实践上，裴斯泰洛齐一生都在不断进行教育实践的探索**。他在新庄建立"贫儿之家"时期，进行教育与生产劳动相结合的初步实验；在斯坦兹孤儿院时期，开始了初等教育新方法的研究与实验，成功将教育与生产劳动相结合；在布格多夫国民学校任教时期，成功进行了低年级教学方法的改革实验；在伊佛东学校时期，设立了小学、中学和师范部，更系统地开展了他的教育革新实验和教育理论探索，最终，伊佛东学校一时成了当时欧洲的"教育圣地",前来参观者络绎不绝。

(3) **在传播上,裴斯泰洛齐教育改革的精神及其理论,在19世纪产生了国际性的影响**。19世纪初,欧洲一些国家不仅设立了"裴斯泰洛齐式"的学校,甚至形成了一种"裴斯泰洛齐运动";19世纪上半叶,许多教育家如赫尔巴特、福禄培尔、第斯多惠、贺拉斯·曼等都深受裴斯泰洛齐的影响;19世纪中期,在美国学习和推广裴斯泰洛齐的教育理论甚至一度蔚然成风。

(4) **局限性**:裴斯泰洛齐关于教育目的和作用的观点带有浓厚的理想主义色彩,在当时的社会条件下是不现实的;他对人的心理的理解和解释基本上是感性的,尚未清晰地揭示心理学的基本规律,并不十分科学;在论述要素教育以及教学原则、教学方法时,又表现出一些机械主义和形式主义。

综上所述谈地位:裴斯泰洛齐被公认为国民教育的先驱。在世界教育史上,裴斯泰洛齐是第一个明确提出"教育心理学化"口号和诉求的教育家。他将其一生的全部精力都献给了贫苦儿童的教育和国民教育,第斯多惠称他是"国民教育之父"。费希特在《对德意志民族的演讲》中将裴斯泰洛齐和马丁·路德并列,称他们是民族的救星。

凯程助记

裴斯泰洛齐的教育思想

著作	《林哈德和葛笃德》
教育实践	新庄 → 斯坦兹孤儿院 → 布格多夫国民学校 → 伊佛东学校
论教育目的	教育的首要功能是促进人的发展,尤其是人的能力的发展
和谐教育论	古代认为,德、智、体、美"四育"发展就是和谐→近代认为,教育适应自然才和谐→启蒙运动以来,人人受教育是社会和谐→普及教育以来,每个人接受适合自己的教育才是最根本的和谐
论教育心理学化	(1) 教育目的的心理学化;(2) 教学内容的心理学化;(3) 教学原则和教学方法的心理学化;(4) 教育者要适应儿童的心理,让儿童成为他自己的教育者
要素教育论	任何事物都是由最基本的要素构成的,儿童掌握了这些要素就能够很到位地学习。要素教育论的内容包括智育、体育、道德教育
建立初等学校各科教学法	从要素教育和教育心理学化的观点出发,分析了初等学校各学科的教学方法。主要内容为语言教学、算术教学、测量教学
教育与生产劳动相结合	第一个将教育与生产劳动相结合并付诸实践的学者。(1) 初步实验:新庄"贫儿之家"时期;(2) 成功实验:斯坦兹孤儿院时期

经典真题

›› 名词解释

1. 裴斯泰洛齐的要素主义教育(11重庆师大,12福建师大,13、19山西,14、17西北师大,17陕西师大,19中央民族、山西师大,20四川师大、浙江,23南京师大、阜阳师大)

2. 论教育心理学化(14天津师大)

›› 简答题

1. 简述裴斯泰洛齐的"教育心理学化"思想。(12聊城、山东师大,16江西师大、湖南师大、山西,16、17延安,17河南师大,19湖北,20天津师大,21华东师大,22哈师大)

2. 简述裴斯泰洛齐的要素教育论。(10 曲阜师大,18 华东师大、湖南师大,19 陕西师大、西北师大,20 上海师大,21 宁波、西北师大,23 中央民族、苏州、天水师范学院)
3. 简述裴斯泰洛齐的劳动教育思想。(19 西北师大,21 湖州师范学院)
4. 简述裴斯泰洛齐的教育目的论。(23 大理)

>> 论述题

1. 评述裴斯泰洛齐的要素教育论。(18 福建师大,19 山东师大,20 成都)
2. 结合实际,论述裴斯泰洛齐的"教育与生产劳动相结合"的内容及现实意义。(20 沈阳师大、四川师大)
3. 论述裴斯泰洛齐的教育思想。(13 湖北,16 北华,21 广西师大,22 河南师大)
4. 试论裴斯泰洛齐的"教育心理学化"的思想及其现实意义。(10 河南师大,11 山西师大、福建师大,18 信阳师范学院、青海师大,19 中国海洋,20 东北师大,21 聊城、长江,22 吉林师大,23 浙江师大、山西、齐齐哈尔)

第四节 赫尔巴特的教育思想

(简:5+ 学校;论:10+ 学校)

考点 1 赫尔巴特的简介与教育实践活动 10min搞定

1. 赫尔巴特的简介 (名:19 集美,20 山西师大)

赫尔巴特是 19 世纪德国的哲学家、心理学家、教育家。他提出把教育学建成一门独立学科的设想,并提出了完整的教育理论体系,对欧美教育的发展产生了广泛的影响。其教育代表著作有《普通教育学》和《教育学讲授纲要》。

2.《普通教育学》 (名:14 南京师大,15 吉林师大)

《普通教育学》是教育理论发展史上的里程碑,是近代教育理论走向科学化的开山祖和奠基石。该书以心理学作为建立教学理论的基础,要求教师按照儿童的心理状况及其规律开展教学活动,对西方近代教学论的发展有着非常重要的意义。这本书还分述了教育的一般目的、多方面的兴趣、培养学生的性格、课程论与教学论等内容。赫尔巴特提出教学可以分为四个阶段:明了、联想、系统、方法。后人将明了阶段又分为预备和提示两部分,成为影响甚广的五段教学法。

赫尔巴特因这本书而被誉为"现代教育学之父""科学教育学的奠基人",甚至有的教育学原理的教材认为这本书标志着教育学已经成为一门独立的学科。

3. 教育实践活动

(1) 第一阶段:准备研究教育学的前期(1797—1802 年)。

1797 年,赫尔巴特大学毕业后,前往瑞士任家庭教师,负责教育一个贵族家庭的三个孩子。在两年左右的教育实践中,赫尔巴特获得了大量的教育经验,这成为他日后进行教育理论探索的重要资源。在此期间,他曾到瑞士裴斯泰洛齐的学校学习,直接接受了裴斯泰洛齐教育思想的影响。于是,他开始从事裴斯泰洛齐教育理论的宣传和研究工作,也逐渐形成了自己的理论道路。

(2) 第二阶段:哥廷根时期(1802—1809 年)。

1802 年,赫尔巴特担任哥廷根大学教授。他在对裴斯泰洛齐的教育理论进行深入、广泛研究的基础上,写了《普通教育学》,非常详尽地论述了自己的教育主张,并建立了较为完整的教育理论体系。在赫尔巴特教育理论形成的过程中，哥廷根时期无疑是最为重要的时期。

（3）第三阶段：柯尼斯堡时期（1809—1833年）。

1809年，赫尔巴特在柯尼斯堡大学任哲学教授。如果说，在哥廷根时期，赫尔巴特主要侧重从伦理学角度探讨教育问题，那么，在柯尼斯堡时期，赫尔巴特则侧重从心理学的角度讨论教育问题。他在柯尼斯堡时期逐渐形成了较为系统的心理学理论体系，并致力于把心理学的成果应用到教育过程中。他还创办了教育研究班及其附属实验学校，使自己的理论得到具体的运用和验证。于是，他又写了《教育学讲授纲要》和《普通教育学纲要》。

考点2　教育思想的理论基础　15min搞定　（选：21南京；简：11河南师大，13西南，13、15陕西师大；论：18西安外国语）

赫尔巴特的教育思想具有双重理论基础，即伦理学基础和心理学基础。

1. 伦理学基础

赫尔巴特伦理学的基本内容之一是提出了五种道德观念，即内心自由、完善、仁慈、正义、公平。它们是维持现存社会的永恒真理和道德标准。

（1）所谓"内心自由"：指的是一个人有了正确的思想，或者说对真善美具有明确的认识，就能够自觉地按照道德规范行事，使自己的行为符合理性的原则。

（2）所谓"完善"：指人调节自己意志、做出判断的一种尺度，尽可能让自己对自己的言行感到满足。

（3）所谓"仁慈"：指"绝对的善"，它要求人无私地为他人谋福利、与人为善，从而使自己的意志和他人的意志协调一致。

（4）所谓"正义"：就是守法，它要求避免不同意见之间的冲突，并且按照人们自愿达成的协议解决冲突。

（5）所谓"公平"（"报偿"）：指当人故意作祟时予以应有的惩罚，即"善有善报，恶有恶报"。

评价：赫尔巴特伦理学的一个重要特征是强调知识或认识在德行形成过程中的作用。他指出："巨大的道德力量是获得广阔视野的结果，而且又是完整的、不可分割的思想群活动的结果。"

2. 心理学基础　（简：15南京航空航天，18陕西师大，21北京理工，23宁波；论：17杭州师大，21北华）

赫尔巴特是西方历史上第一位把心理学作为一门独立学科加以研究的教育家。

（1）**统觉理论的基本含义**。当新的刺激发生作用时，感觉表象就通过感官的大门进入意识阈中；如果它有足够的强度能唤起意识阈下已有的相似观念，并与之联合，那么由此获得的力量就将驱逐此前在意识中占统治地位的观念，成为意识的中心，新的感觉表象与已有观念的结合，形成统觉团（即认识活动的结果）；如果与新的表象相似的观念已经在意识阈上，那么，二者的联合就进一步巩固了它的地位。

（2）**统觉的条件**。他指出统觉的条件是兴趣。只有当个体对外界刺激产生兴趣时，统觉过程才能发生。

评价：赫尔巴特通常被认为是现代教育心理学的创始人。他的这一理论真正体现了教育心理学化的科学化程度，正是因为他把心理学作为教育学的理论基础，才促使教育学的研究更突显科学化。

凯程助记

关于伦理学基础：顺口溜——自由完善与仁慈，正义公平与报偿。

关于心理学基础：公式法—— $\dfrac{\text{新刺激} + \text{意识阈里的已有观念}}{\text{兴趣}} \Longrightarrow \text{统觉团}$

> **凯程拓展**
>
> 赫尔巴特研究伦理学、心理学的动机与目的从一开始就与教育，特别是教学问题直接联系在一起。他的心理学是一种教育化了的心理学。正因如此，赫尔巴特通常被认为是"现代教育心理学的创始人"。所以，在其伦理学和心理学所建构的基础上，赫尔巴特提出了完整的教育理论。他把对儿童教育的整个过程划分为儿童管理、教学和训育（即道德教育）三个部分。其中，道德教育是最为重要的内容。

考点3 道德教育理论 ★★★★★ 15min搞定 （简：17内蒙古师大；论：5+学校）

赫尔巴特的教育理论中，道德教育是最为重要的内容。

1. 教育的目的 （名：14北师大，16湖南，18南京航空航天；简：21临沂）

教育所要达到的目的可分为两种，即所谓"可能的目的"和"必要的目的"。

（1）"可能的目的"是指与儿童未来所从事的职业有关的目的，这个目的就是要发展多方面的兴趣，使人的各种能力得到和谐发展。

（2）"必要的目的"是指教育所要达到的最高和最为基本的目的，即道德，这个目的就是要养成内心自由、完善、仁慈、正义、公平五种道德观念。

2. 教育性教学原则 （名、简、论：20+学校）

赫尔巴特重视教学的作用，并提出了一个非常重要的原则，即教育性教学原则。

（1）**教育性教学的含义**：教育（道德教育）是通过，而且只有通过教学才能真正产生实际作用，教学是道德教育的基本途径。

（2）**通过教学进行道德教育**：其一，要求教学的目的与整个道德教育的最高目的保持一致，即养成德行；其二，为实现这个目的，要设立一个近期的、较为直接的目的，即培养"多方面的兴趣"。

（3）**评价**：在赫尔巴特提出这一理论之前，教育家们往往把教学和德育分开进行研究，规定各自不同的任务和目的。在这个问题上，赫尔巴特的突出贡献在于，运用其心理学的研究成果具体阐明了教育和教学之间的内在的本质联系，使道德教育获得了坚实的基础。但是他把教学完全从属于教育，将二者等同，具有机械论的倾向。

> **凯程提示**
>
> 教育性教学原则也是教育学原理部分德育的理论基础。这个观念十分重要，现在仍在各级学校中发挥作用。

3. 德育方法：儿童管理与训育 （简：21内蒙古师大）

赫尔巴特的道德教育包括"儿童管理"和"训育"两个方面。"儿童管理"是要防止恶行，"训育"是要形成美德。

（1）**儿童管理的目的在于创造秩序，使教学更好地进行**。赫尔巴特认为教育过程应有一定的顺序，包括儿童管理、教学、训育三个阶段。儿童管理的目的是在儿童心里"造成一种守秩序的精神"，为随后的教学与训育创造必要的条件。因此，儿童管理应在进行知识和道德教育之前进行。

（2）**训育是指有目的地进行培养，其目的在于形成"性格的道德力量"**。训育可分为四个阶段：道德判断、道德热情、道德决定和道德自制（相当于现在说的知、情、意、行）。

考点 4　课程理论 ★★★★★ 20min搞定　（简、论：15+ 学校）

赫尔巴特以心理学为依据，提出了较为完整的课程理论。

1. 兴趣与课程

（1）**赫尔巴特课程论的第一个基本主张：课程内容的选择必须与儿童的兴趣相一致。**

（2）**兴趣的含义**：兴趣存在于经验之中，因此，只有与儿童经验相联系的内容，才能引起儿童的兴趣。它能使儿童保持意识的警觉状态，从而更好地接受教材。

（3）**兴趣课程体系**：赫尔巴特主张按照兴趣的分类设置相应的课程。首先他把多种多样的兴趣分为两大类，即经验的兴趣和同情的兴趣。其中经验的兴趣包括经验的、思辨的、审美的兴趣；同情的兴趣包括同情的、社会的、宗教的兴趣。然后，他主张在不同类型的兴趣中，相对应地开设学科，于是形成了如下表格中的课程体系。

兴趣课程体系

	经验的兴趣	自然、物理、化学、地理等
经验的兴趣	思辨的兴趣	数学、逻辑、文法等
	审美的兴趣	文学、绘画等
	同情的兴趣	外国语（古典语言和现代语）、本国语等
同情的兴趣	社会的兴趣	历史、政治、法律等
	宗教的兴趣	神学等

2. 经验与课程

（1）**赫尔巴特课程论的第二个基本主张：课程内容的选择必须与儿童的日常经验保持联系。**

（2）**经验的含义**：儿童在日常生活中获得的经验是教学活动赖以进行的基础。课程内容必须与儿童的日常经验保持密切联系，因为只有与儿童经验相联系的内容才能引起儿童的兴趣，因为兴趣本身就存在于经验之中。

（3）**依据儿童的经验设计教材，保证在教学中使用直观教材**。对直观教材的运用将使儿童的经验变得更加丰富、真实和确切，因此，应当在课程内容中排除罗马皇帝、天堂的天使等这样一些脱离儿童经验的内容。

3. 统觉与课程

（1）**统觉理论是赫尔巴特课程理论的又一重要基础。**

（2）**统觉理论对课程设计的作用**：新的观念和知识是在原有的理智背景中形成的，是以原有观念和知识为基础产生的。这就必然要求课程的安排应当使儿童能够不断地从熟悉的材料逐步过渡到密切相关但还不熟悉的材料。

（3）**课程设计的原则**：据此，赫尔巴特提出了"相关"与"集中"两项原则，目的是保持课程教学的逻辑结构和知识的系统性。①**相关**：学校不同课程的安排应当相互影响、相互联系。②**集中**：在学校所有的课程中，选择一门科目作为学习的中心，使其他科目都成为学习和理解它的手段。历史和数学是

---

[1] 课程理论在考试中是重中之重，任何题型均会涉及，请考生重视。

所有学科的中心。

4. 儿童发展与课程

（1）**文化纪元理论是课程设计和选择的重要基础。**

（2）**儿童发展与文化纪元理论。** 不同时代的文化成果集中反映了人类认识的不同发展水平。儿童个性和认识的发展重复了种族发展的过程。他认为，在人类历史的早期，感觉在人的认识中占据主导地位。之后，想象逐渐发展起来，人类的想象力在诗与神话中得到了完美的体现。最后，当理性发展起来时，人类就进入了成年。

（3）**依据儿童的年龄分期设计课程。** 赫尔巴特课程理论的一个重要特征是把儿童发展和课程联系起来，深入探讨儿童的年龄分期，进而提出了课程的程序。他认为婴儿期要注意身体的养护并加强感官训练，发展婴儿的感受性；幼儿期应发展儿童的想象力；童年期和青年期应发展其理性。如下表所示：

儿童发展与课程

发展阶段	年龄段	对应的种族发展阶段	课程内容
婴儿期	0～3岁	人类历史的早期	身体养护、感官训练
幼儿期	4～8岁	人类历史的想象期	《荷马史诗》等具有想象力的材料
童年期	—	理性发展期	数学、历史等
青年期	—		

评价： 在欧美近代教育史上，赫尔巴特的课程理论是最完整和系统的。他的理论有严格的心理学作为基础，使课程设置和编制有了明确的依据，避免课程设置的盲目性和随意性，为欧美近代学校的课程问题的解决提供了一些卓有见地的思路。

考点5 教学理论 （名：18湖南；简：12渤海，15东北师大，23华东师大、鲁大；论：5+学校）

1. 教学进程理论

赫尔巴特的教学进程理论是以统觉理论为基础的。他认为统觉过程的完成大体上具有三个环节：感官的刺激、新旧观念的分析和联合、统觉团的形成。与此相应，他提出了三种不同的教学方法：单纯提示的教学、分析教学和综合教学。这三种方法之间的联系，就产生了他所谓的"教学进程"。

（1）**单纯提示的教学。** 单纯提示的教学实际上就是直观教学，其目的在于通过感官得到与儿童经验有关联的感觉表象，为已有经验和新观念的联合做准备。

（2）**分析教学。** 分析教学是在单纯提示的教学的基础上进行的。它的作用是对感官前的事物、物体加以分析，通过分析使儿童对当前刺激的反应更为清晰，从而为观念的联合做好准备。

（3）**综合教学。** 通过综合教学，由单纯提示的教学所提供的清晰表象和由分析教学所产生的对表象的区分形成了观念的联合，即获得了新的知识和概念。

2. 教学形式阶段理论 （名：10南京师大，13湖南，20河南师大，22齐齐哈尔；辨：21山东师大；简：20+学校；论：10+学校）

赫尔巴特教育理论的各个部分中对后世影响最大的是他的教学形式阶段理论。这一理论实际上勾勒了课堂教学的完整过程，是一个包括教学方法、教学形式等在内的规范化的教学程序。

赫尔巴特认为兴趣活动可以分为四个阶段：注意、期待、要求、行动。在此基础上，他提出了教学形式阶段理论：教师应采取符合学生心理活动规律的教学程序，有计划、有步骤地进行教学。他把教学过程分成四个连续的阶段。

（1）**明了**：指教师讲解新教材，把教材分解为许多部分，提示给学生，方便学生领悟和掌握。这时，学生的心理处于静止状态，学生的思维处于专心状态，其兴趣阶段是注意，教师适合用叙述的方法传授知识。

（2）**联想**：指通过师生谈话把新旧观念结合起来，但又没出现最后的结果。这时，学生的心理处于动态状态，学生的思维还是处于专心状态，其兴趣阶段发展到期待新的知识，教师的任务是与学生交流，自由交谈是联想的最好方法。

（3）**系统**：指在教师的指导下寻找结论和规则，使观念系统化，形成概念。这时，学生的心理处于静止状态，学生的思维处于审思状态，其兴趣活动处于要求阶段，教师要运用综合的教学方法，使新旧观念间的联合系统化，从而使学生获得新知识。

（4）**方法**：指通过练习把所学的新知识应用于实际，以检查学生对新知识的理解是否正确。这时，学生的心理处于动态状态，学生的思维处于审思状态，其兴趣点在于进行学习行动，教学方法主要是让学生做作业、写文章与修改等，对知识进行运用。

教学形式阶段理论

教学阶段	学生思维	心理状态	兴趣阶段	教学方法
明了	专心	静止	注意	叙述
联想	专心	动态	期待	交流
系统	审思	静止	要求	综合
方法	审思	动态	行动	运用

评价：赫尔巴特教学形式阶段理论的突出贡献是，在严格按照心理过程规律的基础上，对教学过程中的一切因素和活动进行高度抽象，以建立一种明确和规范化的教学模式。从这个意义上说，教学形式阶段理论不仅反映了人类对教学过程和教学活动本质认识的发展，而且具有广泛的实践意义。教学形式阶段理论对19世纪后期、20世纪前期世界许多国家和地区的师范教育和实际教学起到了重要的推动作用。另一方面，教学形式阶段理论的机械论倾向，使它不断受到来自各方面的批评。

> **凯程提示**
>
> （1）如何理解赫尔巴特的教学形式阶段理论中的"专心"和"审思"这两个概念？
>
> 所谓"专心"，是指在某一时间内只专心研究某一个东西而不考虑其他东西。
>
> 所谓"审思"，是指把一个又一个"专心"活动统一起来。
>
> （2）如何理解赫尔巴特的教学形式阶段理论中"兴趣"的四个阶段？
>
> 所谓"注意"，是指个体对外界的新刺激（新事物）产生了一种想要了解的心理倾向。
>
> 所谓"期待"，是指个体非常希望自己能够尽快在意识阈之中找到与新刺激相关的旧经验。
>
> 所谓"要求"，是指个体要求形成统觉团，理解新知识。
>
> 所谓"行动"，是指个体希望把学到的新知识，尽快运用在具体生活中。

(3) 后来，赫尔巴特思想的传人将他的教学形式阶段理论进行改造，建立了预备、提示、联想、系统和方法的五段式教学法，并传播到世界各个角落。

考点 6　赫尔巴特教育思想的传播与影响 ★★★★ 8min搞定　(简：5+学校；论：10+学校)

(1) 在理论上，赫尔巴特建立了较为完整严密和科学的教育思想体系。

①赫尔巴特建立了 19 世纪科学性突出的德育论、课程论与教学论。首先，在德育论上，他重视教学的作用，提出了教育性教学原则，阐明了教育与教学之间的内在的本质联系，使道德教育获得了坚实的基础。其次，在课程论上，他提出了以心理学为基础，从而使课程设置与编制有了明确的依据，避免课程设置的随意性和盲目性。最后，在教学论上，他提出了教学形式阶段理论，操作性强，传播范围广。

②赫尔巴特既是近代教育科学的开拓者，也是近代教育心理学化最重要的代表人物之一。他使教育学更具科学性，成为科学大家族中的一员。他还是西方历史上第一位把心理学作为一门独立学科加以研究并努力把它建成为一门科学的思想家。尽管赫尔巴特的心理学和教育学理论在今天看来并不是完全科学的，但比起其先辈的理论，无疑是在科学化的道路上大大向前发展了。

③作为传统教育的代表人物，赫尔巴特强调课堂、书本、教师三中心，并使其成为 19 世纪世界上最主流的教育理论。其教育理论反映了资本主义确立时期教育理论发展的水平。

(2) 在实践上，赫尔巴特致力于将理论成果运用到教育过程中。他讲授哲学和教育学课程，编写《教育学讲授纲要》《科学心理学》等一系列教育著作，创办教育学杂志，传播科学教育学思想。他还创办了教育科学研究所、实验学校和培训教师的机构，并把心理学的研究成果应用于教育过程中。

(3) 在传播上，赫尔巴特对欧美、亚洲乃至全世界都有广泛的影响力。①在德国，成立了科学教育学协会，致力于赫尔巴特教育理论的研究和传播。以后在德国的许多地区都建立了类似的组织，一时间形成了人数众多的赫尔巴特学派。②在美国，成立了全国赫尔巴特协会，其目的在于促进赫尔巴特教育思想的传播及其在美国学校的运用。赫尔巴特教育学说成为当时美国教育界的主导思想。③在中国，最早且有系统地引进的西方教育学说就是赫尔巴特及其信徒的理论，对当时废科举、兴学堂和发展近代师范教育起到了积极的推动作用。

(4) 局限性：赫尔巴特的教育理论也有不足之处，其教育体系中充满了思辨色彩，许多论述也带有一定程度的机械性和片面性。19 世纪末 20 世纪初，正当赫尔巴特教育学说广泛传播之际，对它的批评也开始出现，并逐渐成为一种较为普遍的趋势，如西欧新教育运动和美国进步主义教育运动。

综上所述谈地位：赫尔巴特被誉为"现代教育学之父""科学教育学的奠基人"。他的《普通教育学》是标志着教育学成为一门独立形态学科的著作。19 世纪 70 年代以后，赫尔巴特和赫尔巴特学派的教育思想曾在一个相当长的时期里，对世界许多国家的学校教育改革起到支配作用。

凯程拓展

考试有可能涉及的赫尔巴特的名言：
(1) 使教育过程成为一种艺术的事业。
(2) 不存在"无教学的教育"这个概念，正如反过来我也不承认有任何"无教育的教学"一样。
(3) 兴趣存在于有趣的事物之中。

凯程助记

赫尔巴特的教育思想

著作	《普通教育学》
理论基础	(1) 伦理学基础：五种道德观念，即自由完善与仁慈，正义公平与报偿； (2) 心理学基础：统觉理论
道德教育理论	(1) 教育的目的：可能的目的、必要的目的； (2) 教育性教学原则：教育（道德教育）只有通过教学才能真正产生实际作用，教学是道德教育的基本途径； (3) 德育方法：儿童管理与训育
课程理论	(1) 兴趣与课程：课程内容的选择必须与儿童的兴趣相一致； (2) 经验与课程：课程内容的选择必须与儿童的日常经验保持联系； (3) 统觉与课程：新的观念和知识是在原有的理智背景中形成的； (4) 儿童发展与课程：儿童个性和认识的发展重复了种族发展的过程
教学理论	(1) 教学进程理论：单纯提示的教学、分析教学和综合教学； (2) 教学形式阶段理论：明了、联想、系统、方法四个连续的阶段

经典真题

名词解释

1. 赫尔巴特（19 集美，20 山西师大）
2. 教育性教学原则（11 辽宁师大，13 天津师大，14 河北，17 曲阜师大，18、21 信阳师范学院，20 吉林师大、青海师大，20、22 大理，22 鲁东，23 广西师大、湖南科技）
3. 四段教学法（10 南京师大，13 湖南，20 河南师大，22 齐齐哈尔）

辨析题
赫尔巴特提出了"五段教学法"。（21 山东师大）

简答题

1. 简述赫尔巴特教育思想的心理学基础。（11 河南师大，13 西南，13、15、18 陕西师大）
2. 简述赫尔巴特的《普通教育学》。（14 南京师大，15 吉林师大）
3. 简述赫尔巴特的教育思想及其影响。（11 首师大，15 北师大，16 渤海，19 广西师大，20 江西师大、西北师大，21 浙江）
4. 简述赫尔巴特教学形式阶段论所包含的四个阶段及其基本含义/对教育的启示。（10、21 南京师大，12 天津师大，12、13、18 聊城，13 湖南，13、20 曲阜师大，14 重庆师大，15 北师大，17 东北师大，18 华中师大，19 吉林师大，20 陕西师大、天津外国语、西安外国语，21 山西、四川师大、西北师大，22 淮北师大、河南科技学院）
5. 简述赫尔巴特的课程论。（15 东北师大，17 西北师大，20 华中师大）
6. 简述赫尔巴特的课程与教学论。（12 渤海，15 东北师大，23 华东师大、鲁东）
7. 赫尔巴特传统教育的三中心和杜威现代教育的三中心各指什么？你如何评价它们？（17 西华师大）

8.简述赫尔巴特的教育性教学思想及其意义。(22 北师大、山东师大、江苏师大、西华师大，23 福建师大)

9.简述赫尔巴特的教育心理学化。(22 重庆师大)

10.简述赫尔巴特的统觉理论的内涵。(23 宁波)

>> 论述题

1.试述赫尔巴特的道德教育理论。(12 华东师大、华南师大，19 鲁东，20 杭州师大，21 天津师大，22 渤海)

2.论述教育性教学原则及意义。(11 杭州师大，14 宁波，16 曲阜师大，18 南京师大、江苏师大，22 沈阳师大、浙江师大)

3.评述赫尔巴特的课程理论。(10 福建师大，11 华东师大，12 延安，14 天津师大，16 渤海、中国海洋，17 陕西师大、西华师大、集美，20 浙江师大，21 鲁东)

4.赫尔巴特的教育教学的观点和教学阶段论。(10、13 山西师大，11 安徽师大，13、15 沈阳师大，19 苏州，20 曲阜师大、天水师范学院，23 青海师大、济南)

5.论述赫尔巴特的教育思想，分析其优点和局限性。(10 宁波，11 江西师大，12 湖北，12、15、17 上海师大，13 延安，14 鲁东，15 西华师大，18 天津师大、吉林师大、北华，19 宝鸡文理学院，20 西北师大)

6.论述赫尔巴特的教学理论及其对当代教育的影响。(20 辽宁师大)

7.试论述赫尔巴特教育学思想的心理学基础。(17 杭州师大)

8.论述赫尔巴特的课程与教学论。(20 浙江师大)

9.结合目前中小学的教育政策，试谈赫尔巴特教育性教学原则的当代价值。(23 合肥师范学院)

10.论述赫尔巴特的兴趣观以及在赫尔巴特的教育思想中的作用。(23 吉林师大)

11.联系实际，论述赫尔巴特的教育心理学化思想。(23 沈阳、洛阳师范学院)

第五节　福禄培尔的教育思想

(简：15 曲阜师大，18 江苏；论：21 闽南师大)

考点 1　福禄培尔的简介与创办幼儿园　2min搞定

(名：17 深圳，18 宁波)

福禄培尔是 19 世纪著名的教育家，幼儿园的创立者，也是"幼儿园运动"的创始人，近代学前教育理论的奠基人，因此，他被誉为"幼儿教育之父"。他热爱儿童，把自己毕生的心血献给了幼儿教育事业。在教育实践上，他创办了世界上第一所幼儿园。在教育理论上，福禄培尔的幼儿教育理论对世界幼儿教育的发展有着广泛而深远的影响，也影响到小学教育方法的改进。作为"幼儿教育之父"，福禄培尔在世界教育史上占有非常重要的地位。其代表作是《人的教育》。

考点 2　万物有神论与适应自然原则　5min搞定

万物有神论是福禄培尔教育思想的基础。他认为，世界万物统一于上帝的精神之中，教育的目的就是通过认识自然、认识人性而逐渐认识上帝。他的万物有神论表现为四个基本教育原则：统一的原则、顺应自然的原则、发展的原则和创造的原则。可以看出，福禄培尔的思想具有宗教色彩。

(1) 统一的原则。 教育的实质在于使人能自由和自觉地表现他的本质，帮助人类逐步认识自然、人性和上帝的统一。

(2) 顺应自然的原则。 神性是人性的本质，人性肯定是善的。教育既要顺应大自然的规律，也要顺应儿童的天性，才能符合上帝教育人的宗旨。

(3) 发展的原则。 福禄培尔在教育史上第一次把自然哲学中"进化"的概念完全而充分地运用于人的发展和教育中。人性是一种不断发展和成长的东西，发展具有阶段性和延续性，人只有不断发展才能更理解上帝。

(4) 创造的原则。 上帝创造了人，人应该像上帝一样激发自己的创造性，所以，教育要发展人的创造潜能。

考点3　幼儿园教育理论　15min搞定　（论：21浙江师大）

1. 幼儿园地位（幼儿园教育的意义与任务）（名：18湖南农业）

福禄培尔首创"没有书本的学校"——幼儿园，并在幼儿教育实践中摸索、总结了一套教育幼儿的新方法，建立了近代学前教育的理论体系。

(1) 幼儿园的意义： 幼儿园教育可以协助家庭更好地教育孩子，作为家庭教育的"补充"而非"代替"，强调幼儿园是家庭生活的继续和扩展。因此福禄培尔的幼儿园采取半日制。

(2) 幼儿园的任务： 幼儿园通过各种游戏和活动，培养儿童的社会性及道德，使之认识自然和人类，促进德、智、体等方面的初步发展，为下一阶段的发展做准备。

2. 幼儿园教育方法

幼儿园教育方法的基本原理是自我活动或自动性。 自我活动帮助个体认识自然，认识人类，最终认识上帝的统一。因此福禄培尔重视儿童的亲身观察，并把游戏看作儿童的内在本质向外的自发表现。（游戏不等于儿童外部活动，更多的是指儿童的心理态度。）基于认识人性的需要，福禄培尔把社会合作、互助和参与作为重要的幼儿园教育方法，要求儿童充分适应小组生活，并重视家庭和邻里生活的复演。

3. 幼儿园课程

福禄培尔依据感性直观、自我活动与社会参与的思想，建立起一个以活动与游戏为主要特征的幼儿园课程体系，包括游戏与歌谣、恩物、作业、运动游戏、自然研究等。

(1) 游戏与歌谣。 福禄培尔的《母亲与儿歌》是培训幼儿园教师的主要教材，其中有反映母亲对孩子情感的歌谣和游戏的歌谣。

(2) 恩物。 恩物是福禄培尔创制的一套供儿童使用的教学用品，也是儿童一种重要的游戏用具。恩物是仿照大自然的性质、形状及法则，制造简易的物件，类似于积木，由颜色、大小不同的球体、立方体和圆柱体等组成。（名：15+学校）

①**真正的恩物应当满足三个条件：** a. 既能使儿童理解周围世界，又能表达他对客观世界的认识。b. 每种恩物包含一切前面的恩物，并应预示后继的恩物。c. 每种恩物本身表现出完整的、有秩序的、统一的观念——整体由部分组成，部分可形成有序的整体。

②**评价：** 恩物作为自然的象征，其教育价值是帮助儿童由易到难、由简到繁、循序渐进地认识自然及其内在规律。恩物也能满足儿童的求知欲和帮助儿童表达对世界的认识。

(3) 作业。 作业是将恩物或其他材料用于创造和实践的一种游戏活动。作业种类很多，主要体现创造的原则。恩物与作业既有联系，又有区别。

①**联系**：恩物和作业是相互连接的幼儿游戏活动的两种形式，是儿童认识自然、社会，满足其内心冲动的必要手段，作业要求将恩物的知识运用于实践。

②**区别**：a.从活动的顺序看，恩物在前，作业在后。b.从活动的功能看，恩物的作用主要在于接受或吸收，作业则主要在于发表和表现。c.从活动的材料看，恩物不改变材料的形态，作业则要改变材料的形态。而且，恩物是作业的一种材料，作业还有其他材料。

(4) **运动游戏**。建立在儿童模仿自然界和日常生活所观察的各种动作的基础上。

(5) **自然研究**。可以培养幼儿的好奇心和兴趣。

4.幼儿园到学校的过渡

福禄培尔认为，介于幼儿园和普通学校之间的"中间学校"的任务包括两个方面：(1) 环境的过渡，即幼儿进入小学教育的重要过渡形式。(2) 思维的过渡，即幼儿从感觉直观到抽象思维发展的过渡时期。

考点 4　恩物与作业 ★★★

上文在介绍福禄培尔的幼儿园课程时，已经全面介绍了恩物与作业，此处不再赘述。

考点 5　福禄培尔教育思想的传播与影响 ★★★★★ 5min搞定　(简：15 曲阜师大，18 江苏，21 湖南师大)

(1) **在理论上，福禄培尔建立了近代幼儿教育理论体系**。福禄培尔在幼儿教育领域做出了突出贡献，他首创"没有书本的学校"——幼儿园，并在长期的幼儿教育实践中摸索、总结出一套幼儿教育的新方法，建立起近代学前教育的理论体系。

(2) **在实践上，福禄培尔广泛传播学前教育理论和建立幼儿园，并在培训幼儿师资方面做出杰出贡献**。他积极宣传公共的学前教育思想，广泛拓展幼儿园，以及培训幼教师资。

(3) **在传播上，福禄培尔的幼儿教育思想和创立的幼儿园传播到了世界各地**。19 世纪后半期乃至 20 世纪初期，他的幼儿教育方法一直深刻地影响着欧美各国、日本和其他国家的幼儿教育。1851 年，幼儿园首先传入英国，1855 年传入美国，1876 年传入日本，后又于 1903 年传入中国，福禄培尔为世界幼儿教育做出了巨大贡献。

(4) **局限性**：福禄培尔的教育学说中有着浓厚的神秘主义色彩。把宇宙万物包括人在内都看成上帝精神的象征和揭示，这是有时代局限性的。

综上所述谈地位：福禄培尔是幼儿园的创立者，近代学前教育理论的奠基人，是当之无愧的"幼儿教育之父"。

凯程提示

福禄培尔的教育思想是建立在他对儿童的认识和他的幼儿园理论基础之上的，所以整体理解起来更容易，考生最好不要机械割裂地记忆各个部分。在外国教育史上，对幼儿教育具有突出贡献的有两个人——福禄培尔、蒙台梭利，建议考生将二者的教育思想进行比较分析。

凯程助记
福禄培尔的教育思想

著作	《人的教育》
万物有神论与适应自然原则	统一的原则、顺应自然的原则、发展的原则和创造的原则

续表

幼儿园教育理论	(1) 幼儿园地位（幼儿园教育的意义与任务）： ①意义：幼儿园教育作为家庭教育的"补充"而非"代替"。 ②任务：培养儿童社会性、个性、德智体等方面的初步发展，为下一阶段的发展做准备。 (2) 幼儿园方法论：自主自动。 (3) 幼儿园课程：游戏与歌谣、恩物、作业、运动游戏、自然研究。 (4) 幼儿园到学校的过渡（建立中间学校）：环境的过渡、思维的过渡
恩物与作业	(1) 恩物：福禄培尔创制的一套供儿童使用的教学用品。 (2) 作业：将恩物或其他材料用于创造和实践的一种游戏活动。 (3) 恩物与作业既相互联系，又有区别

经典真题

▶▶ 名词解释

1. 恩物（10 闽南师大，12 北师大、天津，12、13 苏州，13 延安，13、16 西南，15 鲁东，16 西北师大、天津师大、渤海，18 河南师大、湖南师大，19 南京师大，20 集美、合肥师范学院，21 湖州师范学院、成都，22 福建师大、聊城，23 山东师大）
2. 福禄培尔（17 深圳，18 宁波）
3. 幼儿园工作的意义与任务（18 湖南农业）

▶▶ 辨析题

1. 恩物是福禄培尔创制的一种儿童教具。（19 南京师大）
2. 恩物是福禄培尔为儿童设计的玩具，体现了知识的绝对影响原则。（16 西南）

▶▶ 简答题 简述福禄培尔的教育思想。（15 曲阜师大，18 江苏，21 湖南师大）

▶▶ 论述题

1. 论述福禄培尔的教育思想。（21 闽南师大）
2. 试论述福禄培尔的幼儿教育理论。（21 浙江师大）

第六节 马克思和恩格斯的教育思想

（论：17 华南，20 四川师大）

考点1 马克思和恩格斯的简介 2min搞定

马克思是德国的思想家、政治学家、哲学家、经济学家、革命理论家、历史学家和社会学家，主要著作有《资本论》《共产党宣言》等。马克思创立的广为人知的哲学思想是历史唯物主义，他最大的愿望是对于个人的全面而自由的发展。恩格斯是马克思的亲密战友，和马克思共同撰写了《共产党宣言》，他们共同创立的马克思主义学说，被认为是指引全世界劳动人民为实现社会主义和共产主义理想而进行斗争的理论武器和行动指南。

考点 2　对空想社会主义教育思想的批判继承 🌟5min搞定

1. 对资本主义社会教育的批判

三大空想社会主义者批判了资本主义社会教育的弊病。马克思、恩格斯在赞赏这一点的同时，指出空想社会主义者这种建立在人性论基础上的对教育的批判具有局限性，他们认为只有建立在唯物史观的基础上，才能更深刻、更科学地揭示资本主义教育的弊病。

2. 环境与教育对人的发展的影响

三大空想社会主义者吸收了18世纪唯物主义者关于人的遗传与环境、教育的关系的唯物主义学说。他们强调人的发展的社会制约性，重视教育的作用。但是欧文的"环境决定论"和"教育万能论"的性格形成学说，将人完全视为环境的消极产物，忽视了人的主观能动性，这也是马克思和恩格斯批评的一点。

3. 关于人的全面发展

三大空想社会主义者都提出了人的全面发展的思想。马克思、恩格斯赞赏他们关于人的全面发展的思想，并且提出在合理的社会中，所有人都将在德、智、体、行方面受到良好的教育，并用最好的教育来发展人的全部才能和力量。

4. 关于教育与生产劳动相结合

三大空想社会主义者都提出了教育要与生产劳动相结合的教育主张。这一主张给了马克思、恩格斯很大的启示。但他们未能真正揭示教育与生产劳动相结合的客观规律，马克思、恩格斯在总结前人经验的基础上，科学地论证了教育与生产劳动相结合的历史必然性和重大意义。

考点 3　**论教育与社会的关系（补充知识点）** 🌟2min搞定

1. 社会或社会关系决定教育

一定社会的这些关系制约着教育的发展、教育的社会性质，以及教育的社会职能的实现；同时又要求教育为这些关系服务，特别是为维护和发展一定社会的经济、政治服务，发挥教育的社会功能。

2. 教育对社会发展有能动的反作用，也叫教育的相对独立性

教育具有历史性，具有鲜明的阶级性。尽管社会关系的性质决定教育的社会性质，但教育仍具有相对的独立性和继承性。

（此部分内容在教育学原理第四章已做充分介绍。）

考点 4　**论教育与社会生产（补充知识点）** 🌟3min搞定

1. 马克思、恩格斯认为，教育的发展归根到底受社会生产力的制约

不同的生产力发展水平为教育提供了不同的物质基础，也对教育提出了不同的要求。一方面，社会生产的发展提升了教育发展的规模和速度，也推动了教育内容、方法和组织形式的改革；另一方面，教育在物质生产过程中具有重要的意义。

2. 教育对社会生产的能动作用表现为教育的经济功能

（1）教育是劳动生产和再生产的重要手段，随着现代生产的发展，教育也成为提高劳动生产率的关键因素。

（2）教育是科学知识转化为现实生产力的重要手段。

（3）学校是科学知识再生产的重要场所，学校教育不仅把人类长期积累的科学知识进行有效的保存、

选择和传递，而且通过高等专业技术教育机构的研究和开发，再生产科学知识。

（此部分内容在教育学原理第四章已做充分介绍。）

考点5 论人的本质和个性形成（补充知识点） 2min搞定

1. 关于人的本质问题

（1）**强调人的现实性**。反对把人的本质看成单个人所固有的抽象物，强调在其现实性上考察人、认识人。

（2）**强调人的社会性**。个人是社会存在物，不管个人在主观上怎样脱离各种关系，他在社会意义上总是这些关系的产物。

（3）**人具有实践活动的主观能动性**。马克思、恩格斯既肯定人是社会的产物，又强调人不是消极的客体。

2. 基于以上人的本质观的论述

马克思、恩格斯论述了人的个性形成的因素：（此部分内容在教育学原理第三章已做充分介绍。）

（1）遗传是人赖以发展的物质基础和前提。

（2）重视社会环境和教育对人的形成和发展的作用。

（3）人在改造客观环境的实践中，能动地接受环境和教育的影响。

考点6 论人的全面发展和教育的关系 5min搞定 （简：13曲阜师大；论：14苏州，16杭州师大，19沈阳师大、首师大）

人的全面发展理论是马克思、恩格斯教育思想最核心的部分。（此处内容等同于教育学原理第五章第二节——马克思主义关于人的全面发展学说，此处仅简要介绍。）

1. 马克思主义关于人的全面发展学说的科学含义

（1）人的全面发展是指人的劳动能力的全面发展。（2）人的全面发展是指个人智力和体力的全面发展。（3）人的全面发展是指人的先天和后天的各种才能、志趣、道德和审美能力的充分发展，即人的个性的自由发展。

2. 马克思主义关于人的全面发展所必须具备的社会条件

（1）人的片面发展的根源。人的发展是与社会的发展相一致的，工场手工业的分工加剧了工人的片面发展。（2）生产力高速发展的大工业社会为人的全面发展提供了物质基础。（3）实现人的全面发展的根本途径是教育与生产劳动相结合。

3. 马克思主义关于人的全面发展学说在教育学上的重要意义

（1）确立了科学的人的发展观。（2）指明了人的全面发展的历史必然性。（3）为我国教育目的的制定奠定了理论基础。

考点7 论教育与生产劳动相结合的重大意义 5min搞定 （论：20四川师大）

1. 马克思、恩格斯科学地论述了教育与生产劳动相结合的必然性

（1）大工业生产对多方面发展的工人的需要，客观上要求将生产劳动与教育结合起来。（2）大工业生产对科学技术的需要，要求将教育与生产劳动有机地结合。（3）综合技术教育为教育与生产劳动相结合提供了重要的"纽带"。

2. 教育与生产劳动相结合的意义

（1）教育与生产劳动相结合，不仅是提高社会生产的一种方法，一种强有力的手段，而且是造就全面发展的人的唯一方法。阐述清楚二者相结合的必然性是马克思、恩格斯的重要贡献。

（2）只有在合理的社会制度下，教育与生产劳动相结合的重大意义和作用才能得到充分的实现。随着社会生产力的高度发展，社会将对普遍生产劳动和普遍教育相结合提出越来越高的要求，同时也从劳动制度和教育制度上为其实现提供日益完善的条件，从而使教育与生产劳动相结合的重大意义和作用得到充分的实现。

考点8 马克思和恩格斯教育思想的历史地位与影响 5min搞定 （论：17华南师大）

（1）**在理论上，形成了较为完整的科学社会主义教育理论体系。**

①马克思、恩格斯凭借辩证唯物主义和历史唯物主义世界观与方法论，形成了一种独特的教育观。他们凭借科学的世界观和方法论，基于对人类社会发展规律的综合考察，紧密结合无产阶级革命的理念与实践，论述了一些重要的教育问题，形成了科学的教育观。

②马克思、恩格斯教育学说的最大特点是不研究"抽象的人"，而研究现实的人。他们不从一般的社会而从一定历史条件下的社会去考察人的发展和教育，从而对教育领域中的许多重要问题做出了科学的论述。

③马克思、恩格斯批判地继承了空想社会主义教育思想，并进行了科学的改造和变革。他们从对教育同社会生产和社会关系之关系的考察中，揭示了教育的社会本质及其职能。从实践的观点阐明了遗传因素、环境、教育和革命实践对人的发展以及教育对社会发展的社会作用；从对现代生产、现代科学与现代教育的内在联系以及人类社会未来发展的分析中，论证了人的全面发展以及教育与生产劳动相结合的必然性和必要性。

（2）**在实践上，马克思、恩格斯的教育思想对社会主义国家教育理论和实践的发展产生了极为深刻的影响。**中国作为目前世界上最大的社会主义国家，走在中国特色社会主义道路上，依然高举马克思主义的大旗。今天在办教育的过程中，依然把马克思、恩格斯的教育思想作为指导思想，作为我国教育目的的理论基础。

（3）**在传播上，进入20世纪以后，马克思、恩格斯的教育思想在无产阶级革命、工人运动以及民族独立运动中蓬勃发展，马克思主义的影响迅速扩大。**马克思、恩格斯的教育思想启迪了很多具有马克思主义思想的教育实践家，如杨贤江、李大钊、恽代英、马卡连柯、凯洛夫、赞科夫、苏霍姆林斯基等。在当代，马克思和恩格斯的教育思想不仅在社会主义国家受到重视，即使在资本主义国家也成为教育哲学、教育社会学考察的对象。

（4）**局限性：**在生活实践中，容易出现教条化、机械化、简单化、政治化的误区。

综上所述谈地位：马克思和恩格斯是科学教育理论的奠基者。他们为揭示现代教育的基本特征，为建立社会主义教育体系，提供了科学的理论基础，他们的教育学说是无产阶级革命理论的有机组成部分。

> **凯程提示**
>
> 在介绍各个教育家的教育思想史时，都有一定的顺序。先是生平简介、教育观点、总评，如福禄培尔是幼儿教育之父，赫尔巴特是现代教育学之父等；然后是他们的哲学思想或者人性论；接下来是教育的基本原理、教育目的、教育方法、德育论、教学观。所以，考生在回忆或者答题时不妨把教育家的思想按以上顺序进行梳理，检查自己是否有遗漏之处。

凯程助记

马克思和恩格斯的教育思想

著作	《资本论》《共产党宣言》等
对空想社会主义教育思想的批判继承	（1）对资本主义社会教育的批判； （2）环境与教育对人的发展的影响； （3）关于人的全面发展； （4）关于教育与生产劳动相结合
论教育与社会的关系	社会或社会关系决定教育； 教育对社会发展有能动的反作用，也叫教育的相对独立性
论教育与社会生产	教育的发展归根到底受社会生产力的制约； 教育对社会生产的能动作用表现为教育的经济功能
论人的本质和个性形成	强调人的现实性、社会性与主观能动性； 人的个性形成的因素（遗传、环境和教育实践）
论人的全面发展和教育的关系	人的全面发展理论是马克思、恩格斯教育思想最核心的部分
论教育与生产劳动相结合的重大意义	不仅是提高社会生产的一种方法，一种强有力的手段，而且是造就全面发展的人的唯一方法

经典真题

》简答题 简述马克思主义全面发展教育的主要内容。（13 曲阜师大）

》论述题

1. 论述马克思和恩格斯的教育思想。（17 华南师大）
2. 论述马克思、恩格斯关于人的全面发展学说以及教育与生产劳动相结合的意义。（16 杭州师大，20 四川师大）
3. 结合马克思主义关于人的全面发展学说，谈谈我国教育目的中各育的关系。（19 首师大）
4. 结合实际，论述马克思、恩格斯关于人的全面发展学说。（14 苏州，19 沈阳师大）

第七节　蒙台梭利的教育思想

（简：17 华中师大；论：5+ 学校）

蒙台梭利出生于意大利，是 20 世纪杰出的幼儿教育家，她创办了"儿童之家"，是西方教育史上与福禄培尔齐名的幼儿教育家。蒙台梭利于 1909 年写了《适用于"儿童之家"的幼儿教育的科学方法》（英译本改名为《蒙台梭利方法》）一书，全面总结了自己的实践经验和教育观点及方法。除此之外，其主要的著作还有《教育人类学》《蒙台梭利手册》《高级蒙台梭利方法》《童年的秘密》《新世界的教育》《儿童的发现》等。

考点 1　儿童心理发展与遗传、环境的关系　2min搞定

蒙台梭利重视早期教育，认为儿童心理的发展具有节律性、阶段性、规律性，强调生命力的冲动是

儿童心理发展的原动力，也强调儿童心理的正常发展必须依靠环境和教育的及时、合理安排。可以说，蒙台梭利在以遗传（天性）为中心的前提下，把遗传、环境和教育这些影响儿童发展的因素统一起来了。所以，蒙台梭利强调成人要为儿童提供一个"有准备的环境"，来促进儿童潜能的自由发展。

凯程拓展

"有准备的环境"：(1) 必须是有规律、有秩序的生活环境；(2) 能提供美观、实用、对儿童有吸引力的生活设备和用具；(3) 能丰富儿童的生活印象；(4) 能为儿童提供感官训练的教材或教具，促进儿童智力的发展；(5) 能让儿童独立地活动，自然地表现，意识到自己的力量；(6) 能引导儿童形成一定的行为规范。

考点2 论幼儿的发展 ★★★ 3min搞定

蒙台梭利重视儿童心理的发展，认为儿童的心理发展具有四个有着内在联系的显著特点：

(1) **具有独特的心理胚胎期**，即儿童心理的形成时期。

(2) **心理具有吸收力**。儿童利用他周围的一切塑造了自己，形成自己的心理、个性和一定的行为模式。

(3) **发展具有敏感期**。儿童心理的发展有各种关键期，每个阶段都有某种心理的倾向性和可能性显示出来，过了特定的时期，其敏感性就会消失，因此教育要抓关键期。

(4) **发展具有阶段性**。如下表所示：

年龄	阶段	
第一阶段（0~6岁）	创造期	0~3岁为胚胎期，此时儿童没有有意识的思维活动
		3~6岁为个性形成期
第二阶段（6~12岁）	较平稳发展的时期	此时的儿童开始具有抽象思维的能力
第三阶段（12~18岁）	青春期	这是儿童发展过程中的又一重大变化时期，是身心发展逐步走向成熟的时期

考点3 自由、纪律与工作 ★★★★ 5min搞定

(1) **自由**。蒙台梭利认为给儿童自由，就是允许儿童按其本性个别地、自发地表现，这是教育的基本原则。她的教学方法就是建立在"有准备的环境中的自由"的教学法。"有准备的环境"实际上就是给儿童自由、便利的活动场所。

(2) **纪律**。给儿童自由绝不是让儿童随心所欲地蛮干和胡思乱想。教育既要给儿童自由，也要让儿童遵守纪律。真正的纪律不是依靠命令和强制，而是建立在自由活动的基础上，儿童主动地遵守纪律。

(3) **工作**。蒙台梭利反对福禄培尔的游戏能发展儿童的创造力和想象力，她更强调儿童的工作。她说："儿童喜欢工作胜于游戏。"儿童的工作表现在儿童喜欢操作教具，并从中获得乐趣和满足感。儿童通过工作这样一种自由活动，去建立良好的纪律。所以她说："纪律必然通过自由而来。"

总结：自由、纪律和工作是蒙台梭利为儿童营造良好教育的三根主要支柱。

凯程拓展

儿童的工作和成人的工作

成人的工作指从事某种职业，儿童的工作指研究某种教具的专注，类似于成人的"工作欲"，象征着一种"生命的本能"（探索和求知）。儿童工作的特征是：(1) 遵循自然法则，服从内心本能的引导；(2) 无外在目标，以"建构人"或称自我实现，自我完美为内在目标；(3) 一种创造性、活动性和建构性的工作；(4) 独立完成，无人可替代或帮助完成；(5) 以"有准备的环境"来改进自己，形成自己与塑造自己的人格；(6) 按照自己的方式、速度进行，即自我教育。

考点 4　幼儿教育的内容 ★★★★★ 10min搞定

1. 感官教育（简：22内蒙古师大）

蒙台梭利的感官教育主要包括视觉、听觉、嗅觉、味觉及触觉等感觉器官的训练，其中以触觉训练为主。她说："幼儿常以触觉代替视觉或听觉。"即常以触觉来认识周围世界，故她尤为注重触觉。蒙台梭利还为发展幼儿的各种感官，设计了各种创造性的教具。

感官教育要注重两个原则：一是自我教育原则。她一再强调"人之所以成人，不是因为教师的教，而是因为他自己的做"。二是循序渐进原则。在实施感官教育时，不要急于求成，一定要循序渐进。她说："一旦感官教学走上正路，并唤起兴趣，我们就可开始真正的教学。"

2. 初步的知识教育，即读、写、算的练习

在是否让幼儿学习读、写、算的问题上，一般的心理学家主张让幼儿获得生活经验，获得游戏的体验，不应过早学习文化知识。相反，蒙台梭利认为3～6岁的儿童已具备学习文化知识的能力。于是在她的"儿童之家"，蒙台梭利打破常规，将写字的练习先于阅读的练习，当儿童学好写字之后，就引领儿童进行阅读及算术的训练。当然，所有的读、写、算教学都必须遵循从简单到复杂的循序渐进的程序，不可以是强加给儿童的。蒙台梭利为儿童的早期文化教育提供了理论和范例，但仍有学者不予赞成。

3. 实际生活训练

实际生活训练又称"肌肉教育"或"动作教育"。它主要包括日常生活技能的练习、园艺活动、手工作业、体操和节奏动作。蒙台梭利要求对幼儿的培养做到手脑结合、身心和谐。

考点 5　蒙台梭利教育思想的历史地位与影响（补充知识点）★★★★★ 5min搞定

（1）**在理论上，蒙台梭利建立了与福禄培尔不同的幼儿教育理论体系**。她继承并改造了裴斯泰洛齐和福禄培尔等教育家的思想。同时，应用当时的医学、生理学、实验心理学知识，结合自己的实验，形成了独特的教育理论和方法体系。

（2）**在实践上，蒙台梭利建立了"儿童之家"并推广了"蒙氏教学法"**。在"儿童之家"，她将最初用于低能儿童的教育方法经过适当修改，运用于正常儿童，取得了极大的成功，并引起了社会的广泛关注。之后，蒙台梭利在不少国家开设了每期半年、招收各国学员的国际训练课程班，亲自传授她的教育方法。

（3）**在国际传播上，蒙台梭利的教育思想成为新教育运动的理论基础之一**。"儿童之家"在20世纪上半叶传播到欧美和亚洲，推动了20世纪初蓬勃兴起的新教育运动的发展。之后，"儿童之家"与"蒙氏教学法"传播得更为广泛，全世界很多国家都建立了蒙氏幼儿园。当下中国也有不少研究者和实践者创建蒙氏幼儿园，进一步研究"蒙氏教学法"。

（4）**局限性：蒙台梭利把现实的活动同想象的活动对立起来**。蒙台梭利反对儿童游戏，特别是批评福禄培尔鼓励儿童想象的游戏，认为其不利于儿童想象力的发展，儿童只有从事真实的活动（如自我服务和家务劳动），才能产生活动的目的性、责任感和其他社会性的品质。

综上所述谈地位：蒙台梭利被誉为"儿童世纪的代表"。在幼儿教育上，她是自福禄培尔以来影响最大的一个人，是20世纪赢得欧洲和世界承认的最伟大的、科学的和进步的教育家之一。

凯程助记

蒙台梭利的教育思想

儿童心理发展与遗传、环境的关系	儿童心理的正常发展必须依靠环境和教育的及时、合理安排
论幼儿的发展	具有独特的心理胚胎期；心理具有吸收力；发展具有敏感期；发展具有阶段性
自由、纪律与工作	自由："有准备的环境中的自由"的教学法
	纪律：教育既要给儿童自由，也要让儿童遵守纪律
	工作：儿童的工作表现在儿童喜欢操作教具，并从中获得乐趣和满足感
幼儿教育的内容	感官教育；初步的知识教育；实际生活训练

凯程拓展

蒙台梭利与福禄培尔教育思想的比较

维度		蒙台梭利	福禄培尔
相同点	理论基础	(1) 卢梭的自然教育理论；(2) 内发论；(3) 性善论	
	重视幼儿	重视创建幼儿教育机构，主张在进行幼儿教育的同时培育幼师	
不同点	理论基础	近代科学、心理学、生理学与医学	古典哲学、早期进化思想、自然科学
	教育内容与方法	工作、自我教育、反对游戏、感官、读写算	游戏、想象力、创造力、社会合作
	组织形式	个别活动	集体教学
	环境（室内和室外）	有准备的环境氛围	硬件设施
	教育对象	贫家子弟	中产阶级

经典真题

▶▶ 简答题

1. 简述蒙台梭利的教育思想。（17 华中师大）
2. 蒙台梭利提出的幼儿感觉训练的实施原则有哪些？（22 内蒙古师大）

▶▶ 论述题

1. 论述蒙台梭利的教育思想。（18 南宁师大，19 北华，21 宁夏，22 闽南师大）
2. 论述蒙台梭利的幼儿教育思想及其对当前学前教育的指导意义。（14 江西师大，21 宁夏，23 阜阳师大）

第八节 杜威的教育思想

（名：13 湖南；简：5+ 学校；论：35+ 学校）

考点 1 杜威的简介与教育实践活动 5min搞定

1. 杜威的简介（名：5+ 学校）

杜威，美国著名的哲学家、教育学家、心理学家和社会学家。他一生从事教育活动和哲学、心理学及教育理论的研究，对美国乃至世界教育的发展都产生了深远的影响，被称为"哲

学家们的哲学家"。其教育哲学著作《民主主义与教育》被西方教育家视为与柏拉图的《理想国》和卢梭的《爱弥儿》有着同等地位的重要教育著作，其代表作还有《我的教育信条》《学校与社会》《儿童与课程》《我们怎样思维》《教育中的道德原理》《明日之学校》《今日之教育》《人的问题》《经验与教育》等。

2. 教育实践活动

（1）1882年，杜威成为霍普金斯大学的研究生，后获得了哲学博士学位。之后，杜威前往密歇根大学教授哲学，除1888—1889年去明尼苏达大学短期工作外，他一直在密歇根大学任教至1894年。

（2）1894年，杜威被聘任为芝加哥大学哲学、心理学及教育学系的系主任。

（3）1896年，杜威创办了"芝加哥大学实验学校"，对教育问题进行实验研究，这对杜威教育理论的形成影响很大。在这期间，他写了大量的哲学和教育著作。

（4）1904年，杜威从芝加哥大学转到纽约哥伦比亚大学讲授哲学，一直到1930年退休。他曾到日本、中国、土耳其、墨西哥和苏联等国考察教育情况，宣传实用主义教育思想。

考点 2 论教育的本质 ★★★★★ 45min搞定　（名：13 湖南；简：15+ 学校；论：30+ 学校）

19世纪以赫尔巴特的教育思想为代表的时代是传统教育时期，20世纪以来以杜威的实用主义教育思想为引领的时代是现代教育时期。杜威批判赫尔巴特的教育思想和教育实践，反对以教师为中心、以课堂为中心、以教材为中心的学习方式，认为这样的教育没有真正解放儿童。于是，他提出了自己的新的教育本质观。杜威认为教育即生活，教育即生长，教育即经验的改造。这与之前学者的观点有所不同。

1. 教育即生活 ★★★★★　（名：5+ 学校；简：12、16 闽南师大，20 西北师大；论：21 吉林外国语）

（1）批判传统教育远离儿童生活。

杜威从教育与社会生活的关系这一角度提出"教育的本质即生活"。杜威批判传统教育远离儿童生活，学校与社会脱节，忽视儿童的兴趣和需要，压抑和束缚儿童。在杜威看来，一切事物的存在都是人与环境相互作用产生的，人不能脱离环境，学校也不能脱离眼前的生活。

（2）"教育即生活"的主要内涵。

①**教育是生活的过程，学校是社会生活的一种形式**，即教育与生活紧密联系，学校与社会紧密联系。

②**教育不是为学生未来的生活做准备，而是为学生的当下生活做准备。**

③**学校生活应与儿童自己的生活相契合**，即学校生活应满足儿童的需要和兴趣。

④**学校生活应与学校以外的社会生活相契合**，即儿童应适应现代社会的变化趋势，校园不应是世外桃源，儿童应该积极参与到社会生活中去。

⑤**学校生活应是充满现代精神的理想生活**。杜威希望通过教育改造社会生活，使社会生活变得更完善和美好。

（3）"教育即生活"的主要实践。　（名：19 华东师大；简：21 同济；论：17、18 湖北）

①**"学校即社会"**。根据"教育即生活"，杜威又提出了一个基本的教育原则——"学校即社会"，明确提出应把学校和社会紧密联系起来，把学校创造成一个小型的社会，使学校生活成为一种经过选择的、净化的、理想的社会生活，使学校成为一个合乎儿童发展的雏形社会。

②**活动课程与"从做中学"**。为了落实"学校即社会"的思想，杜威提出了代表社会生活的活动课程和"从做中学"的教学思想。

（4）评价："教育即生活"前所未有地把教育和生活联系在一起，把学校与社会联系在一起，让生活成了教育的中心。

> **凯程提示**
>
> 由上可知,"教育即生活"引出了"学校即社会","学校即社会"进一步引申出课程改革(活动课程),从而推动了"从做中学"的教学改革,这是层层递进的关系。
>
> 注意:提出"教育即生活"的终极原因不是教育与生活相联系,满足儿童发展,而是通过教育改造和创造更美好的社会生活。

2. 教育即生长 ☆☆☆☆☆ (名:21北师大;辨:15延安)

(1)批判传统教育的社会本位论和卢梭极端的个人本位论。

杜威批判传统教育无视儿童天性,消极对待儿童,不考虑儿童的兴趣和需要,以外在的动机强迫儿童记诵文字符号,以成人的标准要求儿童,让儿童为遥不可及的未来生活做准备,全然不顾儿童自身的感受和期待。当然,杜威也批判卢梭极端的不顾及社会需要的个人本位论思想。所以,杜威提出了"教育即生长",这也是杜威的教育目的理论之一。

(2)"教育即生长"的主要内涵。

①**教育要摒弃压抑、阻碍儿童自由发展之物**。杜威反对传统的远离儿童需要和理解能力的抽象的、遥远的目的。

②**教育的目的就是促进这种内在本能的生长,满足内在生长的各种需要**。儿童的心理发展基本上是以本能为核心的情绪、冲动、智慧等天生机能不断开展和生长的过程,教育和教学应适合儿童的心理发展水平和兴趣需要。

③**儿童的内在生长包含了社会化的过程**。因为儿童的生长是机体与外部环境、内在条件与外部条件相互作用的结果,是一个持续不断的社会化的过程。

④**尊重儿童但不同意放纵儿童**。这也是杜威与进步主义教育实践的一个重要区别,杜威拒不承认自己是"进步教育之父",也表现出了这种区别。

(3)评价: 总之,尊重儿童身心发展的特点是使儿童获得充分生长和发展的重要条件,而儿童的充分生长和发展既是民主主义的要求,也有助于促进民主社会的发展。此外,杜威在"教育即生长"的基础上提出了著名的"儿童中心"教育原则。

> **凯程提示**
>
> 从历史发展来看,由神权到人权,再从男权到女权,然后再到童权,这是逐步推进的过程。给儿童提供一个利于其生长的环境,让其充分、自由地生长是杜威一生不懈追求的教育梦想。

3. 教育即经验的改造 ☆☆☆☆☆ (简:18石河子;论:21大理)

(1)杜威批判传统教育忽视儿童的直接经验。

杜威反对传统教育中忽视儿童的直接经验,只传递间接经验,让学生学习抽象、理性的知识体系。他认为"教育就是经验的改造或改组"(也有教材简称为"教育即经验")。"经验"是杜威实用主义哲学和实用主义教育体系中的核心概念,专指学生的"直接经验",他强调直接经验在学生学习中发挥了重要作用。

(2)"教育即经验的改造"的主要内涵。

①**直接经验是增长智慧和发展理性的基础,教育应以学生的直接经验为中心**。理性知识不是凌驾于经验之上,而是寓于经验之中,并在经验中不断修正。经验与理性知识从来都没有独立。所以"教育即

经验的改造"的过程就是一个运用智慧、形成理性的过程。

②"教育即经验的改造"中的"经验"不只是知识的积累，而是构成人的身心的各种因素的全面改造和全面发展。杜威拓宽了"经验"的外延，经验不仅仅被看作感性认识和感觉作用，也不仅仅是与认识有关的事情。经验成为理性与非理性的各种因素皆包含在内的思想体系。儿童不仅要学习知识，还要形成能力、养成品德等。可见，"教育即经验的改造"绝非一个主智主义的命题。

③强调经验过程中人的主动性。第一，杜威认为经验是人的有机体与环境相互作用的结果。忽视了人的积极主动性，人就不能从环境中吸收经验。第二，他认为要为学生提供获取经验的外在条件，且这种外在条件要符合受教育者的能力和意愿。传统教育的主要问题不在于没有提供经验的客观条件，而在于提供的客观条件是抽象的教材和死板的教学，这种客观条件不能顾及儿童的兴趣、需要和身心发展水平，没有调动学生学习的积极性和主动性。

(3) "教育即经验的改造"的主要实践。

①活动课程是体现"教育即经验的改造"的最好的课程类型。活动课程是指以开展活动的方式展开课程内容的课程类型。如果学校教育主要用活动课程来实施，学生就有机会在一个又一个的有意义的活动中亲自获取直接经验，所以活动课程是体现"教育即经验的改造"的最好的课程类型。

②"从做中学"是体现"教育即经验的改造"的最好的教学方法。"从做中学"是指学生应该主动地从经验中学，从活动中学，即教师教学要引导学生在动手操作和活动中总结知识，将经验上升到理论层面。

③"教材心理化"是体现"教育即经验的改造"的最好的课程编制法则。"教材心理化"是指教材的编制要依据学生的心理逻辑来编写，这样教材内容就能尽可能地以学生的直接经验为起点来编写了。

4. 评价

杜威反对把抽象的、成体系的知识作为教育的中心，认为这是学生学不懂的主要原因。他重视直接经验的价值，并把直接经验置于教育的中心，催生了新式的课程类型、课程理论和教学理论。但在教学中，由于教育实践又走向了另一个极端，只要直接经验而忽视知识体系，因此造成了教育质量下降的现象。

> **凯程提示**
> 教育即生活、教育即生长、教育即经验的改造，这三个命题的含义在本质上是相同的。生活的过程、生长的过程、经验改造的过程是一个过程，这三个命题是杜威教育理论的总纲领。

考点3 论教育的目的 （简：5+学校；论：5+学校）

1. 教育的目的是促进人的内在生长 （辨：15延安）

基于教育即生长、教育即生活、教育即经验的改造三大理论，杜威提出了教育内在目的论，也叫作教育无目的论。他说："教育的过程在它自身以外无目的；它就是它自己的目的。"他认为由儿童的本能、冲动、兴趣所决定的具体教育过程，即"生长"，就是教育的目的，而由社会、政治需要所决定的教育目的则是"教育过程以外"的目的，杜威指责这是一种外在的、虚伪的、僵化的目的。

杜威不是一般的教育无目的论者。他反对那种普遍性的终极目的，而强调教育过程中教育者与受教育者心中的具体目的。当然，只强调教育过程而抛开社会影响来讲教育目的，这是片面的。

2. 教育的另一目的是教育要适应儿童当下的生活

在"教育即生活"这一命题里，杜威批判了斯宾塞的教育准备生活说，他认为教育如果总是为了遥不可及的未来，失去了当下生活的乐趣，教育就不可能发挥应有的作用，也不会在未来照顾到学生。教育应该关注儿童当下的生活，以当下的生活为起点进行教育，这样才有可能不知不觉地照顾到学生的未来。

3. 教育的社会性目的是为民主社会进步服务，为民主制度完善服务

杜威认为，教育过程以内的目的并不否定教育的社会作用和社会目的。相反，教育是社会进步和改革的基本方法，学校是社会进步和改革的最基本、最有效的工具。

> **凯程提示**
>
> 教育学原理部分讲到了杜威是教育无目的论者，教育真的没有目的吗？其实教育只是没有外在的、功利性的目的而已，并不是完全没有目的。还请考生理解内涵，不要望文生义。这里杜威也提到了他所希望的社会性目的，这是否与他讲的教育无目的论相矛盾呢？有人认为，这是他思想矛盾的地方，也有人认为这并不矛盾。凯程认为杜威提出了教育的内在目的，不等于个体本位论，也不是说杜威不认为有社会性目的，而是要求社会性目的应建立在儿童内在目的的基础上。这一点考生要理解清楚。

经典真题

》名词解释

1. 学校即社会（19 华东师大）
2. 教育即生活/教育适应生活说（18、19 宝鸡文理学院，20 华东师大，22 中央民族，23 扬州）
3. 教育即生长（21 北师大）
4. 杜威的教育观（13 湖南）

》辨析题 教育即生长。(15 延安)

》简答题

1. 简述学校即社会。(21 同济)
2. 简述杜威的教育本质论。(11 山东师大，14 河南师大，15 东北师大、内蒙古师大，15、17 贵州师大，17 曲阜师大，19 南京师大，19、20 太原师范学院，20 江苏师大、新疆师大、陕西理工、延安，21 重庆三峡学院、陕西科技，22 华中师大）
3. 简述杜威的教育目的论。(16 北师大，18 渤海、江苏师大，19 湖南师大、山西师大、天津，20 中国海洋、江苏，21 华东师大）
4. 简述杜威的教育本质观和教育目的论思想。(11 重庆师大)

》论述题

1. 论述杜威"学校即社会"的含义及意义。(17、18 湖北)
2. 论述教育即生活。(21 吉林外国语)
3. 评述杜威的教育本质论，结合我国的教育问题，谈谈我国未来教育的发展趋势。(10 杭州师大、哈师大，10、11 山东师大，10、14、17 沈阳师大，10、16 江苏师大，11 聊城，11、12、13 陕西师大，12、14 广西师大，12、14、19 鲁东，12、17 江西师大，14 湖南科技，15 中国海洋、郑州、大津师大，15、16 上海师大，16 河北，17 四川师大、西华师大、贵州师大，17、21 吉林师大，18 宁波，18、23 东北师大，19 扬州，19、20 湖北，20 温州，21 阜阳师大）
4. 结合我国基础教育改革的背景，论述杜威的教育观及其现实意义。(22 江苏师大）

5. 论述杜威的教育目的论。(12 重庆，15 中国海洋，16 河北，19 江苏师大，22 扬州)

6. 论述杜威的教育本质论和教育目的论以及对我国教育的启示。(15 江苏师大，19 天津师大，21 辽宁师大、佳木斯、齐齐哈尔、浙江海洋、信阳师范学院)

考点 4　论课程与教材 ★★★★★ 20min搞定　（论：5+ 学校）

1. 批判传统课程

（1）**杜威强烈反对传统教育的课程内容**。因为传统教育的课程与教材都是以既有的知识体系为中心，是成人编写的，代表着成人的教育标准，且这些知识体系太抽象，儿童很难理解，很多知识与儿童的现有能力不匹配，超出了儿童已有的经验范围。

（2）**杜威批判传统教材与实际生活相脱离，枯燥乏味**。传统教材充斥着许多呆板且枯燥无味的东西，仅仅在强制儿童记忆，使儿童的学习毫无乐趣。

（3）**杜威批判传统教育中分门别类的学科课程肢解了儿童认识世界的整体性和统一性**。学科课程仅限于让学生了解本学科内的知识体系，然而学生往往需要从整体性和综合性上认识世界，学科课程在割裂社会和世界的整体性，在阻碍学生综合能力的发展。

（4）**杜威批判旧教材的知识内容缺乏现代的社会精神**。教材呈现的知识都是过去式，不能突出体现当下生活中的时代精神与价值。

所以，他认为新教材应该与儿童充满活力的经验相联系，主张"从做中学"和"教材心理化"。

2. 新课程论（课程与教材）的主要内容

（1）**课程编制应以直接经验为中心**。如果说教育的中心是"直接经验"，那么课程与教材就要充分呈现学生的直接经验。杜威希望直接经验成为学生认识知识的一座桥梁。

（2）**学校应该以活动课程为主要课程类型**。学生在学校里的绝大多数时间是在活动中寻找和联结自己的直接经验，从而主动地学会知识，甚至是发现知识，那种学会学习的新奇感和成就感远比教师苦口婆心地讲解、学生被动地接受效果要好。这种活动性、经验性课程的范围很广，包括园艺、烹饪、缝纫、印刷、纺织、油漆、绘画、唱歌、演剧、讲故事、阅读、书写等形式。在杜威看来，这些活动既能满足儿童的心理需要，又能满足社会性的需要，还能使儿童对事物的认识具有统一性和完整性。

（3）**教材应引导学生"做中学"**。学生应该主动地从经验中学，从活动中学。杜威要求学生以活动性、经验性的主动作业来取代传统书本式教材的统治地位，能引领学生参与活动和突出经验的教材就是好教材。（名：16 湖南师大、南京航空航天；简：15 贵州师大、19 沈阳师大、23 湖南科技；论：14 福建师大，22 湖北）

（4）**编写教材要做到"教材心理化"**。所谓"教材心理化"，就是把各门学科的教材或知识各部分恢复到原来的经验，恢复到它所被抽象出来的原来的经验。如何做好"教材心理化"呢？

①**心理逻辑**：教材的编制要依据学生的心理逻辑来编写。心理逻辑指按照学生心理发展的特点来组织课程内容，使学生所读的教材是符合学生心理顺序的，其难度是学生心理可以接受的。

②**教材直接经验化**：这种"教材心理化"其实就是把间接经验转化为直接经验，即直接经验化。

实际上，杜威的课程论的第一步是教材直接经验化，第二步是教师帮助学生在直接经验中把学生自己体验到的直接经验"组织"成系统的知识，可这对教师来说是个难题。后来，杜威自己也承认，如何将学生的直接经验组织成系统的知识是一个未曾解决好的难题，但值得人们继续研究。

> **凯程提示**
>
> 其实，杜威并不反对间接经验本身，并不把直接经验和间接经验对立起来，他反对的是传统教育中那种不顾儿童接受能力的直接灌输、生吞活剥式地获取间接经验的方式。问题的关键在于怎样既使儿童最终获取较系统的知识，又能在学习过程中顾及儿童的心理水平。杜威主张以"教材心理化"来解决这个问题。

3. 评价

杜威的课程论在当时学校课程严重脱离社会实际和儿童身心发展条件的情况下是有积极作用的，但从实践的角度去看，疑点较多。(1) 杜威意在通过直接经验去理解系统知识，但在一定程度上忽视了理解直接经验需要以一定的系统知识为条件。(2) 并非所有的系统知识都可以还原为直接经验。(3) 怎样将学生个人的直接经验组织成较为系统的知识，是一个非常难以解决的问题。首先，学生的个人直接经验是非常有限的，这就使"组织"立在一个不甚宽厚的基础上；其次，将个人直接经验组织成系统的知识，要花费相当长的时间，但学校教育的时间却是短暂的；最后，杜威高估了学生自己组织知识的能力和教师指导的能力。

> **凯程提示**
>
> 请考生注意，以经验来组织教材和以系统的知识联系生活经验来组织教材，二者极为不同，对此杜威没有深刻的理解。学校教育应取后者，而非前者。若取前者，必将作茧自缚。杜威对传统课程与教材的批判入木三分，对其弊病的诊断也准确、深刻，然而他开的"药方"却不能治愈此病，这不免令人遗憾。

考点5 论思维与教学方法 ⭐⭐⭐⭐⭐ 15min搞定

（辨：21山东师大；简：20辽宁师大，21江苏师大、南京师大；论：5+学校）

1. 杜威批判传统教育的教学方式不能调动学生的主动性

杜威对传统教育的以教师、教材、课堂为中心的教学方法颇不以为然。他所要做的变革就是变教师讲、学生听的教学方式为师生共同活动、共同经验的教学方式，书本降到次要位置，活动和经验是主要的，教学活动不再限制在一间教室里。杜威所推崇的教学方法，是一种"从做中学"的方法，具体讲是一种在经验的情境中思维的方法。杜威非常重视学校对学生优良思维习惯的培养，他认为学校所做的一切都是为了培养学生的思维能力。

2. 反省思维五步法的创立 （名：11河南师大，19福建师大；简：5+学校）

杜威特别强调思维在经验中的重要作用，认为凡是"有意义的经验"都是在思维的活动中进行的。于是，形成了反省思维教学法。

（1）**"反省思维"的含义**。所谓反省思维，是指对某个经验情境中的问题进行反复的、严肃的、持续不断的思考，其功能在于求得一个新情境，解决困难、排除疑虑、解答问题。

（2）**反省思维教学法的五个步骤**。

①**要有一个真实的经验的情境**。教师要创设一个儿童感兴趣的、与儿童实际生活相联系的情境。

②**在情境内部产生一个真实的问题**。教师要引导学生在情境内部发现必须要解决的问题，这个问题是很实际、很真实的，这个问题将是学生接下来思考的思维刺激物。

③**提出解决问题的种种假设**。关于如何解决这个问题，教师可以请学生们开动脑筋想出种种假设。

④**推断哪个假设能解决这个问题**。学生可以通过活动和操作排除不相干的假设，推翻不能解决问题的假设，并找到可以解决问题的方法或假设。

⑤**验证这个假设**。学生需要通过检验的方法，验证解决问题的结论或假设，使这个结论变得明确、有意义，这是由学生自己探索知识、得出结论的过程，学生会从中感受到学习的意义。

这五个步骤的顺序不固定，可合并步骤。

3. 评价

杜威强调在教学中要重视学生的主动性和创造性，使学生主动地活动，积极地思维，并注意学生的兴趣与需要，这是很有见地的，为"发现法"的教学方法奠定了基础。但是，杜威忽视了系统知识的传授，降低了知识的地位，过于重视活动，泛化了问题意识，简化了认知的途径，影响了教育质量。

考点 6 论道德教育 ★★★ 15min搞定 （简：11 苏州，17 湖南农业；论：23 西华师大）

1. 杜威批判传统教育中的德育方式

（1）**杜威反对传统德育就是灌输外界道德**。德育原本是与生活最息息相关的话题，充满陶冶性和话题感，但如果道德教育完全由教师讲授，且要求学生被动地完成成人的道德要求，就会把德育变得枯燥无味。

（2）**杜威反对毫无约束的个人主义的道德观**。个人主义极力强调个人的绝对自由，这种自由是一种放任的自由，这样的德育会导致国家社会规范失控。

2. 杜威的道德教育的观点

（1）**德育基础：新个人主义**。

杜威认为道德教育的主要任务是协调个人与社会的关系，他反对旧个人主义，力倡新个人主义。新个人主义强调人与人之间的合作，而不是无情的竞争。落实到教育上，杜威则特别强调培养儿童的合作精神，要求学校要为一个真正的合作社会造就公民。可见，新个人主义重视理智的作用。

（2）**德育目的**：培养民主社会所需要的公民。这种人不会因追逐个人私利而不顾公利，也不会头脑僵化、墨守成规而对不断变化的社会熟视无睹。

（3）**德育途径**：杜威认为道德教育应在社会性的情境中进行，要求学校、教材、教法皆渗透社会精神，将学校生活、教材和教法称为"学校德育之三位一体"。

（4）**德育方法**：杜威将道德教育的原理分为社会方面和心理方面。社会方面是指社会性的情境、社会性的内容和社会性的目的，心理方面是指道德教育必须建立在学生的本能冲动、道德认识、道德情感的基础上。社会方面主要关于道德教育的目的和内容方面，心理方面主要关于道德教育的方法和精神方面。前者决定做什么，后者决定怎么做。在方法方面，他主要抓德育的问题情境的创设和学生的情感反应。所有这些思想，对改进当今的德育工作，十分有借鉴意义。

3. 评价

杜威的德育观令人耳目一新，他寻求了更体现社会责任的新个人主义作为理论依据，把道德和社会联系起来，把道德和儿童生活联系起来，还突出强调了儿童在道德吸收过程中的主动性，这对当下我国的德育观很有启发意义。

经典真题

›› 名词解释

1. 从做中学（16 湖南师大、南京航空航天）

2. 五步探究教学法（11 河南师大，19 福建师大）

>> 简答题

1. 简述杜威的从做中学的思想和课程论（教育理念）。（14 东北师大，15 贵州师大，19 沈阳师大，20 辽宁师大，21 江苏师大，23 湖南科技）

2. 简述杜威的五步教学法（关于思维与教学方法的理论）。（12、17 天津师大，12、19 河南师大，14 江苏师大、东北师大，18 新疆师大，19 沈阳师大，20 辽宁师大，21 集美、南京师大、江苏师大，23 首师大）

3. 简述杜威的道德教育思想。（11 苏州，17 湖南农业）

>> 论述题

1. 试论述杜威的课程与教材论的相关内容及其现实意义。（10 西北师大，16 沈阳师大，18 四川师大）

2. 谈谈杜威的"从做中学"的课程论及对当今课程改革的启示。（14 福建师大，22 湖北）

3. 论述杜威关于思维与教学方法的理论（杜威思维五步法在教学当中的应用）。（16 宁波，17 重庆三峡学院，22 苏州，23 苏州科技）

4. 论述杜威的教学论及对学校教育的启示。（23 中央民族）

5. 论述杜威的道德教育。（23 西华师大）

考点 1　杜威教育思想的历史地位与影响　15min搞定　（论：5+ 学校）

（1）**在理论上，杜威建立了系统全面、论证精微的实用主义教育学理论体系。**

①**提出了新的教育本质观。** 杜威认为教育即生活，教育即生长，教育即经验的改造。这与之前学者的观点有所不同，把直接经验置于教育的中心，催生了新式的课程类型和教学理论。

②**提出充分尊重儿童愿望和要求的教育目的。** 杜威认为教育应该关注儿童当下的生活，以当下的生活为起点进行教育，这样才有可能不知不觉地照顾到学生的未来。

③**创新了课程编制、教学方法和德育方法。** 杜威认为课程编制应以直接经验为中心，学校应该以活动课程为主要课程类型，提出了反省思维五步法，在德育方面他认为应该把道德和儿童生活联系起来。

④**建立了以活动、经验、学生为中心的"新三中心论"。** 这些教育思想立足于新现实、新理论的基础之上，宣告了教育理论旧时代的终结和新时代的开始，与赫尔巴特的"三中心论"形成了鲜明的对比。

（2）**在实践上，杜威对美国乃至世界的教育实践的变革都有重大影响。**

①**杜威曾在多所大学任教并建设学校，推广实用主义教育学。** 杜威曾在多所大学中讲授哲学、心理学、教育学等课程，注重从多学科的角度研究教育问题。1896 年杜威创办"芝加哥大学实验学校"，对教育问题进行实验研究，这对杜威教育理论的形成影响甚大。

②**杜威的实用主义教育学对进步教育运动有指导性意义。** 进步教育运动以实用主义思想为旗帜，二者共同促进了美国教育实践的变革。虽然进步教育运动最终失败了，但是为人类留下了很多宝贵的经验和教学启发。

（3）**在传播上，杜威的实用主义教育思想在全世界广为传播。** 杜威的教育思想是世界性的，其教育理论对 20 世纪的东西方社会都具有深远的影响，他到过中国、日本、土耳其、墨西哥和苏联等国访问，他的不少教育著作被翻译成多种文字广为流传，其实用主义精神传遍世界。

（4）局限性：一方面，对教育抱有过高的期望。他企图通过教育改变每个人的心智，从而达到变革社会的目的。**另一方面，教学成效不高。**杜威希望教学以直接经验为中心，高估了活动的意义以及教师和学生的能力，教学成效不高。

综上所述谈地位：杜威是世界教育思想上的巨人，是西方现代教育派的理论代表、新教育的思想旗手。他对传统教育的整个理论体系进行了挑战，奠定了现代教育理论大厦的基石。杜威的教育理论着意解决三个重要的问题：教育与社会的脱离；教育与儿童的脱离；理论与实践的脱离。这三个问题也是当今和未来时代的难题，杜威提供的解决方案对现在来讲也许并不切合实际，但具有启发意义，值得借鉴。

凯程助记

杜威的教育思想

教育思想		要点概览
教育本质观	教育即生活	批判传统 → 观点：教育与生活联系、学校与社会联系 → 实践：学校即社会、活动课程、做中学
	教育即经验	批判传统 → 观点：直接经验是中心 → 实践：活动课程、做中学、教材心理化
	教育即生长	批判传统 → 观点：促进人的内在生长，摒弃阻碍儿童自由发展之物
教育目的论		批判传统 → 观点：1.内在生长；2.当下生活；3.为民主社会服务
课程论		批判传统 → 观点：直接经验为中心 → 实践：活动课程、做中学、教材心理化
教学论		批判传统 → 观点：反省思维五步法，促进学生思维和创造力的发展
德育论		批判传统 → 观点：德育与生活相结合，培育公民

凯程拓展

杜威与陶行知教育思想的比较 ★★★★★

	杜威	陶行知
背景	美国处于超级大国，处于国富民强的盛世，思考教育质量的问题（需要什么样的教育）	中国处于贫穷落后、战争不断的境地，思考教育数量的问题（普及教育）
教育与生活	教育即生活： 这里的"教育"指学校教育； 这里的"生活"指理想生活	生活即教育： 这里的"教育"指社会教育； 这里的"生活"指日常生活
学校与社会	学校即社会：单向，仅指学校有社会的意味	社会即学校：双向，社会具有学校的意味，学校具有社会的意味
师生观	学生中心论，导致实践中教师地位下降	尊重学生的主体性，不唯学生中心论，更强调教师的指导作用
教育目的	教育即生长，教育即生活，为民主社会服务	教育为民族解放、国家独立事业服务
教育方法	从做中学，重视直接经验/活动	教学做合一，知行统一

杜威与赫尔巴特教育思想的比较 ★★★★★

	杜威	赫尔巴特
背景	（1）20世纪上半叶的美国教育家，其著作《民主主义与教育》是西方教育三大里程碑著作之一，提出实用主义。 （2）现代教育的代表人物。 （3）时代背景：政治、经济、文化、心理学、教育学更成熟，批判赫尔巴特	（1）19世纪的德国教育家，其著作《普通教育学》是世界上第一本现代教育学著作，提出认知主义。 （2）传统教育的代表人物。 （3）时代背景：心理学初建，创建教学实践模式，推动班级授课制和知识讲授法
宗旨	新三中心（经验、学生、活动）	三中心（教材、教师、课堂）
教育目的	通过直接经验促进学生内在生长，主张社会本位和个人本位的调和论，无价值取向	通过学习系统知识获得道德，强调社会本位论
德育论	德育生活化，多途径，反对唯知识论	教育性教学原则，知识对德育的重要性
课程论	（1）五依据：学生的直接经验、兴趣与需要、个性与自由、身心发展规律、学生的生活。 （2）心理逻辑、活动课程、做中学、学生主动	（1）四依据：兴趣、经验、统觉论、儿童发展阶段。 （2）知识逻辑、学科课程、讲授法、学生被动
教学论	反省思维五步法，直接经验，探究能力	形式阶段（后来发展成五段式教学法），系统知识，间接经验
师生观	以学生为中心，尊重学生五点	以教师为中心
影响力	世界级教育家，他的教育思想是美国进步教育运动的指导思想，在世界范围内广泛传播；批判传统教育，尊重学生的主体性，倡导实用主义，增强了学生能力；虽导致教育质量下降，但思想具有先进性	世界级教育家，形成了赫尔巴特学派的教育运动，其教育思想具有合理性和实践性，提高了教育质量

凯程提示

杜威在教育史上绝对是重量级人物，他的影响至今依然存在，不论是哪一年的考研复习，杜威的教育思想都是重点之一。以上两个异同比较，是专硕往年真题里考得最多的。

经典真题

名词解释

1. 杜威（13湖南，18复旦，20、21浙江）
2. 《民主主义与教育》（14内蒙古师大，16杭州师大，19西北师大）

简答题

简述杜威的教育思想。（13山西，14南京师大，16沈阳师大，18贵州师大、延边、西南，19西华师大，20北华，21郑州、三峡、西藏，23湖南）

>> 论述题

1.论述杜威教育思想的主要观点及其影响。(10首师大、宁波师大,10、13、15浙江,11、12北师大,11、16、18华南师大,12南京师大、北京航空航天,12、16四川师大,13、21辽宁师大,13、15西华师大,14安徽师大、延安,15南京航空航天、江西师大,16湖南科技、安徽师大,17温州,17、21海南师大,18曲阜师大、陕西师大、中南民族、聊城,20闽南师大、四川轻化工,21福建,22齐齐哈尔,23河南师大)

2.论述杜威实用主义教育思想的主要内容。(13曲阜师大,16上海师大,22济南,23西安外国语)

3.比较赫尔巴特和杜威的教育思想。(22广西师大、宁夏)

4.比较杜威与赫尔巴特的教学理论,并谈谈这些理论对我国不同阶段的教育实践和教育思想的影响。(18陕西师大)

5.解读赫尔巴特和杜威的教育思想及影响,并在此基础上,结合现实对传统教育与现代教育进行对比分析。(10宁波)

6.论述杜威对传统教育思想的批判与超越。(23江苏师大)

7.比较杜威和赫尔巴特的教学过程理论。(14华南师大,16陕西师大,18四川师大,20中央民族,22中国海洋)

8.试分析比较赫尔巴特与杜威的课程理论的异同。(15东北师大,22四川师大)

9.材料一:杜威关于学校和社会关系的一句话,生活教育理论把它"翻了半个跟斗"。

(1)材料一体现了杜威的什么教育理论?

(2)简述生活教育理论把它"翻了半个跟斗"的原因。

(3)谈谈生活教育理论中体现的有关学校与社会关系的观点。

材料二:杜威过度强调儿童的直接经验,布鲁纳说这样"好事就成了坏事"。

(1)材料二中"好事就成了坏事"指的是什么?

(2)布鲁纳提出的结构主义理论是如何解决这一问题的?

(3)杜威和布鲁纳的教育改革对我国的教育改革有何启示?请说明理由。(11扬州,21陕西师大)

10.材料:在《学校与社会》《儿童与课程》两本著作中,针对传统派和浪漫派进行批判的若干观点,如学生不是一块白纸,可以任由老师涂抹;美国面临可怕的二元论;杜威所进行的阐述。

(以上为材料大意)

(1)论述杜威所批判的传统派和浪漫派的特征,以及各自的优缺点。

(2)杜威在"儿童经验"和"课程内容"两方面的观点有哪些?(13北师大)

第十章　近现代教育思潮①

考情分析

图例：选　名　辨　简　论

第一节　19 世纪的近代教育思潮
- 考点 1　自然主义教育思潮　　2　6　3
- 考点 2　教育心理学化教育思潮
- 考点 3　科学教育思潮　　2
- 考点 4　国家主义教育思潮

第二节　19 世纪末至 20 世纪前期的新教育运动
- 考点 1　新教育运动的形成与发展　　23　2　2
- 考点 2　新教育运动中的著名实验　　2
- 考点 3　新教育运动中的主要理论　　1　13　5

第三节　19 世纪末至 20 世纪前期的进步教育
- 考点 1　进步教育运动历程　　18
- 考点 2　进步教育实验　　79　19　10

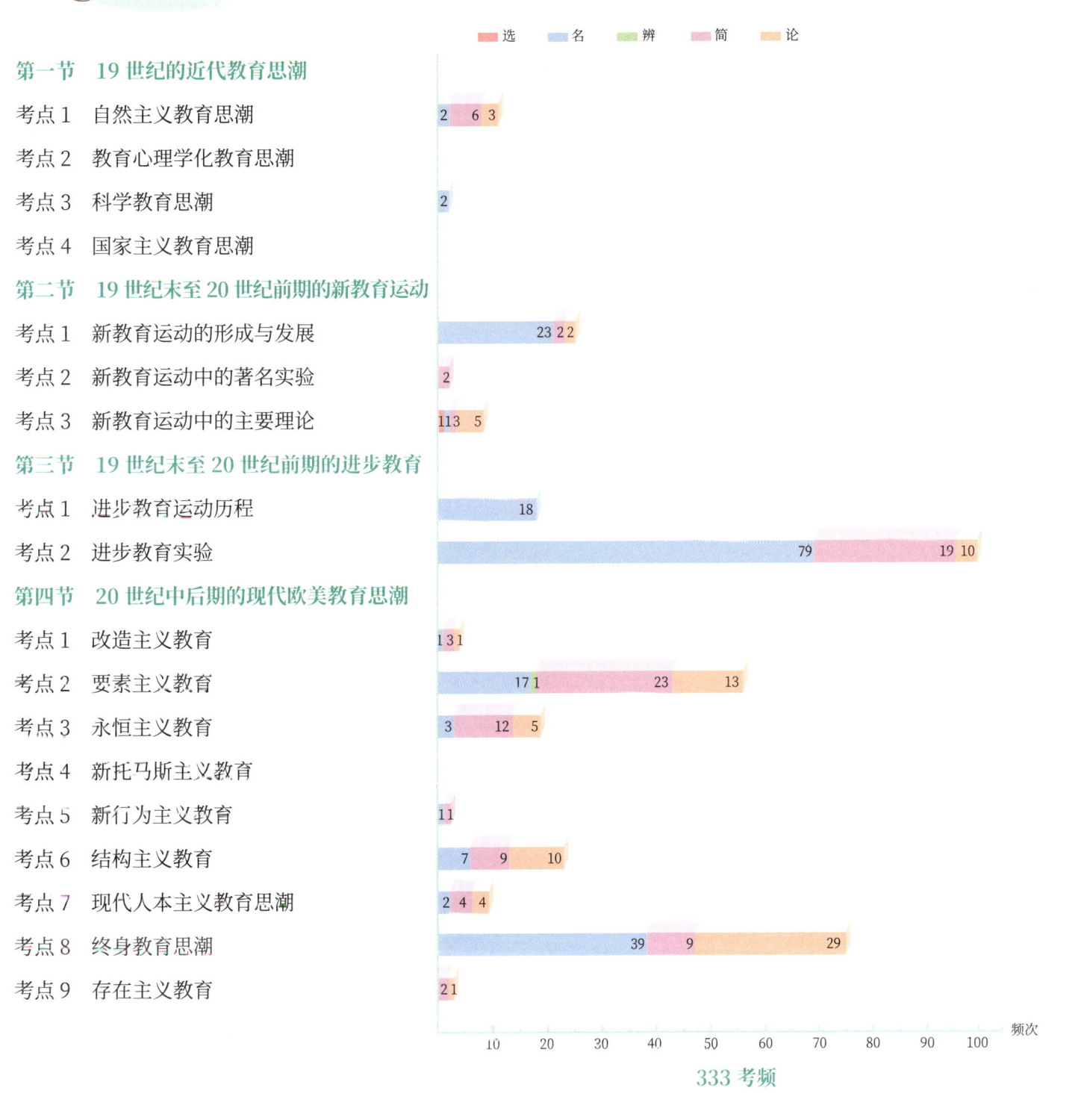

第四节　20 世纪中后期的现代欧美教育思潮
- 考点 1　改造主义教育　　1　3　1
- 考点 2　要素主义教育　　17　1　23　13
- 考点 3　永恒主义教育　　3　12　5
- 考点 4　新托马斯主义教育
- 考点 5　新行为主义教育　　1　1
- 考点 6　结构主义教育　　7　9　10
- 考点 7　现代人本主义教育思潮　　2　4　4
- 考点 8　终身教育思潮　　39　9　29
- 考点 9　存在主义教育　　2　1

横轴：10　20　30　40　50　60　70　80　90　100　频次

333 考频

① 333 大纲并没有 19 世纪的教育思潮，但是这些思潮是对 19 世纪教育理论和实践的最好总结，考生应该有所了解，且有些学校在这方面出过真题。其中，近代教育思潮参考多篇论文汇集而成。

知识框架

- 近现代教育思潮
  - 19世纪的近代教育思潮
    - 自然主义教育思潮 ★★★★★
    - 教育心理学化教育思潮 ★★★
    - 科学教育思潮 ★★★
    - 国家主义教育思潮
  - 19世纪末至20世纪前期的新教育运动
    - 新教育运动的形成与发展 ★
    - 新教育运动中的著名实验 ★
    - 新教育运动中的主要理论 ★★★
  - 19世纪末至20世纪前期的进步教育
    - 进步教育运动历程 ★
    - 进步教育实验 ★★★★★
  - 20世纪中后期的现代欧美教育思潮
    - 改造主义教育 ★★
    - 要素主义教育 ★★★★★
    - 永恒主义教育 ★★★
    - 新托马斯主义教育 ★
    - 新行为主义教育 ★
    - 结构主义教育 ★
    - 现代人本主义教育思潮 ★★★★
    - 终身教育思潮 ★★★★★
    - 存在主义教育 ★

考点解析

第一节 19世纪的近代教育思潮

考点1 自然主义教育思潮 ★★★★★ 20min搞定

（名：15吉林师大，19华中师大；简：5+学校；论：15湖南科技，17福建师大，20河南师大）

自然主义教育思潮源于古希腊，酝酿于欧洲文艺复兴时期，形成于18世纪，是近代西欧资产阶级重要的教育理论和教育思潮之一。其代表人物包括亚里士多德、夸美纽斯、维多里诺、巴西多、卢梭、裴斯泰洛齐和福禄培尔等。

1. 时代背景

（1）**启蒙运动**为自然主义教育思潮的产生提供了舆论氛围。启蒙运动崇尚人的理性，尊重人的天性和自由，这与自然主义教育思想完全相符。

(2) **资本主义发展的需要**是自然主义教育思潮的客观要求，资产阶级要推翻腐朽的封建专制统治，这就需要借助教育的力量，批判旧教育，呼唤新教育。

(3) **封建教会教育的没落**成为自然主义教育思想发展的契机。

2. 发展阶段

(1) **萌芽阶段：**早在古希腊时期，亚里士多德在历史上首次提出了教育遵循自然的原则。他提出教育要重视儿童心理发展的自然特点，主张按照儿童心理发展的规律，对儿童进行分阶段的教育，提倡对儿童进行和谐、全面发展的教育。

(2) **形成阶段：**夸美纽斯明确提出了教育适应自然的原则，并将其作为贯穿整个教育理论体系的一条根本的指导性原则，这标志着自然主义教育思想的形成。

(3) **体系阶段：**卢梭是自然主义教育思想的典型代表，他用整本《爱弥儿》论述了自然主义教育思想体系，从理论的完整性上深化了自然主义教育思想。

(4) **发展阶段：**裴斯泰洛齐等人进一步将自然主义教育思想拓展，如裴斯泰洛齐首次提出"教育心理学化"的口号，开拓了西方教育心理学化运动；巴西多引领了泛爱运动；福禄培尔是自然主义教育思想的积极倡导者。

3. 基本观点

(1) **教育目的是培养人的自然本性。**以人的自然本性为基础，保护人的善良天性，反对封建教育的强制性；以人的自然发展为内容，重视人的生存教育和素质教育；重视人的身心和谐发展，促进人的全面发展；改良社会，增进人类的幸福感。

(2) **主张儿童发展年龄分期论。**自然主义教育家都主张依据人的身心发展特点对儿童的发展划分阶段，一般分为婴儿期、儿童期、少年期和青年期，不同的年龄阶段有不同的教育目标，都主张先发展儿童的身体和感官，后发展理性和抽象思维。

(3) **主张泛智课程论。**不同的自然主义教育家对课程有不同的论述，其中包括"泛智"课程、家庭教育、无系统的课程、以心理和社会的标准选择课程等。凡是增进人能力的知识都属于"泛智"课程。

(4) **教育教学的原则与方法都要体现教育适应自然。**自然主义教育家们提出一系列的原则和方法，包括自然适应性原则、顺应自然原则、直观性和连续性原则等。

4. 评价

(1) 积极影响。

①**理论价值：**自然主义教育思想丰富了教育理论的发展，为西方近代教育理论的科学化奠定了必要的基础。

②**教育对象：**自然主义教育家重视儿童特征的研究，确立了儿童在教育中的主体性地位，主张解放儿童的天性，这具有划时代的意义。

③**教育实践：**自然主义教育家所提出的适应自然的教育原则、直观教学方法等丰富了近代教学理论和实践。

④**历史影响：**自然主义教育家反对和控诉封建专制制度对儿童个性和自由的摧残与压制，反对经院主义教育强迫儿童死记硬背宗教教义，也反对严酷的纪律和体罚，具有反宗教、反封建的历史影响，促进了教育近代化的发展，对后来新教育、进步教育以及杜威的教育思想都有一定的影响。

(2) 局限性。

①**理论缺陷**：自然主义教育的核心——"自然"的概念界定并不清晰，缺乏严谨性。

②**实践弊病**：一些自然主义教育家用自然现象类比教育现象，在实践中过度放纵儿童，缺乏一定的科学依据，使之简单化和理想化，可行性薄弱。

③**价值取向**：忽视了教育的社会属性。

④**研究方法**：一些自然主义教育家运用类比论证、思辨演绎、经验推理、天才设想等方法论述儿童教育和教育方法，缺乏科学依据。

> **凯程提示**
>
> 卢梭的自然主义教育理论与自然主义教育思潮不一样，自然主义教育思潮除了卢梭，还包括其他提出教育适应自然思想的教育家，自然主义教育思潮论述的内容包含卢梭的自然主义教育思想。但是卢梭自然主义教育思想的评价与自然主义教育思潮的评价可以使用同一套话语，它们的影响也是一样的。

经典真题

>> **名词解释**　教育适应自然（15 吉林师大，19 华中师大）

>> **简答题**

简述教育适应自然。（13、16 云南师大，17 北华，19 宁波，20 湖州师范学院、内蒙古师大）

>> **论述题**

论述自然主义教育思潮。（10 江西师大，15 湖南科技，17 福建师大，19 江苏师大，21 四川师大）

考点 2　教育心理学化教育思潮　10min搞定

教育心理学化是 18 世纪初在欧洲兴起的一场旨在将教育建立在心理学基础上的教育思想革新运动，主要代表人物包括洛克、裴斯泰洛齐、赫尔巴特等。

1. 发展阶段

（1）**裴斯泰洛齐首次提出教育心理学化的概念，开启了教育心理学化的思潮**。他主张将教育理论研究建立在儿童本性发展的自然法则基础之上，这里的儿童本性其实就是指儿童的心理发展。他按照教育心理学化的思想，又提出了要素教育论和初等教育教学的实践方法。

（2）**赫尔巴特为教育心理学化奠定了理论基础，从而使教育心理学化思想系统化**。他提出以"统觉"原理为基础，遵循儿童心理发展的规律，培养儿童多方面的兴趣，并按照儿童兴趣的分类和阶段提出了相应的课程论和教学论。

（3）**福禄培尔将心理学应用于幼儿教育中，使教育心理学化思潮进一步深化**。他提出儿童心理发展具有"自动性"。

（4）**第斯多惠使"教育的自然适应性"这一术语直接被教育心理学化所代替**。他明确地提出把心理学作为教育学的基础，力图运用当时心理学研究成果深入揭示人的自然本性及其发展规律，并提出了较为丰富的教育思想。

2. 基本观点

(1) **总论：教育要尊重儿童的身心发展规律**。让心理学成为教育学的理论基础，促进教育学科学化发展。

(2) **课程组织充分体现心理学化**。裴斯泰洛齐认为课程编制以各学科的基本要素为核心，开设各种现代学科课程。赫尔巴特认为课程设置以经验和兴趣为课程的分类依据。福禄培尔认为课程设置和教育内容主要以游戏、活动和作业为主。第斯多惠认为课程设置应遵循儿童的天性，循序渐进，遵循发展性，不能一味简单地灌输。他们都为课程组织体现心理学化做出了贡献。

(3) **教学方法充分体现心理学化**。裴斯泰洛齐在教学中采用要素教学法。赫尔巴特在教学中采用阶段教学法。福禄培尔在教学中采用恩物、作业以及游戏的方式教学。第斯多惠在教学中采用启发性教学法。他们都为教学方法心理学化做出了贡献。

3. 评价

(1) **"教育心理学化"直接替代了"教育适应自然"这一术语**。教育适应自然表述模糊，不够精确，但教育心理学化更能体现科学性和精确性，用新术语替代旧术语也体现了时代的进步性。

(2) **教育心理学化思潮推动了教育科学化进程**。研究者推动了教育过程与方法的精确化，宣告了单纯地以思辨和经验提炼的教育研究时代的终结。

(3) **教育心理学化思潮推动了心理学和教育学成为未来训练教师的必修课，提高了教师培训的质量**。

经典真题

>> **论述题** 论述教育心理学化运动的形成、发展与影响。（20 广西、哈师大）

考点 3 科学教育思潮 ★★★ 10min搞定 （名：13 云南师大，21 辽宁师大；论：11 哈师大）

科学教育思潮产生于 16 世纪末 17 世纪初，兴盛于 19 世纪后期，是在欧美国家得到广泛传播的一种教育思潮。其主要代表人物包括培根、斯宾塞、赫胥黎等。

1. 时代背景

近代科学的兴起是社会长期发展的结果。地理大发现和新航路的开辟刺激了欧洲近代科学的兴起。文艺复兴运动提供了近代科学兴起的文化思想环境。

2. 基本观点

(1) **批判旧教育**：批判了古典教育、经院主义教育。批判传统教育的经院习气，空疏无用，认为教育到了非改革不可的程度。

(2) **教育目的**：主张培养经世致用的科学人才、实用人才。

(3) **教育内容**：认为科学知识最有价值，主张建立以科学知识为核心的课程体系。

(4) **教育实践**：科学革命时期的教育催生了实科中学及新大学运动、大学推广运动。这一时期的教育推崇直观教学法、循序渐进教学法及实用教学法。

(5) **教育理论**：这一时期的教育催生了形式教育论及实质教育论。形式教育论注重文法学校与人文学科，注重古典语的教学。而实质教育论注重开设实科学校，注重实科知识，并提倡用本族语、现代语教学，注重培养实用人才。

3. 评价

(1) **对经济与社会的影响**。科学教育促进资本主义发展，顺应了时代发展的要求。

(2) **对科学革命的影响**。自然科学知识获得了空前增长；科学研究方法取得了突破性进展；科学理性精神得以形成。

(3) **对教育改革的影响**。完善了学校教育的课程设置和教学内容，推动了欧美各国学校的课程改革，促进了教育理论与实践的发展，也促进了教育近代化和世俗化的进程。

> **凯程助记** 批判了古典经院，目的是培养人才，内容是科学知识，实践是新式学校，理论是形式实质。

> **经典真题**
>
> ≫ **名词解释** 科学教育思潮（13 云南师大，21 辽宁师大）

考点 4 国家主义教育思潮 5min搞定

18—19 世纪，在法国启蒙运动中，国家主义教育思潮开始形成并广泛传播，主张国家应该重视和管理教育，应该普遍设学，并对学校教育进行管理，培养合格的国家公民。国家要努力从落后的宗教教会手中夺取教育控制权，并冲击封建教育制度下僵化的教育思想。其主要代表人物有法国的拉夏洛泰、孔多塞，德国的费希特等。

1. 基本观点

(1) 强调教育的社会功能；(2) 强调培养国家公民；(3) 主张普及教育和免费教育；(4) 提倡国家开办和管理教育；(5) 主张教育要有公平、公正的基本原则。

2. 评价

(1) 国家主义教育思潮对教会的批判直接推动了欧美国家教育国家化的进程；(2) 国家主义教育思潮为国民教育制度的建立和发展提供了有力的理论依据；(3) 国家主义教育思潮推动了欧美国家近代教育行政体制的建立。

第二节 19 世纪末至 20 世纪前期的新教育运动

考点 1 新教育运动的形成与发展 6min搞定 （名：15+ 学校；简：5+ 学校；论：5+ 学校）

"新教育运动"亦称"新学校运动"，这场教育改革运动于 19 世纪末 20 世纪初在欧洲兴起，主要内容是在教育目的、内容、方法上建立起与旧式的传统学校完全不同的新学校，以建立不同于传统学校的新学校作为新教育的"实验室"为特征。新教育运动始于英国，后来扩展到欧洲其他国家。其形成过程是：

(1) **兴起**：1889 年，英国教育家雷迪在英格兰创办了欧洲第一所新学校——阿博茨霍尔姆学校，标志着新教育运动的开始。之后，德国教育家利茨和法国的德莫林分别创办了德国和法国第一所新学校。

(2) **成型**：随着新学校在欧洲各国的建立，1899 年，费利耶尔在瑞士成立"国际新学校局"，作为欧洲新教育学校的联络中心。1921 年，在法国加来成立"新教育联谊会"，出版《新时期的教育》杂志，宣传新教育理论。

（3）**发展**：1922年正式颁布协会章程，推行儿童中心的教育目标，提出新教育的七项原则，即保持和增进儿童的内在精神力量；尊重儿童的个性发展；使儿童的天赋兴趣自由地施展；鼓励儿童自制；培养儿童为社会服务的合作精神；要进行男女儿童同校的教育和教学；要求儿童尊重他人也保持个人尊严。这七项原则实际上成了新教育运动的国际宣言。新教育运动传入美国后，因与当时进步主义教育思想基本相通，所以形成了与传统教育对垒的更大的势头。

（4）**衰落**：1966年，新教育联谊会改名"世界教育联谊会"，标志着新教育运动的终结。

> **凯程提示**
>
> 关于新教育运动，考生需要记住新教育运动的定义、发生背景、主要代表人物、重要事件，它是如何发生、发展、衰落的，开始的原因是什么，衰落的原因是什么，哪些原因是内部的，哪些原因是外部的，以及这场运动具有什么特点，产生了什么影响。

考点 2　新教育运动中的著名实验　15min搞定　（简：19华东师大）

1. 英国雷迪的阿博茨霍尔姆学校

1889年，雷迪创办了欧洲第一所新学校——阿博茨霍尔姆学校，标志着新教育运动的开始，被誉为欧洲"新学校"的典范。其办校的宗旨是促进学生身体、心灵的健全发展，重视儿童的个性特征，使儿童成为完人。学校作息时间为上午主要学习功课，下午从事体育锻炼和户外实践，晚上是娱乐与艺术活动。

2. 英国尼尔的夏山学校（也叫萨默希尔学校）

夏山学校的主要特点是自由和自治，如学校实行学生与教师民主自治，师生平等，共制规范，在人人遵守规范的前提下充分享有自由；学生有充分的课程选择权；允许学生追求新异的自由生活方式和自由思维方式。

3. 德国利茨的乡村教育之家

1898年，德国教育家利茨开办了德国第一所乡村教育之家，利茨因成为德国"乡村之家运动"的奠基人而享有盛誉。该校特点与英国的乡村教育学校非常相似。

4. 法国德莫林的罗歇斯学校

1899年，法国德莫林创办了法国第一所新学校——罗歇斯学校。该学校重视师生之间家庭式的亲密关系，在开设各种正规课程的同时，还安排体力劳动和小组游戏，尤其重视体育运动，被称为"运动学校"。

5. 比利时德可乐利的生活学校　（简：17内蒙古师大）

比利时教育家德可乐利于1907年在布鲁塞尔市郊创办生活学校（亦称"隐修学校"），并提出了"德可乐利教学法"。

（1）主要内容。

①**在教育环境上**，教育环境应为学生的智力、体力、社会和审美活动服务，将学校设在便于儿童自由活动、接触自然的环境中。

②**在课程设置上**，根据"兴趣中心"的课程论思想，打破传统的分科体系，将课程分为关于个人的知识和关于环境的知识两大类，组成教学单元，逐年学习。

③**在教学方法上**，根据单元学习分为三段：观察、联想和表达。观察练习即收集并理解第一手资料；

联想即对已充分理解的第一手资料进行综合、分类和比较，并为概括打好基础；表达的目的在于帮助巩固前两个阶段所习得的东西，并帮助学生扩大兴趣范围。

（2）**评价**：德可乐利教学法改变了旧的教学方法，在保证教学质量的基础上，增加了有用的知识和技能，激发了学生对学习和生活的热情。这种方法同样适用于富裕阶层和普通学生。德可乐利教学法得到了政府的重视，被引入国立学校，对西方教育产生了深远的影响。

6. 爱伦·凯的《儿童的世纪》

瑞典教育家爱伦·凯的《儿童的世纪》因倡导自由教育而被视为新教育的经典作品。这本书预言"20世纪将成为儿童的世纪"，这一思想影响重大。

7. 英国罗素的皮肯希尔学校

罗素开办的皮肯希尔学校，强调自由教育、爱的教育和个人主义，其主要著作有《教育与美好生活》《教育与社会秩序》。罗素认为现代教育有四大发展趋势：教育制度民主化、教育内容实用化、教育方法自由化和给幼儿期以更多的关注。

> **凯程助记**
> 英国雷迪霍尔姆，尼尔乘凉在夏山，罗素开办皮肯希。（都是英国人）
> 德国利茨在乡村，法国德莫林爱运动，瑞典爱伦·凯在写书。
> 比利时德可乐利，生活学校搞教研。

考点3 新教育运动中的主要理论 ★★★ 25min搞定

1. 梅伊曼、拉伊的实验教育学 ★★★★★ （名：23海南师大；简：23华中师大、河北师大）

19世纪末20世纪初兴起了以教育实验为标志的教育思想流派。梅伊曼首次提出"实验教育学"的名称，其主要代表作有《实验教育学讲义》，还有他和拉伊合著的《实验教育学》。

（1）**观点**：①反对以赫尔巴特为代表的强调概念思辨的教育学。②提倡把实验心理学的研究成果和方法应用于教育研究中。③将教育实验划分为提出假设、制订实验计划并进行实验、验证结论三个基本阶段。④认为教育实验与心理实验有差别，心理实验要在实验室里进行，而教育实验要在真实的学校环境和教学实践活动中进行。⑤主张用实验、统计和比较的方法研究教育，用实验数据作为改革学制、课程和教学方法的依据。

（2）**评价**。

①**优点**：提倡定量的研究方法，并且使定量研究成为20世纪教育学研究的一个基本范式，极大地推进了教育科学的发展。

②**局限**：当实验教育学及其后继者把定量方法夸大为教育研究的唯一有效方法时，就走上了"唯科学主义"的迷途，受到了文化教育学的批判。

2. 凯兴斯泰纳的"公民教育"与"劳作学校"理论 ★★★

凯兴斯泰纳是德国教育家，是欧美流行的劳作教育思潮的代表人物和推动者。他的主要著作有《德国青年的公民教育》《公民教育要义》等。

（1）**公民教育理论**。

凯兴斯泰纳认为培养有用的国家公民是国家公立学校的目的，也是一切教育的目的。公民教育的中心内容是通过个人的完善来实现为国家服务的目的。所谓"有用的国家公民"应具备三样品质：①具有关于国家的任务的知识（聪明）；②具有为国家服务的能力（能干）；③具有热爱祖国、愿意效力于祖国的品质（爱国）。

(2) **劳作学校理论**。（名：19 江苏师大，21 西安外国语；简：22 西北师大，23 宁波）

在凯兴斯泰纳的教育理论体系中，劳作学校理论既是公民教育理论的有机组成部分，又是一个相对独立的部分。他主张为实现公民教育的目的，必须将德国的国民学校由"书本学校"改造成"劳作学校"。劳作学校的三项任务是：

① "职业陶冶的准备"要求帮助学生将来能在国家的组织团体中担任一种职务或做某种工作，这是劳作学校的基本任务。

② "职业陶冶的伦理化"要求把自己的任务看作郑重的公事，不仅为自己更为社会进步而完成任务，把职业陶冶与性格陶冶相结合。

③ "团体的伦理化"要求在学生个人伦理化的基础上，把学生组成工作团体，培养其互助互爱、团结工作的精神。

(3) **评价**：公民教育、职业教育和劳作学校是目的、手段与机构的关系，它们是"三位一体"的。基本精神是让学生在自动的、创造性的劳动活动中得到性格的陶冶。

3. 蒙台梭利的教育思想（详见第九章第七节）

蒙台梭利也是新教育运动中重要的代表人物之一，对丰富新教育的教育思想起到了国际性的影响及作用。

> **凯程拓展**
>
> **新教育运动的共同教育思想总结** ★★★★★
>
> (1) **内涵**：①在教育地点上，欧洲新学校大多设在乡村或大城市的郊区，周围环境幽静，风景优美，设备优良，采用家庭式教育管理方式；②在教育目的上，重视体育、手工、园艺活动，以此培养学生的自由精神、观察能力、审美能力和独创精神；③在教学内容上，重视现代人文科学与自然科学课程；④在教学方法上，反对体罚，重视儿童兴趣与思维能力的发展；⑤在道德教育上，向儿童灌输资产阶级民主、合作的观念，培养儿童的责任心和进取心。
>
> (2) **积极影响**：成功引起世人对新教育的关注和对传统教育的反思，建立起各国新学校之间的紧密联系，为新教育赢得了国际声誉，为国际交流开辟了道路。
>
> (3) **局限性**：收费昂贵，以思想激进的上层社会和高收入阶层的少数学龄儿童为对象，规模一般很小，并且独立于国家教育制度之外，不能产生大规模化的教育影响。

经典真题

》名词解释

1. 欧洲新教育运动（10 哈师大、宁波，10、12 河南师大，11 渤海，12 聊城，15 湖北，16 山西师大、云南师大，17 福建师大、重庆师大，19 华东师大，20 海南师大，21 北师大、湖南师大、深圳、湖南、宝鸡文理学院，22 杭州师大，23 淮北师大、中国海洋、上海师大）

2. 德可乐利教学法（22 华中师大）

3. 实验教育学（23 海南师大）

>> 简答题

1. 简述欧洲乡村寄宿学校的主要特征。（19 华东师大）
2. 简述新教育运动。（15 宁波，18 湖北）
3. 简述凯兴斯泰纳的劳作学校理论及影响。（22 西北师大，23 宁波）
4. 简述德可乐利的生活学校。（17 内蒙古师大）
5. 简述欧洲新教育运动中实验教育学的主要观点。（23 华中师大、河北师大）

>> 论述题

1. 论述新教育运动的主要内容。（11 南京师大，17 中国海洋，19 太原师范学院，20 重庆三峡学院）
2. 试述新教育运动的历史意义。（23 哈师大）

第三节 19世纪末至20世纪前期的进步教育

（名：15+ 学校；简：15+ 学校；论：11 南京师大，15 福建师大，20 北华，23 山东师大）

考点 1 进步教育运动历程 15min搞定（简：15+ 学校；论：5+ 学校）

19 世纪末到 20 世纪 50 年代的美国兴起了进步主义教育运动。它的性质虽然与欧洲新教育思潮相似，但由于产生的地域不同，二者还是存在一些差异。进步教育的"实验室"主要是美国的公立学校，相对于欧洲的"新教育"来说，进步教育学校更关心普通民众的教育，更强调教育与社会生活的联系，更重视"从做中学"，更注重学校的民主化问题。

进步教育运动的发展大致经历了以下四个阶段。

1. 兴起（19 世纪末至 1918 年）

赖斯在揭露美国学校弊端、引起人们关心教育的变革方面做出了贡献，并引发全国对传统教育的批判。

（1）**昆西教学法**。19 世纪末，帕克创造了昆西教学法，被杜威称作"进步教育之父"。之后还有其他进步教育家进行了教育改革的实验。

（2）**芝加哥大学实验学校**。1896 年，杜威创办了芝加哥大学实验学校。在他的影响下许多进步教育实验以各种形式展开。

2. 成型（1918—1929 年）

"一战"后，美国公立教育成为世界先锋，美国许多社区和学校当局表示愿意试验新方法，预示着普及进步教育的时机成熟了。

（1）**成立协会**。1919 年，美国进步教育协会成立，提出了进步教育的七项原则：①儿童有自然发展的自由；②兴趣是全部活动的动机；③教师是一个引导者而不是一个不起作用的监工；④开展有关儿童发展的科学研究；⑤对所有影响儿童身体发展的环境因素给予更大的关注；⑥适应儿童生活的需要，加强学校与家庭之间的合作；⑦在教育活动中，进步教育学校是一个领导者。

（2）**创办杂志**。1924 年，协会创办《进步教育》杂志，向读者介绍欧洲的新教育和美国的进步教育实验。

(3) 形成研究阵地。 这一时期，进步教育日益专业化，哥伦比亚大学师范学院成为进步教育运动的中心，杜威担任协会的名誉主席。

3. 转折（1929—1943年）

1929年的大萧条严重影响了美国进步教育运动的发展。

（1）大萧条使进步教育运动发生转向，此前强调儿童中心和个人的自由发展，此后强调学校的社会职能。 此外，教育中心从初等教育转向中等教育。这种转变体现在"八年研究"（1933—1940年，也叫"30校实验"）上。

（2）大萧条加剧了进步教育的分裂。 进步教育运动的专业化倾向使其失去了公众的理解和支持。同时，进步教育运动内部出现分化，主要分为以拉格为代表的一派（强调"儿童中心"）和以康茨为代表的一派（强调"社会中心"）。改造主义正是其分裂的产物。1941年，美国在欧洲卷入战争，进步教育也进入尾声，失去感召力。

4. 衰落（1944—1957年）

1944年，美国的进步教育运动进入衰落阶段，进步教育协会更名为"美国教育联谊会"，成为欧洲新教育联谊会的一个分会。1955年，协会解散。1957年，《进步教育》杂志停办，标志着美国教育史上一个时代的结束。

> **凯程拓展**
>
> **美国进步教育衰落的原因**
>
> （1）进步教育运动不能与美国的社会变化始终保持一致，未能较好地适应美国社会发展对教育提出的新要求。
>
> （2）进步教育理论和实践本身存在许多矛盾和局限，如过分强调儿童个人的自由，忽视社会和文化对个人发展的决定作用，过分否定学校工作的一些基本规律，导致教学质量的下降。
>
> （3）改造主义和保守主义等教育流派的抨击与批判，击中了进步教育的要害，加速了进步教育的衰落。
>
> （4）进步教育运动在理论上的分化，导致运动内部的决裂，进步教育运动对教师提出的过高要求，使教师难以完成和达到进步教育家所期望的教育效果。

考点 4　进步教育实验

1. 帕克的昆西教学法

昆西教学法的创始人是美国进步教育运动的先驱——帕克，其主要代表作是《关于教育学的谈话》。帕克的教育改革措施被称为"昆西制度"或"昆西教学法"。主要特点：(1) 强调儿童应处于学校教育的中心；(2) 重视学校的社会功能；(3) 学校课程应与实际相联系；(4) 强调培养儿童的自我探索和创造精神。

> **凯程助记**　儿童是中心，学校重社会，课程联实际，儿童需创造。

2. 约翰逊的有机教育学校

约翰逊是美国教育家、进步主义教育协会的创始人之一。她创办了费尔霍普学校，该校以"有机教育学校"而闻名。杜威把约翰逊的教育实验称作"教育即自然发展的一个实验"。

主要特点：①约翰逊称她的教育方法是"有机的"，因为它们遵循儿童的自然生长。②**学校的目的在于为儿童提供每个发展阶段所必需的作业和活动。** 所以她主张应该以儿童一般的发展作为教育的目标，于是她根据儿童的年龄来分班，称作"生活班"，而不是年级。③**有机教育学校的整个课程计划以活动为**

主。强迫的作业、指定的课文和通常的考试都被取消,用体育活动、自然研究、音乐、手工代替一般的课程。④**约翰逊重视社会意识的培养**。她认为,认识社会的人、发展合适的社会关系应是学校最重要的任务之一,也就是要培养儿童无私、坦率、合作等品质。⑤**她反对放纵儿童,主张纪律对人的成长很有必要**。

> **凯程助记**
>
> 有机就是自然生长,目的就是作业活动,课程就是活动为主,育人重视社会意识,管理就是主张纪律。

3. 沃特的葛雷制 ★★★★ （名：22南京师大）

沃特的葛雷制亦称"双校制""二部制"或"分团学制"。沃特把葛雷学校称作"工读游戏学校"。

(1) 特点。

①**以杜威的教育思想为依据**（"教育即生活""学校即社会"和"从做中学"）。

②**以具有社会性质的作业为学校的基本课程**。把学校分为四个部分:体育运动场、教室、工厂和商店、礼堂。把课程也分为四个方面:学术工作、科学、工艺和家政、团体活动以及体育和游戏。

③**葛雷制学校以其独特的教学制度而闻名,在教学中采用二重编法**,即将全校学生一分为二:一部分在教室上课,另一部分在体育运动场、图书馆、工厂和商店等场所活动,上下午对调。

(2) 评价:葛雷制曾被认为是"美国进步教育思想的最卓越的例子"。它的课程设计能保持儿童的天然兴趣和热情,管理方式经济,效率较高,成为进步学校流传最广的一种形式。

> **凯程助记** 学校四部分+课程四方面+上下午对调。

4. 帕克赫斯特的道尔顿制 ★★★★★ （名：35+学校；简：15杭州师大；论：15宁波）

道尔顿制是美国进步主义教育家帕克赫斯特针对班级授课制的弊端而提出的一种个别教学制度,又称"道尔顿计划"。

(1) 特点:①**学校废除课堂教学、课程表和年级制,代之以"公约"或"合同式"的学习**。②**将各教室改为各科作业室或实验室**。按学科的性质陈列参考用书和实验仪器,供学生学习之用。③**用"表格法"来了解学生学习的进度**。既可增强学生学习的动力,也可使学生的管理简单化。④**该制度的两个原则是自由与合作**。要使学生自由学习,允许他们根据自己的需要安排学习,养成独立工作的能力;还强调师生之间、学生之间的合作,以培养学生的社会意识。

(2) 评价:道尔顿制流传比较广泛,但它过于强调个体差异,对教师要求过高,在实施时易导致放任自流,将教室完全改为实验室也不切合实际。

> **凯程助记**
>
> 废除能废除的一切（课堂教学、课程表、年级制等）,整个公约来自学,教室改成作业室实验室,表格法催进度,还要自由与合作。

5. 华虚朋的文纳特卡计划 ★★★ （名：10湖南师大、19江苏师大、西安外国语）

文纳特卡计划是美国教育家华虚朋推行的教育实验计划。

(1) 特点:①重视使学校的功课适应儿童的个别差异。②将个别学习和小组学习结合起来,使个性发展与社会意识培养相联系。③将课程分为共同知识或技能（包括读、写、算等工具性学科）和创造性的、社会性的作业（如木工、织布、绘画、雕刻等）。前者按学科进行,以学生自学为主,教师适当进行个别辅导，有确定的程序，以考试来检验学习效果；后者按活动进行，分小组开展活动或施教，教师可以适当指导，无确定的程序，不考试。

（2）**评价：** 文纳特卡计划加强了不同年龄的儿童之间的联系，培养了儿童的合作精神。局限性是其影响了学科知识的深入学习，实施比较困难，在20世纪50年代后逐渐衰落。

凯程助记

记忆线索：教学如何体现学生的个别差异呢？ →	个别学习　学科进行　学生自学　教师个别辅导　有确定程序　考试
	小组学习　活动进行　学生合作　教师适当指导　无确定程序　不考试

6. 克伯屈的设计教学法 ★★★★★　（名：15+学校）

美国教育家克伯屈是"设计教学法之父"。他认为培养品格是最终目的，强调有目的的活动是教学法的核心，儿童自动、自发、有目的地学习是设计教学法的本质。

（1）**特点：** ①克伯屈将设计教学法定义为在社会环境中进行的有目的的活动，重视教学活动的社会和道德因素。②在课程设计上，克伯屈放弃固定的课程体制，取消分科教学，取消现有的教科书，将设计教学法分为四种类型——生产者设计、消费者设计、问题设计、练习设计。③设计教学法有四个步骤——决定目的、制订计划、实施计划、评判结果。④在师生关系上，克伯屈强调教师的指导和决定作用，但实际上则是以学生为主。

（2）**评价：** ①设计教学法允分发挥了儿童的主动性和积极性，使儿童成为学习的主人。②力求使教学符合儿童的心理发展规律，以提高学习效率。③注重培养儿童的合作精神，加强教学与儿童实际生活的联系。④设计教学法由于过于强调根据儿童的经验组织教学，其实施必然会削弱系统知识的学习。

凯程助记

废除能废除的一切（课程体制、分科教学、教科书等），重新设计课程和教学，教学法分为四类型、四步骤。

凯程拓展　**欧洲新教育运动和美国进步教育运动的比较** ★★★★★

相同点	(1) 时代背景：都发生在19世纪末到20世纪上半叶，人们开始关注教育质量。 (2) 改革目的：针对传统教育以教师为中心、忽视学生个性发展等弊端而进行的改革。 (3) 改革措施：开办新式学校，采用新式教学法进行教育实验；成立协会，办杂志。 (4) 理论指导：都有理论指导。 (5) 影响：最终都退出历史舞台，但影响巨大	
不同点	(1) 乡村私立办学，寄宿制，环境优美。 (2) 温和、理性。 (3) 重视学校管理和自治。 (4) 一些学校持续时间长。 (5) 理论性不强、多样化，重在以实验教育学和凯兴斯泰纳的公民教育理论为基础。 (6) 影响力主要在欧洲	(1) 在城市公立学校进行。 (2) 激进、彻底，批判性更强。 (3) 更重视儿童需要、自由活动和个体经验，更关心民众的教育，更强调教育与社会的联系，更重视做中学，更注重教育民主化。 (4) 20世纪50年代后实验学校都关闭了。 (5) 有明确的理论指导，主要是杜威的实用主义教育学，思想渊源是卢梭、裴斯泰洛齐和福禄培尔等人的思想。 (6) 在美国甚至整个世界都有深远的影响

经典真题

▶▶ 名词解释

1. 美国进步教育运动（11 渤海，14、20 北师大，15 南京师大，16 湖南，17 浙江师大、闽南师大、赣南师大，17、18 苏州，20 山东师大、陕西师大，20、23 重庆师大，21 扬州，22 湖南、长江，23 湖北、河南师大）

2. 昆西教学法（11、18 福建师大，13 渤海，16 天津师大，17 河南师大，18 浙江师大、辽宁师大、宁波、青海师大，21 吉林师大，22 浙江海洋，23 陕西师大、中国海洋）

3. 道尔顿制（10 扬州，10、16 华中师大，11 北京航空航天，11、13 南京师大、西南，11、13、17 湖南师大，11、14、23 天津师大，11、23 北师大，12、14 安徽师大，13 聊城、山西师大，13、18、23 华东师大，14、18 赣南师大，15 鲁东、江西师大，16 内蒙古师大，16、19 闽南师大，17 曲阜师大，19 湖北、苏州、陕西师大，21 海南师大、重庆师大，22 上海师大、广西师大、杭州师大，23 四川师大、吉林师大）

4. 文纳特卡制（10 湖南师大，19 江苏师大，23 西安外国语）

5. 设计教学法（11 山西师大、扬州，11、19 曲阜师大，14 华南师大、河南师大，15、22 华东师大，18 内蒙古师大、西安外国语，20 湖南科技、四川师大，21 江西师大、鲁东，22 天津师大，23 杭州师大、浙江海洋、洛阳师范学院、河南科技学院）

6. 葛雷制（22 南京师大）

7. 分组教学（22 江西师大）

▶▶ 简答题

1. 简述美国进步教育运动及其实验。（14 江西师大、北师大，15、17 重庆师大，18 温州，19 河南师大、中国海洋，21 湖州师范学院）

2. 试比较欧洲的新教育运动和美国的进步教育运动的异同。（11 安徽师大）

3. 简述新教育运动与进步教育运动。（15 重庆师大）

4. 简述进步教育运动的特征。（18 哈师大，18、20 重庆师大，22 宝鸡文理学院）

5. 简述进步主义教育运动的发展历程。（14 江西师大，18 温州，22 四川师大）

6. 简述昆西教学法。（18 江西师大，21 中央民族）

7. 简述道尔顿制。（15 杭州师大）

8. 简述有机教育学校的思想。（22 华南师大）

▶▶ 论述题

1. 论述进步主义教育运动及其实验。（15 福建师大、渤海，19 太原师范学院，20 北华，21 湖南科技，23 闽南师大）

2. 论述道尔顿制的特点及局限性。（15 宁波）

3. 试述 19 世纪末 20 世纪初期欧美教育运动的异同点。（13 湖南师大）

4. 论述进步主义教育的主要特征。（23 东北师大）

第四节　20世纪中后期的现代欧美教育思潮

（简：12浙江师大，18西安外国语）

考点1　改造主义教育 ★★★ 8min搞定

（名：20太原师范学院；简：14山东师大，21安徽师大，23上海师大；论：22杭州师大）

20世纪30年代，改造主义教育从实用主义和进步教育中分化出来，到20世纪50年代形成独立的教育思想。初期代表人物有康茨和拉格，后有布拉梅尔德，并且布拉梅尔德在20世纪50年代发表了一系列著作。

1. 主要观点

（1）**教育应该以"改造社会"为目标**。教育最重要的目的就是要改造社会，旨在通过教育为社会成员建设社会新秩序和实现人们共同生活的理想社会。

（2）**教育要重视培养"社会一致"的精神**。所谓"社会一致"，是指消除彼此的分歧，培养人们的群体意识和集体心理，形成人们共同的思想、信念及习惯，使之在口头上和行动上表现一致，最终有利于实现一个民主的富裕社会。

（3）**强调行为科学对整个教育工作的指导意义**。行为科学是管理学的一个分支，通过研究人的心理，掌握人们的行为规律，从中找寻对待学生的新方法，提高学习效率。行为科学重在要求教育重新考察它原来的整个结构，确定学校的目的和原则，并考虑编排教材的方法，以及组织教学的途径，行为科学应该成为改造教育的重要基础。

（4）**教学上应该以社会问题为中心**。教学应当与解决社会实际问题结合起来，突出教学内容的民主性，如贫困与种族歧视、环境污染、战争等，通过对这些问题的探讨和分析，可以培养学生关心社会的积极态度和解决社会问题的能力。

（5）**教师应进行民主的、劝说的教育**。改造主义教育反对灌输式的教学方式，认为教师应该通过民主的讨论和劝说去说服学生，改造他们生活的世界，使学生坚信改造主义哲学，培养他们"社会一致"的精神。

2. 评价

改造主义教育以改造社会作为教育的主要目的，既批判继承了实用主义教育，又吸收了要素主义、永恒主义教育的一些思想。所以，改造主义教育无疑是具有折中主义性质的思想。由于它停留在空泛的理论上，而没有提出切实可行的方案，在美国教育实践中的影响不大，20世纪60年代后受到冷落和批评。

凯程助记　改造社会是目标，社会一致的精神，行为科学有意义，社会问题为中心，教育方法要民主。

考点2　要素主义教育 ★★★★ 8min搞定

（名：15+学校；简：15+学校；论：10+学校）

1938年，巴格莱等要素主义教育家组织了"要素主义者促进美国教育委员会"。在成立大会上，通过了由巴格莱起草的《要素主义者促进美国教育的纲领》，这标志着要素主义教育的形成。它的发起者、主要代表人物是美国教育家巴格莱。20世纪60年代的代表人物是科南特和里科弗。

1. 主要观点

（1）**把人类文化遗产的共同要素作为学校教育的核心**。所谓"要素"，是指在人类的文化遗产中存在着永恒不变的、共同的、超时空的事物，它们是种族文化和民族文化的基础，包括学术、艺术、道德以及技术与习惯等，因此中小学要加强人类文化的共同要素的学习。目前，中小学最能体现人类文化共同要素的基础知识是"新三艺"（数学、自然科学、外语）。

（2）**教学过程是一个训练智慧的过程**。要素主义认为，训练心智是教育的最高目的，这种训练应以人类的共同文化要素为基本素材，教学应当传授整个人生的重要知识。

（3）**强调学生在学习上必须努力和专心**。要素主义认为在教育教学过程中，不能把学生的自由当作手段，应当通过训练养成学生刻苦学习和遵守纪律的习惯，增进学生的知识学习。

（4）**强调教师在教育和教学中的核心地位**。要素主义反对并指责发挥教师的作用就是在压抑儿童自由的观点，主张教师在教育教学过程中的权威地位，认为教师的管束是正当的。

（5）**强调按逻辑系统编写教材和进行教学**。学生所学教材应当按照学科知识的逻辑进行编排，让学生学到系统的知识。

2. 评价

要素主义教育从产生起就是一个有组织、有纲领的运动，主要针对美国教育实际中存在的问题和弊病，寻求解决问题和克服弊病的出路。其提出的一些教育主张和观点被采纳为国家的教育政策。但由于它忽视学生的兴趣、个别差异以及能力水平，片面强调系统的、学术性的基本知识学习，加上所编教材脱离学校的教育实际，要素主义教育从 20 世纪 70 年代起逐渐失去优势地位。

> **凯程助记**
> 共同要素是核心，训练智慧有过程，努力专心搞学习，教师处于核心位，逻辑系统编教材。

> **凯程提示**
> （1）裴斯泰洛齐的要素教育与要素主义的"要素"不是一回事。
> （2）新传统教育派教育思潮与现代教育派教育思潮相对立。新传统教育派教育思潮主要包括要素主义教育、永恒主义教育、新托马斯主义教育。其中，要素主义教育占据最重要的位置，产生的影响也最大。现代教育派教育思潮包括实用主义教育、新教育、进步主义教育。

考点 3　永恒主义教育 ★★★ 8min搞定（名：14 安徽师大，16 延安，22 宝鸡文理学院；简：10+ 学校；论：5+ 学校）

永恒主义教育也称新古典主义教育，是现代欧美国家一种强调理性训练以及人的理性和教育基本原则的永恒性的教育思潮。其代表人物有美国的赫钦斯、阿德勒，英国的利文斯通和法国的阿兰等。

1. 主要观点

（1）**教育的性质永恒不变**。理性是人性中共同的、最主要的、永恒不变的特性，建立在这种永恒不变的人性的基础上并为表现和发展这种人性的教育在本质上也是不变的。

（2）**教育的主要目的是要培养永恒的理性**。培养人的永恒的理性是人类永恒的主题，在任何时代，"理性的培养对一切社会的一切人都是同样适用的"。

（3）**永恒的古典学科（古典名著）应该在学校课程中占有中心地位**。永恒主义者认为应该组织一些永恒课程来传授永恒的真理，这些永恒课程应由古典名著构成，这样的课程应当成为普通教育的核心。永恒主义者尤其认为阅读古典名著是培养理性的途径。

（4）**提倡通过教师的教学进行学习**。为了培养永恒的理性，应当通过教师的教学来激发学生的思维活动和理智训练。尤其在学习古典名著时，更需要教师的指导。

(5) 倡导实施全民的自由教育。 永恒主义认为自由教育是使人的本性得到充分发展的教育，具有促进思想交流和传递文化的价值，并且倡导实施全民的自由教育，而非少数人所享的自由教育。

2. 评价

永恒主义教育强调人的理性，强调阅读经典名著，有着较突出的复古主义倾向。永恒主义教育在教育实践领域的影响不大，主要限于大学和上层知识界中的少数人。特别是由于永恒主义教育的复古态度，把学生的学习限于古典著作，遭到许多人的批判。

> **凯程助记** 教育性质永不变，永恒理性是目的，古典学科占中心，学习还要教师教，自由教育要全民。

考点4 新托马斯主义教育（补充知识点） 7min搞定 （名：12重庆师大）

新托马斯主义教育是现代欧美国家一种以托马斯·阿奎那宗教神学理论为思想基础的提倡基督教教育和希望培养"真正的基督徒"的教育思潮。法国天主教神学家、教育家马利坦是主要的代表人物。新托马斯主义教育理论的主要观点为：

（1）**教育应以宗教为基础。** 理性要服从于宗教信仰，应当以宗教为基础，以神学为最高原则。

（2）**教育的目的是培养真正的基督徒和有用的公民。** 教育就是要塑造一个虔信、服从和热爱上帝的人，同时，人是有理性的动物，其尊严在于智慧。

（3）**学校课程以基督教精神为基础。** 新托马斯主义教育家认为，学校的一切课程都应该贯穿宗教教育。

（4）**教育应该处在教会的严密控制之下。** 新托马斯主义教育家认为，教育的使命主要属于教会。因此，教会应该对教育有所管理。

> **凯程助记**
> 宗教是教育基础，宗教是课程核心，教育要培养教徒，教育应属于教会。

> **凯程拓展** **新传统教育派教育思潮**
>
> （1）**新传统教育派教育思潮**是20世纪30年代在欧美国家出现的教育思潮，包括要素主义教育、永恒主义教育和新托马斯主义教育。
>
> （2）**主要观点。**
> ①**在教育观上，** 反对进步主义教育的"儿童中心主义"。
> ②**在课程设置上，** 主张学校恢复基础课程，重视基础知识和基本技能的教学。
> ③**在教学过程上，** 突出智力标准，注重心智训练，严格制定学校的学业成绩标准。
> ④**在师生观上，** 主张以教师为中心，突出教师在教育教学过程中的权威地位与主导作用。
> ⑤**在学生管理上，** 强化教育教学管理，加强学校的纪律性。
>
> （3）**影响。**
> ①新传统教育派教育思潮针对美国教育实践中存在的问题，提出了解决学校教育弊端的措施，在促进学校教育质量提升和缓解社会政治、经济危机等方面产生了一定的影响。
> ②新传统教育派教育思潮的许多教育主张已被美国当时的教育改革所采纳，对20世纪五六十年代美国的教育改革产生了重要影响，为美国20世纪70年代"返回基础"教育运动提供了直接的理论基础，并不同程度地影响了西方主要发达国家的教育改革。

考点 5　新行为主义教育　6min搞定　（名：23湖南师大；简：20集美）

这种教育思想于 20 世纪 30 年代产生，主要代表人物是美国的斯金纳。20 世纪 60 年代是其繁盛时期。

1. 主要观点

（1）**教育就是塑造人的行为**。人的一切行为几乎都是操作性条件反射和积极强化的结果，任何行为也都是能够设计、塑造和改变的，所以，教学的过程就是塑造人的行为的过程。

（2）**按照程序进行教学**。程序教学就是利用机器进行的教学程序。教学的本质过程表现为刺激—反应—强化—进展。基本原则是积极反应、小步子、及时强化、自定步调。

（3）**让学生在学习中运用教学机器来强化**。为了使学生的学习行为得到及时和足够数量的强化，必须改进教学方法和技术，如果使用教学机器来强化，就会提高教学效率。

（4）**教育研究应该以教和学的行为作为研究的对象**。新行为主义教育强调，应该把教和学的行为作为教育研究的对象，目的是选择有效的教法和判断教学工作的成效。

2. 评价

从某种意义上讲，新行为主义教育促进了学习理论的发展，并为计算机辅助教学的发展开辟了道路。但是，它忽视了人类学习和动物学习的本质差别，把人类学习简单归结为操作性条件作用，认为只要分析强化效果和设计精密操纵强化的技术就能塑造人类的一切行为，甚至是思维和人格，表现出机械主义的特征。

> **凯程助记**　塑造行为，程序教学，机器强化，研究行为。

考点 6　结构主义教育　6min搞定　（名：5+ 学校；简：5+ 学校；论：10+ 学校）

结构主义教育是以瑞士心理学家皮亚杰的认知心理学为基础的一种现代教育思潮。20 世纪 60 年代，布鲁纳把儿童认知结构发展理论应用到教学和课程改革上，创立了结构主义教育理论。

1. 主要观点

（1）**强调教育和教学应重视学生的智能发展**。结构主义教育家认为，教育教学的最终目的是促进学生认知的发展，这也是完善智慧的过程。这一过程需要教育者引导学生不断地实现知识向能力的转化。

（2）**注重教授各门学科的基本结构**。所谓学科的基本结构，是指一门学科的基本概念、定义、原理、原则和方法，掌握学科的基本结构有助于理解和把握整个学科的内容。

（3）**主张学科基础的早期学习**。结构主义教育家十分注重儿童的早期学习，儿童认知发展的每个阶段都有认识和理解世界的独特方式，任何一门学科的基础知识都能以一定的形式教给任何阶段的任何儿童。

（4）**提倡"发现学习法"**。对学生来说，最重要的是要学会学习，发现学习法就是由学生自主去探究知识、发现知识。

（5）**教师是结构教学中的主要辅助者**。学生都是在教师的引导下进而发现知识的。

2. 评价

结构主义教育把认知发展与教育统一起来，为心理学研究和教育研究的互相协作提供了一个范例，并提出了一些值得研究的问题，对西方课程论影响很大。结构主义还成为美国 20 世纪 60 年代课程改革的指导思想。但由于过分强调认知结构对儿童发展的作用，课程过于理论化和抽象化，教材改革难度很大，引起了人们的争议。

凯程助记 促进智能发展，教授学科结构，注重早期学习，提倡发现方法，需要教师辅助。

考点 7 现代人本主义教育思潮

(名：20华中师大，22河南科技学院；简：5+学校；论：18温州，19福建师大、华南师大，23大理)

这是20世纪60—70年代在美国盛行的一种以人本主义心理学为理论基础的现代教育思潮。现代人本主义教育思潮试图通过挖掘人类理智与情感诸多方面的整体潜力来确立人的价值。其代表人物是美国的马斯洛、罗杰斯。

1. 主要观点

（1）**强调教育的目的是培养自我实现的人**。人本主义教育家认为，教育的目的就是人的自我实现、完美人性的形成，以及人的潜能的充分发展。

（2）**主张课程人本化**。他们提出"一体化"课程，主张课程内容应建立在学生需要、生长的自然模式和个性特征的基础上，体现思维、情感和行动之间的相互渗透和相互作用。

（3）**学校应该创造自由的心理气氛**。在学校中影响学校气氛的因素有三个：教师和管理者、人与人之间的关系、学习过程。在学习过程中应提倡以人为中心的教学、非指导性教学、自由学习、自我学习。

2. 评价

（1）**优点**：注重人的整体发展，强调认知和情感两方面在教育过程中的作用，主张学校应形成最佳的学习气氛，充分发挥和实现人的各种潜能，给教育理论带来观念上的革新。

（2）**不足**：立足于人性的发展，过分强调个人的价值观和个人的自我实现，简单地把个体的潜能实现与个体的社会价值画上等号，从而忽视了社会环境和学校教育对个体发展的影响。

凯程助记 自我实现是目的，课程人本是理念，学校气氛要自由。

考点 8 终身教育思潮

(名：35+学校；简：5+学校；论：25+学校)

终身教育思潮产生于20世纪20年代中期的英国，兴起于20世纪50年代中期的法国，20世纪60年代后在世界范围内得到广泛传播。主要代表人物是保罗·朗格朗，其《终身教育引论》被公认为是终身教育思想的代表作。

1. 主要观点

（1）**缘由**：能够使人在各方面做好迎接社会新挑战的准备。

（2）**含义**：终身教育指人一生各阶段当中所受各种教育的总和，即从一个人出生的那一刻起一直到生命终结时为止的不间断的发展，也包括了在教育发展过程中的各个阶段之间紧密而有机的内在联系。

（3）**目标和任务**：①终极目标为"实现更美好的生活"。具体包括培养新人和实现教育民主化。②任务是学会学习。

（4）**没有固定的内容和方法**：①没有固定的内容。终身教育的内容无所不包。②没有固定的方法。有助于人过上美好生活的方法、能帮助人学习的方法都是终身教育的方法。

（5）**终身教育是未来教育发展的战略**：未来的教育就其整体和自我更新能力来看，将取决于终身教育。

它对实现教育机会均等和建立学习化社会有积极意义。

2. 评价

终身教育是教育领域中正在进行的一场广泛而深刻的革命，很多国家将终身教育作为教育改革和发展的战略重点，积极建立学习化社会。旨在学会生存、学会学习、学会关心的终身教育理论和模式必将改变未来教育的面貌。

> **凯程助记** 缘由含义与目标，内容方法不固定，未来战略顶呱呱。

考点 9 存在主义教育（补充知识点） 7min搞定（简：20 安徽师大，22 大理；论：22 海南师大）

存在主义是一种把人的存在（个人主观的自我意识）作为基础和出发点的哲学，基本论点是萨特的"存在先于本质"。德国的博尔诺夫、美国的尼勒把它应用于教育理论，形成存在主义教育思想。

1. 主要观点

（1）**教育的目的在于使学生实现"自我完成"**。通过自我表现、自我肯定，意识到自我的存在，进而实现"自我完成"。因此教育的具体目标是发展个人的意识，包括发展自我认识、自我责任感。

（2）**强调品格教育在人的自我发展中的重要性**。存在主义教育家认为，教育的本质就是品格教育，我们之所以学习很多知识，是为了通过知识最终形成品格。

（3）**提倡学生自由选择道德标准**。人的自由就是人的存在，自由是个人的自由选择，即个人对自己所做的一切负责。道德教育的任务主要是使学生具有独立意识、自尊心，养成自主、自律的精神。

（4）**主张采用个别教育的方法**。团体教学的方法趋于统一化和标准化，不区别对待每一个儿童，注重一般而忽视特殊，因此只会压抑和阻碍儿童个人发展，不利于儿童认识自我和发展自我。

（5）**师生之间应该建立信任的关系**。教师是学生自我实现的影响者和激励者。

2. 评价

存在主义教育强调个性的发展，主张教育个性化，提倡积极的师生关系，但是存在主义教育过分强调个人意志和自我选择，以及其本身存在的消极因素，而使其教育主张客观上带有偏激性和片面性，20 世纪 70 年代后逐渐衰落。

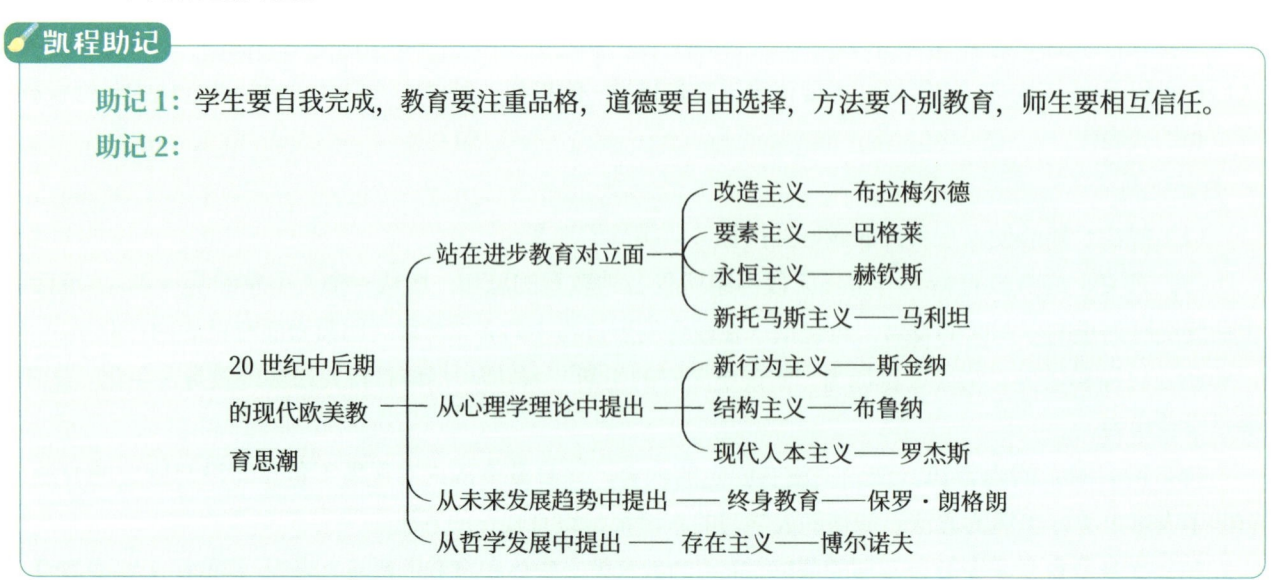

> **凯程助记**
>
> 助记 1：学生要自我完成，教育要注重品格，道德要自由选择，方法要个别教育，师生要相互信任。
>
> 助记 2：
>
> 20 世纪中后期的现代欧美教育思潮
> - 站在进步教育对立面
>   - 改造主义——布拉梅尔德
>   - 要素主义——巴格莱
>   - 永恒主义——赫钦斯
>   - 新托马斯主义——马利坦
> - 从心理学理论中提出
>   - 新行为主义——斯金纳
>   - 结构主义——布鲁纳
>   - 现代人本主义——罗杰斯
> - 从未来发展趋势中提出——终身教育——保罗·朗格朗
> - 从哲学发展中提出——存在主义——博尔诺夫

第十章　近现代教育思潮

经典真题

名词解释

1. 改造主义教育（20 太原师范学院）
2. 要素主义教育（13 山东师大，13、19 重庆师大，16 苏州、鲁东，17 华东师大，18 安徽师大、南京师大，19 山西师大，20 天津外国语、江苏、江西科技师大、西安外国语，21 四川师大，22 中国海洋）
3. 永恒主义教育（14 安徽师大，16 延安，22 宝鸡文理学院）
4. 结构主义教育（11 重庆师大，15 河南师大，16、19 扬州，18 天津师大，19 宁波，23 北师大）
5. 终身教育（10 东北师大，10、11 苏州，10、16、20 南京师大，11 华东师大、渤海，11、20 闽南师大，12、19 杭州师大，13、14 湖南师大，14 河北，15、20 河南师大，15、23 延安，17 郑州、山西，18 广西民族、南京航空航天、北师大、复旦，19 华中师大，19、20 西北师大，21 中央民族、北京航空航天、同济、南京信息工程、江苏、淮北师大、赣南师大、济南、四川师大，22 西华师大，23 江西师大）
6. 现代人本主义教育思潮（20 华中师大，22 河南科技学院）
7. 新行为主义教育（23 湖南师大）

简答题

1. 简述改造主义教育流派的主要观点。（14 山东师大，21 安徽师大，23 上海师大）
2. 简述要素主义教育思想。（13 南京师大，13、19 湖南科技，13、20 山东师大，14、21 聊城，16 重庆三峡学院，17 山西师大、河南师大，17、19 集美，18 南通，19 杭州师大，21 华中师大、哈师大、江西师大、西北师大、沈阳、闽南师大、佛山科学技术学院，23 沈阳）
3. 简述永恒主义教育思想。（12 中山，14 苏州，15、23 聊城，18 山东师大，19 安徽师大，21 宁波、苏州科技，22 上海师大、曲阜师大、宁夏，23 陕西师大）
4. 简述新行为主义教育。（20 集美）
5. 简述结构主义教育。（11、18 闽南师大，14 扬州，20 延安，21 海南师大、集美、信阳师范学院，23 天水师范学院、浙江）
6. 简述终身教育思潮。（17 重庆三峡学院、闽南师大，18 重庆师大，20 湖北，21 内蒙古师大、宁波，22 陕西师大、闽南师大，23 扬州）
7. 简述存在主义教育的主要观点。（20 安徽师大，22 大理）
8. 简述20世纪60—70年代的现代人本主义教育思潮。（13 杭州师大，18 云南师大，20 扬州，22 淮北师大）

论述题

1. 评述要素主义教育。（10 中山，12 曲阜师大，13 中南，14 湖南师大，16 华东师大，19 云南师大、重庆师大辨，21 淮北师大、陕西科技，22 鲁东，23 辽宁师大）
2. 论述终身教育思潮。（10 西南、闽南师大，10、15 扬州，11 天津师大，11、18 江苏、云南师大，12 东北师大，14 湖北，14、17 山西师大，14、20 赣南师大，15 四川师大，15、18 北师大，17 安徽师大、湖南农业，18 复旦、山西，19 淮北师大、中央民族，20 佛山科学技术学院，21 沈阳师大、洛阳师范学院）
3. 论述现代人本主义教育思潮。（16 温州，19 福建师大、华南师大，23 大理）

4.试述永恒主义教育理论的观点及其对当代教育的影响。(10 华东师大，12 苏州，18 中央民族、鲁东，21 杭州师大)

5.论述结构主义教育。(11 西北师大，11、21 曲阜师大，12 云南师大，13、15 华东师大，13、22 天津师大，20 吉林师大，22 华南师大、辽宁师大)

6.论述改造主义理论。(22 杭州师大)

7.论述存在主义教育理论的主要观点及影响。(22 海南师大)

8.论述终身教育对未来教育发展战略的影响。(23 宁夏)

9.论述终身教育的发展意义。(23 石河子)

参考文献

[1] 吴式颖，李明德. 外国教育史教程（第三版）[M]. 北京：人民教育出版社，2015.
[2] 王天一，夏之莲，朱美玉. 外国教育史（下）（修订本）[M]. 北京：北京师范大学出版社，2006.
[3] 张斌贤. 外国教育史（第2版）[M]. 北京：教育科学出版社，2015.
[4] 贺国庆，于洪波，朱文富. 外国教育史 [M]. 北京：高等教育出版社，2009.
[5] 赵厚勰，李贤智. 外国教育史教程（第三版）[M]. 武汉：华中科技大学出版社，2020.
[6] 杜成宪，王保星. 中外教育简史 [M]. 北京：北京师范大学出版社，2015.